僕たちは、
宇宙のこと
ぜんぜん
わからない

この世で
一番おもしろい
宇宙入門

ジョージ・チャム
＋
ダニエル・
ホワイトソン

水谷淳［訳］

ダイヤモンド社

娘のエリナへ
—J.C.

僕の人生ひどいだじゃればかりなのに、
ずっと支えてくれている家族へ
—D.W.

We Have No Idea
by Jorge Cham and Daniel Whiteson

Copyright © 2017 by Jorge Cham and Daniel Whiteson
All rights reserved.

Japanese translation rights arranged with the authors
c/o The Gernert Company, New York
through Tuttle-Mori Agency, Inc., Tokyo

はじめに

僕らが知っている宇宙

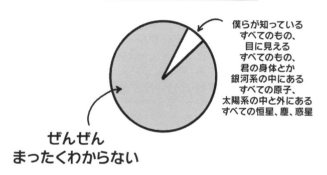

知りたくないかい？　宇宙がどうやって始まったのか、何でできているのか、どうやって終わるのか？　時間と空間はどうやってできたのか？　僕らは宇宙でひとりぼっちなのか？

ごめん！　この本を読んでも、どれひとつ答えはわからない。

この本は、宇宙についてわかっていないことについて書いている。もう答えが出ているはずだと思っているかもしれないけれど、実はまだわかっていないいろんな大きな疑問についての本だ。

宇宙についての何か深い疑問にすごい答えが出た、そういうニュースをよく聞く。でも、答えが出てくる前にその疑問のことを

聞いたことがあるっていう人、どのくらいいるだろう？「まだ答えが出ていない大問題」はどのくらいたくさんあるんだろう？この本はそれを書いた本、未解決の疑問を紹介する本だ。

宇宙最大の未解決問題にはどんなものがあるのか、どうしてまだ謎のままなのかを、ここから先のページで説明していこう。宇宙では何が起こっていて、宇宙は本当はどんなしくみなのか、その手掛かりがつかめているなんてとんでもない。読み終わる頃にはその理由がもっとよくわかっているはずだ。裏を返せば、どうして手掛かりがつかめていないのか、その手掛かりくらいはつかめると思う。

この本のねらいは、僕らがどれほど無知なのかを突きつけてがっかりさせることじゃない。まだ探検されていない、とてつもなく広い未開の地にわくわくしてもらうのがねらいだ。宇宙の未解決の謎に1つ1つ触れるたび、それが解けたら人類にとってどんな意味があるのか、どんな驚きが隠れているのかがわかると思う。この世界を違ったふうに見つめてもらいたい。わかっていないことが何なのかがわかれば、未来がすごい可能性に満ちているのが見えてくるのだ。

さあ、シートベルトを締めて肩の力を抜いて。未知の世界の探検だ。発見の第一歩は、何がわかっていないのかを理解すること。宇宙最大の謎をたどる旅に出発しよう。

目次

はじめに i

Chapter 1　宇宙は何でできているの？
── 君はすごく珍しくて特別だ 1

Chapter 2　ダークマターって何？
── みんなその中を泳いでいる 13

どうしてダークマターがあるってわかるんだろう？ 14
　　　　1. 銀河の回転 14
　　　　2. 重力レンズ 16
　　　　3. 銀河の衝突 17
ダークマターについてわかっていること 19
物質はどうやって作用しあうのだろう？ 21
　　　　重力 21
　　　　電磁気力 21
　　　　弱い核力 22
　　　　強い核力 23
ダークマターはどうやって作用しあうんだろう？ 23
どうやったらダークマターを調べられるんだろう？ 24
どうしてダークマターが大事なの？ 29

Chapter 3　ダークエネルギーって何？
── 膨張する宇宙で頭も爆発 31

膨張する宇宙 33
宇宙が膨張しているってどうしてわかるの？ 37
宇宙のパイチャート 43
ダークエネルギーとは何なのだろう？ 46
未来はどうなるの？ 50

Chapter 4 **物質のいちばん基本的な部品は何？**
　── いちばん小さいかけらのことはほとんどわかっていない 53

素粒子の周期表 58

何のためにあるの？ 65

素粒子の質量のパターンは？ 66

電荷が分数ってどういうこと？ 67

ほかにも素粒子はあるんだろうか？ 69

物質のいちばん基本的な部品は何だろう？ 70

Chapter 5 **質量の謎**
　── 重い疑問に軽く触れてみよう 75

中身の中身 76

とりわけわけのわからないわけられぬ素粒子の質量 83

ヒッグスボソン 87

重力質量 92

2種類の質量は同じ？ 93

重い疑問 95

Chapter 6 **どうして重力はほかの力と
こんなに違うの？**
　── 小さな重力の大きな問題 97

重力は弱い 98

量子の謎 104

重力子 ── 素粒子？ それともマンガの悪役？ 106

ブラックホールコライダー 110

現実的になって、ブラックホールに行ってみよう 113

それはあきらめよう 114

重力は特別かもしれない 116

何がわかるんだろう？ 118

Chapter 7 **空間って何？**
　── どうしてこんなに場所を取るの？ 119

空間、それはものである 120

そんなものが存在するんだろうか？ 122

どっちが正しいの？ 123

空間のネバネバの中を泳ぐ 125

うさんくさいなあ。本当なの？	131
曲がった空間のことをまっすぐ考える	133
空間の形	139
量子的な空間	141
空間の謎	144

Chapter 8　時間って何？
—— **時間は（正体がわからないけれど）欠かせないものだ** …… 147

時間の定義	148
そろそろ教えてよ。時間って何？	152
まだちょっとわからないよ！	155
時間は4つめの次元である（本当に？）	157
疑問1：時間は空間とどこが（どうして）違うのだろう？	159
疑問2：時間をさかのぼることはできる？	161
疑問3：どうして時間は前にしか進まないの？	163
エントロピーを手掛かりに時間を理解できるのか？	168
時間と素粒子	170
疑問4：誰でも同じふうに時間を感じるの？	171
疑問5：時間はいつか止まるんだろうか？	176
話を終わらせる時間だ	178

Chapter 9　次元はいくつあるの？
—— **新しい方向に無知を広げる** …… 179

次元って何だろう？	181
次元は4つ以上ありえるんだろうか？	184
どうやって4次元で考えるか	186
どこにあるの？	189
ほかの謎も解けてしまうんだろうか？	192
新しい次元を探す	195
ぶつけてしまおう	197
余計な次元があるとほかにどんなことが起こるの？	199
弦理論	201
新しい次元を丸める	203

Chapter 10　光より速く進むことはできる？ …… 205

宇宙の制限速度	208
だからどうしたの？	211

もっと不思議になっていく 216

歴史は過去のもの 220

因果律が崩れる 221

局所性と因果性 223

でもどうしてこの速さなの？ 224

過去と未来 227

でもほかの星に行くことはできるかも 229

ワームホールは？ 230

夢をあきらめるな 232

ミューオンはいつもやってる！ 233

まとめ 235

Chapter 11 地球に超高速粒子を撃ち込んでるのは誰？
—— 宇宙には小さい弾丸が飛び交っている 237

宇宙線って何？ 239

どこからやって来ているの？ 245

どうやって見つける？ 248

考えられる正体は何だろう？ 252

超重ブラックホール 253

エイリアンの科学者 254

マトリックス 254

新しい力 255

昔ながらのふつうの物理 256

宇宙のメッセンジャー 257

Chapter 12 どうして僕らは反物質じゃなくて物質でできているの？
—— その答えは、尻すぼみの反クライマックスな展開にはならない ... 259

反物質の発見から、鏡粒子まで 262

反粒子の消滅 267

反人間 272

反物質の謎 275

どうしてこの宇宙は反宇宙じゃなくて宇宙なの？ 276

考えられる理由その1 277

考えられる理由その2 278

でも反物質はどこかにあるかもしれない。 280

中性物質 283

どうしたら反物質を調べられるの？ 284

奇妙な物質 285

Chapter 14　ビッグバンのとき何が起こったの？
── で、それより前は？ 291

ビッグバンのことがどうしてわかるの？ 292

ビッグバンについて何がわかっているの？ 294

大きな謎その1：量子重力 296

大きな謎その2：宇宙が大きすぎる 298

大きな謎その3：宇宙がなめらかすぎる！ 302

ご大層な解決法 307

これで一件落着？ 311

注意：ここから先は哲学みたいな話 313

何がインフレーションを引き起こしたの？ 313

ビッグバンの前には何が起こったの？ 316

　　1.「答えがない」っていうのが答え？ 317

　　2. ブラックホールがずっと連なっているのかもしれない 318

　　3. 繰り返しのサイクルがあるのかもしれない 319

　　4. 宇宙はたくさんあるのかもしれない 320

ビッグフィニッシュ 322

Chapter 15　宇宙はどのくらい大きいの？
── そしてどうしてこんなに空っぽなの？ 325

宇宙での僕らの住所 328

どうしてこういう構造になったの？ 332

重力 vs. 圧力 338

宇宙の大きさ 344

推測してみよう 348

　　無限の空間の中に有限の宇宙がある場合 348

　　有限の空間の中に有限の宇宙がある場合 350

　　無限の宇宙 351

どうして宇宙はこんなに空っぽなの？ 353

サイズアップ 356

Chapter 16　万物理論はあるの？
── 宇宙をいちばん単純に説明するには？ 357

万物理論って何？ 359

ずっとヒヒばっか 365
　　　いちばん短い長さ 367
　　　いちばん小さい粒子 370
　　　いちばん基本的な力 374
　　　万物理論にたどり着くまであとどのくらい？ 377
　　　重力理論と量子力学を結びつける 378
　　　万物理論ができたかどうかどうしたらわかるの？ 382
　　　万物理論に近づく 386
　　　　　弦理論 387
　　　　　ループ、ループ 390
　　　役に立つの？ 391
　　　何が何でも ToE？ 394

Chapter 17　宇宙で僕らはひとりぼっちなの？
　　　── どうしてまだ誰も来てくれないの？ 397
　　　どこかにいるのかな？ 402
　　　恒星の数（n 恒星） 407
　　　生命に適した惑星の数（n 惑星 × f 生存可能） 408
　　　生命が棲んでいる惑星の数（f 生命） 410
　　　知的生命が棲んでいる惑星の数（f 知的生命） 414
　　　高度な通信技術を持った文明の数（f 文明） 417
　　　僕らと同じ時代に生きている確率（L） 419
　　　じゃあエイリアンはどこにいるの？ 421
　　　みんなどこにいるの？ 424
　　　彼らから物理を教われるだろうか？ 425
　　　僕らはひとりぼっちなんだろうか？ 426

「まとめ」みたいなもの
　　　── 究極の謎 431
　　　検証可能な宇宙 434

謝辞　　　　 439
参考文献 ── どうやったらわかるの？ もっと知るためには何を見たらいいの？ 441

1
宇宙は何で できているの?

君はすごく珍しくて特別だ

もし君が人間なら(とりあえずその前提でいこう)、まわりの世界にちょっとは興味を持ってしまうんじゃないか? 人間だからこそだし、この本を手に取ったのもそうだからだろう。

それは最近だけのことじゃない。人類誕生のときから人々は、まわりの世界についての基本的で当たり前の疑問の答えをあれこれ考えてきた。

宇宙は何でできているんだろう？
大きい石は小さい石が集まってできているの？
どうして僕らは石を食べられないんだろう？
コウモリになったらどんな感じなんだろう？[1]

1つめの疑問「宇宙は何でできているのか」は、かなりの大問題だ。テーマが壮大だからというだけじゃなくて（宇宙よりは大きくないけれど）、誰にでも関係がある疑問だからだ。ちょうど、君の家とその中にあるすべてのもの（君を含めて）が何でできているのか、と聞くみたいなもんだ。これが僕ら全員に関係のある疑問だってことは、数学とか物理学を深く理解していなくてもわかると思う。

「宇宙は何でできているのか」という疑問に、君が世界ではじめて挑んだとしよう。取っかかりとして、まずはパッと思いつくいちばん単純なアイデアを試してみたらいいだろう。たとえば、目で見えるものだけで宇宙ができていると決めつけて、リストをつくればそれが答えになるはずだ。こんなリストになる。

```
┌─────────────────────┐
│        宇宙         │
│     ―――――――――      │
│  - 僕               │
│  - 君               │
│  - この石           │
│  - あの石           │
│  - 向こうの石       │
│  - ……              │
└─────────────────────┘
```

でも、これだと大きな問題がいくつかある。まず、リストがものすごく長くなってしまう。宇宙にあるすべての惑星のすべての石をリストアップしないといけないし、このリストそのものも、リストに載せないといけない（宇宙の一部なんだから）。物体だけじゃなくて、その物体の中にある小さい部分部分までリストアップするとしたら、リストは無限に長くなりそうだ。だからといって、物体の中の部分部分を無視するとしたら、リストは「宇宙」の一言で済んでしまう。どんなにうまくやろうが、この方法には明らかに大きな問題があるのだ。

でももっと大きな問題として、リストをつくっただけでは本当の答えにはならない。納得いくような答えにするためには、まわりに見える複雑な世界、無数の種類の物体をただ記録するだけでなくて、人間に合わせてそのリストをシンプルにしないといけない。酸素、鉄、炭素などが並んだ元素周期表は、まさにそうやって生まれた。人類が見て、触って、味を確かめて、誰かに投げつけてきたありとあらゆる物体が、100種類くらいの基本的な部品に整理されて書き込まれている。それを見ると、宇宙はレゴと同じしくみでできているんだってわかる。プラスチックでできた小さいブロックを使って、おもちゃの恐竜でも、飛行機でも、海賊船でも、空飛ぶ恐竜海賊船でもつくれてしまうのだ。

---

1 この最後の疑問は、アメリカ人哲学者のトマス・ネーゲルが書いた、世界一引用されている哲学論文のタイトルだ。ネタばらし：答えは「絶対にわからない」。
2 小学3年生のときに友達が舐めたトカゲも入る。

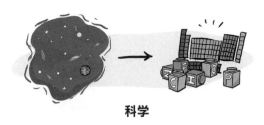

科学

　ちょうどレゴと同じように、何種類かの基本的な部品（元素）を使うと、星や石や塵、アイスクリームやラマなど、この宇宙にあるいろんなものをつくることができる。複雑な物体も、実は単純な物体が組み合わさってできている。だから、その単純な物体を解き明かせば、宇宙をもっと深く理解できるのだ。

　でもどうして、宇宙はレゴと同じ原理でできているんだろう？ こうやってシンプルにできるのはなぜなのか、その理由はいまのところわかっていない。洞窟に住んでいた史上初の科学者は、この世界がレゴと違うしくみでできていると考えてもおかしくなかったはずだ。洞窟人科学者のウークとグルーグは、自分の経験に基づいて考えるしかなかった。その経験に当てはまる答え、宇宙は何でできているかの答えは、何通りも考えられたはずだ。

　物質には無限の種類があるという可能性もあったはずだ。そんな宇宙では、石は基本的な石粒子でできていただろう。空気は基本的な空気粒子でできていただろう。ゾウは基本的なゾウ粒子でできていただろう（"ダンボトロン"とでも名づけよう）。こんな架空の宇宙では、元素のリストは無限に長くなったはずだ。

　もっとわけのわからない可能性もあったはずだ。物体が小さな

宇宙は何でできているの？ **005**

古代の物理学者

粒子でできてなんかいない宇宙だ。そんな宇宙では、石は一様な石物質でできていて、いくらでも小さく切り分けることができる。そして切るのに使うナイフのほうも無限に鋭いのだ。

2人の教授ウークとグルーグが有名な石衝突実験で集めたデータは、このどっちの説にも当てはまった。だからといって、この宇宙が実際にそういうしくみだとは限らない。宇宙のこのあたりがそういうしくみかもしれないというだけでは、**まだ調べていないほかの種類の物質もそうかどうかはわからないのだ。**

だからこそ、この本で宇宙のいろんな未解決問題を知ったら、がっかりして自信をなくすどころか、やる気が出てきてわくわくしてくるはずだ。まだ調べられていないこと、見つかっていないことは山ほどあるのだから。

僕らが知っている大好きな宇宙では、まわりにある物体は小さな粒子でできているように見える。何千年も考えて研究をしてきたおかげで、かなり見事な物質の理論ができあがっている。[3] ウークとグルーグの最初の実験から現代までに、周期表をも乗り越えて原子の中までのぞき込めるようになったのだ。

僕らが知っている物質は、周期表に並んでいる元素の原子でできている。1個1個の原子は、原子核のまわりに電子の雲が取り囲んでいる。原子核には陽子と中性子が入っていて、その陽子や

3　実験とデータと白衣を使う現代の科学が始まったのはたった数百年前だけれど、このような疑問について考えてきた歴史は何千年にもなる。

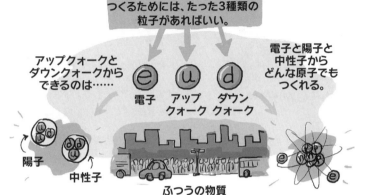

中性子はアップクォークとダウンクォークからできている。だから、アップクォークとダウンクォークと電子さえあれば、周期表のどんな元素でもつくることができる。何てすごいんだ！ 無限に長かった宇宙の材料リストが、百何種類かの元素が並んだ周期表に切り詰められて、さらにたった３種類の粒子にまで減ったのだ。僕らが見て、触って、においを嗅いで、爪先をぶつけたことのあるどんなものでも、3種類の基本的な部品からつくることができる。何百万もの人が知恵を出しあったおかげだ。

人類を誇りに思うのはいいけれど、この説明にはすごく大事な２つの事柄が抜けている。

まず、電子と２種類のクォークだけじゃなくて、ほかにも何種類か粒子がある。ふつうの物質をつくるにはこの３種類の粒子で足りるけれど、20世紀に、さらに９種類の物質の粒子と、力を伝える５種類の粒子が見つかったのだ。中にはすごく不思議な粒子もある。たとえば、幽霊のようなニュートリノという粒

子は、厚さ何兆キロもの鉛の塊を、1回も衝突しないですり抜けてしまう[4]。ニュートリノにしてみたら鉛は透明なのだ。そのほかに、物質をつくっている3種類の粒子に似ているけれど、もっとずっと重い粒子もある。

素粒子のラインナップ

どうしてそんな余計な粒子があるんだろう？　何のためにあるんだろう？　誰がパーティーに呼んだんだ？　ほかに何種類の粒子があるんだろう？　わからない。ぜんぜんわからない。そんな奇妙な粒子と、それがつくるおもしろいパターンについては、Chapter 4で詳しく説明しよう。

　さっきの説明にはもう1つ、すごく大事なものが抜けている。恒星や惑星、彗星やピクルスをつくるには3種類の粒子で足りるけれど、実はそういう物質はこの宇宙のごく一部分でしかないのだ。僕らがふつうだと思っている物質、僕らが知っている物質は、実際にはそうとう珍しい。宇宙の中にあるあらゆるもの（物質とエネルギー）のうち、その手の物質はたった約5パーセントしかないのだ。

　宇宙をつくっている残り95パーセントは何だろう？　わからない。

4　……と思う。この通りの実験をした人はまだ誰もいない。

宇宙の中身を円グラフ（パイチャート）で表すと、こんなふうになる。

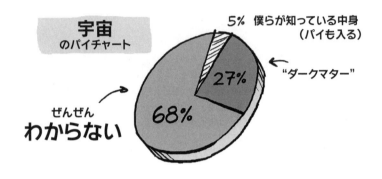

すごく不思議なグラフだ。恒星や惑星、そしてその表面にあるあらゆるものなど、僕らが知っている物質はたったの5パーセントだ。27パーセントは「ダークマター」と呼ばれている何か。残りの68パーセントは、ほとんど正体がわかっていない何か。物理学者はそれを「ダークエネルギー」と呼んでいて、これが宇宙を膨張させていると考えているけれど、それ以上のことはわかっていない。この2つの存在についてと、この円グラフの正確な値がどうやって出てきたかは、あとのほうの章で説明しよう。

でもこれだけじゃ済まない。僕らが知っている5パーセントの物質でさえ、まだわかっていないことがたくさんある（余計な粒子のことを覚えているだろうか）。何を調べれば謎が解けるのか、それさえわかっていないものもあるのだ。

僕ら人類なんてその程度なんだ。知的な探検を進めて、知っているあらゆる物質を単純な部品で説明するというすごいことをや

ってのけた。たった数段落前まではそれを得意がっていた。でもいまとなっては、ちょっと早まりすぎたらしい。**何しろ、宇宙のほとんどはそれ以外のものでできているんだから**。1頭のゾウを何千年もかけて調べていたら、ある日突然、いままで尻尾しか見ていなかったことに気づいた。そんな感じなのだ！

　そうと知ったらちょっとがっかりするんじゃないだろうか。もう知識の伸びしろはなくて、宇宙をこれ以上理解するのは無理なんだ、と思ったかもしれない（家を掃除してくれるロボットはいるけどね）。でも大事なのは、残念だと思わずに、逆にとてつもない可能性が残っていると考えること。探究して知識を増やし、新しい考え方を思いつく可能性だ。もし、地球上の陸地のたった5パーセントしかまだ探検されていないと知ったらどうだろう？　世界中のアイスクリームフレーバーの5パーセントしか味わったことがなかったとしたら？　君の心の中の科学者は、全部明ら

かにしたいと（そしてもっと味わいたいと）うずうずして、新発見の可能性にわくわくするはずだ。

　小学生のとき、歴史上の偉大な探検家のことを教わったと思う。彼らは未知の海に漕ぎ出して新しい陸地を発見し、世界中の地図を描き出した。それを聞いてわくわくすると同時に、さびしい気持ちで心が痛んだかもしれない。いまではすべての大陸が発見されていて、ちっぽけな島まで残らず名前がついている。人工衛星やGPSの時代になって、探検の時代は過ぎ去ってしまったんじゃないか。でもうれしいことに、そんなことはないのだ。

　まだ探検されていないことはすごくたくさん残っている。逆にまったく新しい探検時代が始まったばかりなのだ。いまや、宇宙についての知識がひっくり返るような時代に入ろうとしている。ほんの少し（5パーセント、覚えてる？）しかわかっていないことはわかっているんだから、何を調べたらいいかある程度見当はついている。しかも、強力な粒子コライダーや重力波検出装置や望遠鏡など、その答えを見つけるための新たなすごい道具が次々につくられている。ちょうどいま、それがまとめて動き出しているのだ。

いま！

すごいことに、科学の大きな謎にははっきりした確かな答えがある。その答えが何かが、まだわかっていないだけだ。僕らの生きているうちに答えが出るかもしれない。たとえばいまこの瞬間、宇宙のどこかに知的生命がいるのだろうか？　その答えは1つに決まっている（モルダーの言う通り「真実はどこかにある」）。その答えがわかれば、世界の見方がおおもとからひっくり返るだろう。

　僕らの世界観が色眼鏡でゆがんでいたのに気づくたびに、大きな変革が起こる。そうやって科学は発展してきた。平らな地球、地球が中心の太陽系、恒星や惑星だけでできた宇宙、どれもそのときのデータに当てはめれば筋の通った考え方だったけれど、いまとなっては顔が赤くなるほど幼稚な考えだったと思う。それと同じような大きな変革がすぐ先に迫っているのは間違いない。いまは重要な学説として受け入れられている相対性理論や量子物理学がもろくも崩れ去って、見当もつかない新しい理論に置き換わるかもしれない。200年後に現代の知識を振り返ったら、まるで僕らにとっての洞窟人の世界観のように見えるかもしれないのだ。

　宇宙を理解するという人類の旅路は、けっして終わってなんかいない。君もその旅の一員だ。パイなんかよりも甘くて楽しいこと請け合いだ。

2
ダークマター
って何？

みんなその中を泳いでいる

僕らが知っている宇宙の物質とエネルギーの棒グラフだ。

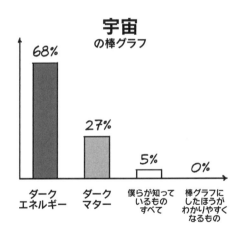

物理学者によると、この宇宙にある物質とエネルギーのうちなんと27パーセントが、「ダークマター」というものでできているという。宇宙にある物質のほとんどは、僕らが何百年もかけて

調べてきたものと違う種類なのだ。この謎の物質は、見慣れたふつうの物質の5倍もある。僕らが知っている物質は実は宇宙ではかなり珍しくて、「ふつう」と呼ぶのはおこがましいのだ。

　ではダークマターとはいったい何だろう？　危険なんだろうか？　服を汚すんだろうか？　存在するってどうしたらわかるんだろう？

　ダークマターは至るところにある。君もその中を泳いでいるのだ。ダークマターが存在するという説がはじめて出てきたのは、1920年代のことだった。そして1960年代になると、銀河の回転の様子と、銀河の質量におかしなところが見つかって、やっとダークマターが真剣に受け止められるようになった。

どうしてダークマターがあるって わかるんだろう？

1. 銀河の回転

　ダークマターと銀河の回転がどうして結びつくのだろう？　メリーゴーラウンドの上に大量のピンポン球を置いて、メリーゴーラウンドを回転させてみよう。するとピンポン球はメリーゴーラウンドの端から飛び出してしまう。回転する銀河もそれとほとんど同じだ。[5]銀河は回転しているので、その中にある星は外に飛び出そうとする。星を逃がさないようにつなぎ止めているのは、銀

5　銀河はメリーゴーラウンドよりちょっとだけ大きいけれど。

ダークマターって何？ **015**

河の中にあるすべての物質がおよぼす重力だけだ（重力は質量を持っている物体どうしを引き寄せる）。銀河の回転が速ければ速いほど、すべての星を引き留めるためには質量が多くないといけない。逆に銀河の質量がわかれば、その銀河がどのくらいの速さで回転しているかを推定できる。

　天文学者はまず、星の数を数えて銀河の質量を推定しようとした。でもその値を使って銀河の回転スピードを計算してみると、つじつまが合わない。実際に測定した回転スピードが、星の個数から推定したスピードよりも速かったのだ。つまり、メリーゴーラウンドの上に置いたピンポン球のように、星が銀河の端から飛び出していなければおかしいのだ。回転スピードが予想外に速いことを説明するためには、計算に使う銀河の質量を大幅に増やして、すべての星をつなぎ止めないといけない。でもその質量は探しても見つからない。この矛盾を解決するために、重くて目に見えない「ダークな」何かが銀河の中に大量にあると考えたのだ。

　とんでもない発想だった。有名な天文学者のカール・セーガンは、「とんでもない主張にはとんでもない証拠が必要だ」と言ったことがある。だからこの奇妙な謎は何十年も解けなかった。でも年月が経つにつれて、この見えなくて重い謎の存在（ダークマ

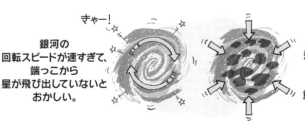

きゃー！
銀河の回転スピードが速すぎて、端っこから星が飛び出していないとおかしい。

でも実際には飛び出していないのだから、何か重いものが重力で引き留めているはずだ。

ターと呼ばれるようになった）はだんだん受け入れられるようになっていったのだ。

2. 重力レンズ

ダークマターは確かに存在すると科学者が納得したもう1つの大事な手掛かりが、光が曲がるという現象だ。それを「重力レンズ」という。

天文学者は、夜空を見ていてときどき変なことに気づくものだ。ある方角に銀河の姿が見える。何も変わったところはない。でも望遠鏡を少しだけ動かすと、最初の銀河とそっくりなもう1つの銀河の姿が飛び込んでくる。形も色も、やって来る光もあまりにそっくりで、同じ銀河としか思えない。でもそんなことありえるだろうか？　1つの銀河が夜空に2つ見えるなんて、どうしてありえるんだろう？

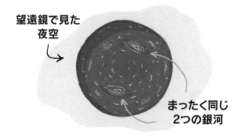

もし地球とその銀河のあいだに何か重い（そして見えない）ものが横たわっていたら、1つの銀河が2つに見えるのも納得がいく。その重くて見えない塊が巨大なレンズのように働いて、銀河からやって来る光を曲げる。それでその光は2つの方角からやって

来るように見えるのだ。

　銀河からは四方八方に光が出ている。でもとりあえず、地球の真正面から少しずれた方角に出てきた2個の光の粒子（光子という）だけを考えよう。地球と銀河のあいだに何か重い物体があると、その物体の重力でまわりの空間がゆがむので、光の粒子はカーブを切って地球のほうへ向かってくるのだ。[6]

　地球にいる僕らが望遠鏡を覗くと、夜空の2つの方角に同じ銀河の姿が見える。この現象が夜空のあちこちに見つかったことで、この重くて見えない物質はそこいらじゅうに存在すると考えられるようになったのだ。ダークマターはとんでもない説なんかじゃなくなった。どの方角を見ても証拠があるんだから。

3. 銀河の衝突

　いちばん説得力のある証拠が見つかったのが、巨大な銀河衝突

6　重力で光が曲がるという現象は、アルベルト・アインシュタインが予言して、その後に実証された。アインシュタインはすごく賢い男だという評判だ。

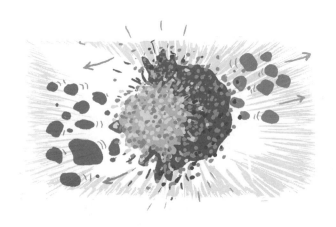

だ。いまから何百万年も昔に、2つの銀河団が衝突するという大事件が起こった。僕らは巻き込まれなかったけれど、衝突の光は何百万年もかけて地球にやって来るので、その爆発の様子を落ち着いて気楽に見ることができる。

2つの銀河団が衝突すると、ガスや塵がぶつかってすさまじいことが起こった。大爆発が起こって、塵の巨大な雲がばらばらに引き裂かれたのだ。特殊効果を駆使した大スペクタクルだ。たとえるなら、大量の水風船でできた巨大な山が2つ、とんでもないスピードでぶつかったようなものだ。

でも天文学者はあることに気づいた。衝突現場のそばにダークマターの巨大な塊を2つ見つけたのだ。もちろんダークマターは見えないけれど、向こう側にある銀河からの光のゆがみを測ることで間接的に見つけられる。その2つのダークマターの塊は、まるで何事もなかったかのように衝突現場をすり抜けているように見えたのだ。

天文学者はこう考えた。最初、ふつうの物質（ほとんどがガスと

塵で、あと星が少々）とダークマターの両方でできた2つの銀河団があった。その2つの銀河団が衝突すると、ガスと塵の大部分はふつうの物質の通りにぶつかりあった。でも、ダークマターどうしがぶつかるとどうなるんだろう？　**検出できるようなことは何も起こらないのだ！**　ダークマターの塊はそのまま進みつづけて、お互いをすり抜けた。まるで互いの姿が見えないかのように。そして星も、すごくまばらに散らばっているのでほとんどそのまますり抜けた。

　銀河よりも大きい巨大な物質の塊が、互いにそのまますり抜けたのだ。この衝突では、銀河からガスと塵が剥ぎ取られただけで終わったのだ。

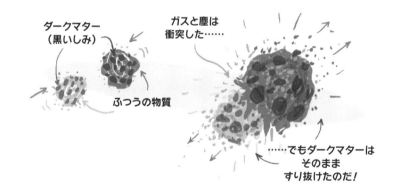

ダークマターについてわかっていること

　ダークマターは間違いなく存在していて、見慣れた物質と違う不思議なものだというのはよくわかったと思う。ここでダークマ

020 Chapter 2

ターについてわかっていることをまとめておこう。

- ・質量がある。
- ・見えない。
- ・銀河につきまとっているらしい。
- ・ふつうの物質では触れないらしい。
- ・ダークマターどうしも触れないらしい。[7]
- ・かっこいい名前だ。

　こう思ったかもしれない。「自分の身体がダークマターでできていたらなぁ。そうしたらスーパーヒーローになれたのに」。違うかい？　まあここだけの話にしておこう。

　ダークマターはどこかに隠れているわけじゃない。大きな塊をつくって宇宙を漂って、銀河につきまとっているのだ。だから、いまこの瞬間に君がダークマターに取り囲まれているのもほぼ間違いない。このページを読んでいるとき、ダークマターがこの本とあなたの身体を貫いているはずだ。でもそこいら中にあるのに、どうしてこんなに謎なんだろう？　どうして見たり触ったりできないんだろう？　そこにあるのに見えないなんて、いったいどういうことだろう？

　ダークマターを調べるのが難しいのは、僕らとほとんど作用しあわないからだ。見えないのに（だから「ダーク」）、質量があることはわかっている（だから「マター（物質）」）。どうしてそんなこと

7　何か未知の力でダークマターどうしがわずかに感じることはできるかもしれない。

がありえるのかを説明する前に、まずはふつうの物質がどうやって作用しあうのかを考えないといけない。

物質はどうやって
作用しあうのだろう？

物質が作用しあうしかたは、おもに4通りある。

重力
質量を持っている2つの物体は、互いに引き寄せあう引力を感じる。

電磁気力
電荷を持っている2個の粒子のあいだに働く力。電荷のプラスマイナスが違うか同じかによって、引力になったり反発力になったりする。

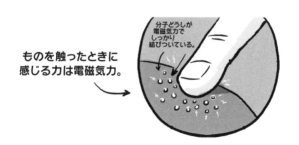

君も毎日、電磁気力を実際に感じている。この本を上から手で

押しても、紙がぺしゃんこにつぶれたり、手が紙を突き抜けたりすることはない。それは、本の中の分子が電磁気力で互いにしっかり結びついていて、君の手の中にある分子を跳ね返すからだ。

光、そしてもちろん電気と磁気も、電磁気力の働きだ。光について、そして粒子と力の深い関係については、あとでもっと話すことにしよう。

弱い核力

電磁気力と似ているところが多いけれど、ずっとずっと弱い。

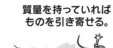

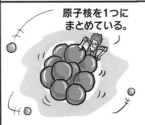

たとえばニュートリノはこの力でほかの粒子と（弱く！）作用しあう。超高エネルギーになると、弱い核力は電磁気力と同じ強さになって、「電弱力」という１つの力の一部になってしまう。

強い核力

原子核の中で陽子や中性子を結びつけている力。この力がなかったら、プラスの電荷を持った陽子はお互いに反発しあって飛んでいってしまう。

ダークマターはどうやって
作用しあうんだろう？

この４種類の力のリストは、ただ事実を並べただけだ。物理学はまるで植物学みたいなところもあるのだ。どうしてこの４種類の力があるのか、それはわかっていない。観測したことを並べただけのリストだ。これでリストが完成かどうかさえわかっていない。でもいまのところは、素粒子物理学のあらゆる実験をこの４種類の力で説明できている。

さて、ダークマターはどうしてダークなのだろう？　ダークマターにも質量はあるのだから、重力は感じる。でも、ダークマターの作用でわかっているのはそこまでだ。電磁気力は感じないと考えられている。わかっている限り、光を反射したり放ったりすることはない。直接見るのが難しいのはそのせいだ。さらに、弱い核力や強い核力も感じないようだ。

だから、何か新しい相互作用が見つからない限り、ダークマターがふつうのメカニズムで僕らの身体や望遠鏡や検出器と作用しあうことはありえないだろう。それだから調べるのがすごく難しいのだ。

知られている4種類の基本的な相互作用のうち、ダークマターに作用すると言い切れるのは重力だけだ。ダークマターの「マター」(物質)はそこから来ている。ダークマターにも実体がある。質量を持っていて、そして質量を持っているから重力を感じるのだ。

どうやったらダークマターを調べられるんだろう？

ダークマターが実在することは納得してもらえたと思う。何かが間違いなく存在している。その何かは、星々が宇宙空間に飛んでいってしまうのを防いだり、銀河からやって来る光を曲げたりする。また、スローモーションで爆発する車から振り返らずに歩いて出てくるアクションヒーローのように、宇宙の巨大な衝突をそのまますり抜けていく。ダークマターは、そんなかっこいいヤ

ツなんだ。

　でも1つ疑問が残っている。ダークマターは何でできているんだろう？「宇宙は何でできているのか」という大きい疑問にも、その中でいちばん調べやすい5パーセントを調べただけでは答えを出したことにはならない。27パーセントも占めるダークマターを無視するわけにはいかないのだ。最初の疑問に短く答えるなら、ダークマターが何なのかはまだほとんどわかっていない。存在していることはわかっているし、だいたいどこにどのくらいの量があるかもわかっている。でも、それがどんな粒子でできているのか、そもそも粒子でできているのかどうかもわかっていないのだ。1種類の変わった物質で宇宙全体を説明してしまいたくなるかもしれないけれど、慎重になったほうがいい。[8]広い心を持っていないと、僕らの宇宙観を変えるような発見はかなわないのだから。

　前に進むためには、いくつか具体的なアイデアを出して、そこから何か結論を導いて、それを検証するための実験を工夫しないといけない。検出しようのない奇妙な新粒子でできた宇宙サイズの紫色の踊るゾウ、それがダークマターだという説も考えように

8　今日のランチがたまたまチーズサンドイッチでも、毎日チーズサンドイッチだとは言えない。

026 Chapter 2

よっては考えられる。でも検証するのが難しいので、科学では優先して取り上げられるような説じゃない[9]。

単純で、しかも具体的な説を1つ紹介しよう。ダークマターはある1種類の新しい粒子でできていて、その粒子は新たな力でふつうの物質とごくごく弱く作用しあうという説だ。どうして1種類だけなんだろう？　いちばん単純で、最初に試してみるのにちょうどいいからだ。もちろん、ダークマターもふつうの物質と同じように何種類もの粒子でできている可能性だってある。そうしたダーク粒子はいろいろ複雑な相互作用をして、ダーク化学、ダーク生物学、名曲「ダークライフ」、果てはあの真っ黒なモンスター・デスターキーをもつくり出しているかもしれない（考えるとぞっとする）。

この仮説上の粒子は、「弱く相互作用する質量のある粒子」（Weakly Interacting Massive Particle）の頭文字を取ってWIMPと呼ばれている [wimpとは「弱虫」という意味]。WIMPは、仮説上の新しい力を使って、僕らの知っている物質とごくごく弱く作用しあうのではないかと考えられている。その強さはニュートリノと同じくらいのレベルだという。一時期、別の説として、ふつうの物質が集まった木星サイズの巨大な塊なんかも検討された。それはWIMPと区別するために、MACHO（「重くて宇宙物理学的なコンパクトなハロー天体」（Massive Astrophysical Compact Halo Object））というあだ名がつけられた [machoとはいわゆる「マッチョ」という意味]。

9　これを書いている時点で、科学研究予算は先が見えない。

ダークマターって何？ **027**

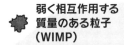

ダークマターの候補の粒子

- 弱く相互作用する質量のある粒子（WIMP）
- 重くて宇宙物理学的なコンパクトなハロー天体（MACHO）
- 電気的に中性でランダムな崩壊スピン（Neutral Electric Random Decay Spin、略してNERDS）
  ［nerdとは「おたく」という意味］

このうちどれか1つは本物の物理理論じゃない

　ダークマター粒子がふつうの物質と重力以外の力で作用しあうのかどうか、実際にはわかっているんだろうか？　わかっていないのだ。でもそのほうがずっと簡単に検出できるから、そうであってくれとみんな願っている。そうしてすごく難しい実験に挑みながら、もっと不可能な実験に挑戦せずに済みますようにと祈るのだ。

　この仮説上のダークマター粒子を検出するための実験がいろいろ考え出されている。昔ながらの方法が1つある。圧縮した低温の希ガス［キセノンなど］を容器に入れて、そのまわりに検出器を並べ、希ガスの原子1個にダークマターがぶつかるのを検出するのだ。いまのところその手の実験ではダークマターの証拠は見つかっていなくて、ようやく検出できそうな規模と感度になったところだ。

　もう1つの方法は、高エネルギー粒子コライダーを使って、ふつうの物質の粒子（陽子や電子）をものすごいスピードに加速し

028 Chapter 2

て衝突させ、ダークマターをつくり出すという方法だ。実験自体もすごいけれど、おまけに新しい粒子を探せるというメリットもある。コライダーは物質の種類を変えるパワーを持っているからだ。粒子どうしが衝突すると、その中身が組み替わるだけじゃない。物質が消滅して新たな形の物質が生まれるのだ。まるで素粒子レベルの錬金術だ（冗談で言っているわけじゃない）。だから、何が見つかりそうか前もってわからないのに、ほとんどどんな種類の粒子でもつくれてしまう（とはいっても限界はあるけれど）。科学者は現在、たくさんの衝突を調べて、ダークマター粒子ができたらしい証拠をせっせと探しているのだ。

　3つめの方法は、ダークマターがたくさん集まっていそうな場所に望遠鏡を向けるという方法。そうした場所の中でも地球にいちばん近いのが銀河系の中心で、そこにはダークマターの巨大な塊があるらしい。ダークマター粒子が2個たまたま衝突すると、互いに消滅してしまう。でも、もしダークマターどうしが何らかの形で作用しあうと、衝突によってふつうの物質の粒子に変わるかもしれない。ちょうど、ふつうの物質の粒子が2個衝突してダークマターが生まれるかもしれないのと同じだ。もしそれが頻繁に起こっていたら、生まれたふつうの物質の粒子はある特徴的なエネルギーと場所の分布を示すだろう。それを望遠鏡で観測すれば、ダークマターの衝突でつくられた粒子らしいとわかる。でも、そのためには銀河系の中心で何が起こっているかが詳しくわからないといけないけれど、それもまた謎だらけなのだ。

10　2個のふつうの物質の粒子が2個のダークマター粒子に変わるのなら、その逆のプロセス、つまり、2個のダークマター粒子が2個のふつうの物質の粒子に変わることもありえる。

どうしてダークマターが大事なの?

　これまでいろんな発見や進歩があったけれど、宇宙の素性はまだほとんど謎のままだ。ダークマターはそれを解き明かす大きな手掛かりになる。知識のレベルで言ったら、僕らは洞窟人科学者ウークやグルーグと同レベルだ。現在の数学的・物理的な宇宙モデルの中に、ダークマターは入っていない。僕らをこっそり引き寄せている物質が大量にあるのに、それが何なのか、わかっていないのだ。その大量の物質を理解していないのに、この宇宙を理解したなんて言い張るわけにはいかない。

　ダークで謎めいた不気味な物質がそこいらじゅうに漂っていると思うと、パラノイアにでもなりそうだ。でもその前に考えてみてほしい。もしダークマターが何かものすごい代物だったら?

　ダークマターは僕らが直接感じられない何かでできている。見たこともないし、想像したことのない振る舞いもするかもしれない。

　そんなものがここに存在していたら?

ダークマターが何か新しい種類の粒子でできていて、その粒子を高エネルギーコライダーでつくったり利用したりできたとしたら？　あるいは、ダークマターを見つける途中で、それまで知らなかった物理法則が見つかったとしたら？　たとえば、新しい基本的な相互作用とか、知られている相互作用の新しい使い方とか。もっと言うと、その新発見のおかげで、ふつうの物質の新しい取り扱い方が見つかったとしたら？

　生まれてからずっとあるゲームをしていて、ある日突然、特別なルールか新しい駒があったと気づいたら、いったいどんな気分だろう？　ダークマターの正体と振る舞い方が明らかになったら、どんな驚きの技術や知識の扉が開くんだろう？

　いつまでもダークのままにしておくわけにはいかない。ダークだからといってどうでもいいわけじゃないんだから。

3
ダークエネルギーって何？

膨張する宇宙で頭も爆発

宇宙のことなら何でも知ってると思っていたのに、宇宙を駆けめぐる賢いエイリアン種族の共通テストを受けたら5パーセントしか答えられない。ショックを受けるよね？　でも目をそらしちゃだめだ。エイリアン大学にはとてもじゃないけど入れそうにない。[11] 人類として僕らがどこまで知っているかをまとめ

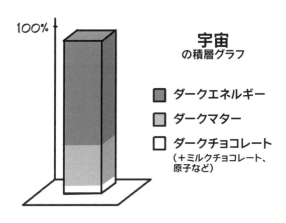

11　入学できないほうがいいのかな？　学食のメニューはかなり変わっているからね。

032 Chapter 3

ておくために、宇宙の積層グラフをかいておこう（これでグラフの種類を使い尽くしてしまった）。

生まれてからずっと広くて立派な家に住んでいて、自分が感じるものは全部その家の中にあったとしよう。ところがある日、実は自分の家は100階建ての豪華マンションの1階から5階まででしかなかったと気づく。突然、生活が一変する。残りの階のうち27階分には、ダークマターという、重くて見えない何かが住んでいる。いかした隣人かもしれないし、気味の悪い隣人かもしれない。廊下ではなぜか避けられる。

残りのなんと68階分は、ほぼ完全に謎だ。宇宙の残り68パーセントは、物理学者が「ダークエネルギー」と呼んでいるものでできている。いちばん大きい部分を占めているのに、それが何なのかはほとんどわからないのだ。

そもそも、どうしてダークエネルギーと呼ばれているんだろう？　実はどんなふうに呼んでもかまわない。どうして？　**宇宙をものすごいスピードで膨張させていること以外、ほとんど何もわかっていないからだ。**[12]

そこで次に、「どうしてそんなものがあるとわかったのか」という疑問が浮かんでくるかもしれない。その答えは「まったくの偶然」。ある別の問題に答えを出そうとしていた科学者が、完全に不意打ちを食らったのだ。その科学者たちは、宇宙の膨張がどのくらいのペースで減速しているのかを測ろうとしていた。ところが、実は減速なんかしていなくて、逆に膨張のペースがどんど

12　使えない名前もある。「ダークサイド」はもうよそで使っているから。

ん速くなっているのに気づいたのだ。では階段を上がって、謎の上層階がどんなふうになっているのかを調べることにしよう。

膨張する宇宙

何か別のものを探しているうちに、宇宙の全エネルギーの3分の2以上を見つけてしまった。それがどんなに驚くことなのか、それを理解するためには、この発見につながったもともとの疑問から話を始めないといけない。その疑問とはこれだ。

この宇宙には始まりがあったのか、それとも永遠に存在しつづけているのか？

単純な疑問のようだけれど、実はすごく深い。たった100年前、ほとんどのまっとうな科学者は、宇宙が永遠に存在していて永遠に続くなんて当たり前じゃないかと考えていた。この宇宙が変化しているなんて、ほとんどの人には思いもよらなかったのだ。すべての恒星や惑星は永遠に浮かびつづけている。ちょうど、天井から吊り下げたモビールか、絶対に止まらない時計がたくさん

並んだ部屋のように。

誰の家の天井から
ぶら下がっているかなんて、
考えるのはよそう。

　ところがある日、天文学者はおかしなことに気づいた。いろんな方角の恒星や銀河からやって来る光を測定したところ、すべての天体が互いに遠ざかりつづけているという結論が出てきたのだ。宇宙はじっとしてなんかいない。膨張していたのだ。

　もし宇宙がずっと膨張しつづけてきたとしたら、宇宙はいまよりも昔のほうが小さかったはずだ。そうやって考えて時間をさかのぼっていくと、どこかの時点で宇宙はものすごく小さかったということになる。

　多くの物理学者はそんなわけないだろうと思って、この説をバカにして「ビッグバン」と呼んだ。もし彼らがいまも生きていたら、きっとその言葉を口に出すたびに、両手で「"」の形をつくって白目を剥き、冗談だよというアピールをしただろう。この説を提案した人をバカにするための呼び名だったのだけれど、いつのまにか定着してしまったのだ。物理学者が皮肉を言いはじめると、宇宙の知識がおおもとからひっくり返る。そういうものなのだ。

生まれたての宇宙

　そうして 1931 年、宇宙は膨張していることが明らかになった。ということは、宇宙は最初はすごくすごく密度の高い点みたいな[13]もので、そこから外側に広がっていったことになる（その点は何か大きい空間に浮かんでいたわけじゃない。その点が空間のすべてだ。空間にまつわるこのとっぴな考え方は、Chapter 7 でもっと説明する）。明らかになった宇宙の膨張とつじつまの合う理論は、ビッグバン以外にもいくつかあった。でもそうした理論では、膨張しつづける宇宙の密度を一定に保つために、つねに新しい物質がつくられつづけていないといけない。

　宇宙に始まりがあったのだとしたら、すぐに浮かんでくるのが、「じゃあ終わりはあるんだろうか」という疑問だ。この巨大で壮大で何とも奇妙な宇宙が、いったいどうやって終わるっていうんだろう？　何より、君が紡ぎつづけている物語を書き終える時間はあるんだろうか？

　いったい何が宇宙を終わらせるっていうんだろう？　その答えは、昔からよく知っている重力だ。

　ビッグバンの爆発で宇宙の中身はすべて四方八方に飛び散っているけれど、重力はその反対方向に働く。宇宙にあるすべての物質に重力が働いて、宇宙をもとの小さい状態に戻そうとしている

13　この点がどんなに密度が高かったのかを伝えるには、「すごく」をいくらたくさん並べても足りない。宇宙全体が 1 つの点に圧縮されていたのだ。

のだ。それが宇宙の最終的な運命にどう関係してくるんだろう？
それをどう考えるかは人それぞれ違っていた。

考えられる宇宙の終わり	それを表す絵文字
A. 宇宙には物質がすごく多いので、やがて重力が勝って膨張が止まり、あらゆるものが縮みはじめる。これを「ビッグクランチ」という。	:O
B. 宇宙には物質が少ないので、重力で膨張が止まることはなくて、宇宙は永遠に膨張しつづける。最後には無限にスカスカな冷たい（そしてさびしい）宇宙になる。	:(
C. 物質がちょうどよい量だけあるので、重力によって膨張は減速するけれど、膨張が止まったり逆に宇宙が縮まったりすることはない。宇宙は膨張しつづけるけれど、膨張のスピードはゆっくりとゼロに近づいていく。	:|

　ところが大変なことが起こる。本当の答えはこのどれでもなかったのだ！　すごく不思議なことに、本当に突拍子もなくてごく一部の科学者しか考えていなかった、次のような秘密の4番目の選択肢が答えだったのだ。

とてつもなく強力な謎の力が空間そのものを膨張させていて、宇宙はどんどんスピードを上げて大きくなっている。

　宇宙の観測結果とつじつまが合うのは、この第4の選択肢だけだったのだ。

宇宙が膨張しているって どうしてわかるの？

　宇宙が最後どうなるかなんてすごく重大な話みたいだけれど、あんまり心配しないように。何が起こるにしても、いま言っている未来というのは何十億年も先のことだから。ベストセラーはおろか、その続編を書く時間だってある。

　それでもこの問題は大事だ。こういった大問題の答えが見つかったら、宇宙のしくみがもっとよくわかるからだ。このような疑問に挑んでいると、何か驚きの事実が見つかって、ときには日々の暮らしが変わることだってある。たとえば、君はスマホのGPS機能を使っているだろうか？　GPSシステムが正確なのは、アインシュタインが「物体が光の速さで動いたらどうなるんだろう」と疑問に思ってくれたおかげだ。地球上ではそんなことはめったに起こらないけれど、この疑問から相対性理論が生まれた。そして相対性理論がなかったら、GPSは正確になりようがなかったのだ。

宇宙の最終的な運命を占うためには、宇宙がいまどのくらいのスピードで膨張しているかがわからないといけない。そこで科学者は、まわりの銀河が地球からどのくらいのスピードで遠ざかりつづけているかを測定した。

はじめに理解しておいてもらいたいのは、宇宙の中心からすべての天体が遠ざかっているんじゃなくて、すべての天体がほかのすべての天体から遠ざかっていることだ。宇宙サイズのレーズンパンに入っている1個のレーズンが地球だとしよう。パンが焼けて膨らむと、すべてのレーズンがほかのすべてのレーズンから遠ざかる。そういうことだ。でもレーズンの大きさは変わらない。

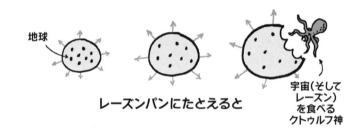

レーズンパンにたとえると

でも宇宙の運命を知るためには、この膨張スピードが変化しているかどうかを知りたい。数十億年前よりもいまのほうが、銀河はゆっくり遠ざかっているのだろうか？ それとも、数十億年前よりも速く遠ざかっているのだろうか？ 知りたいのは、時間が流れるとともに膨張スピードがどんなふうに変化しているかだ。それを知るためには、過去に銀河がどのくらいのスピードで遠ざかっていたのかを測って、いま遠ざかっているスピードと比べないといけない。

未来を予測するのはすごく難しいけれど、過去を見るのは天文学者にとっては簡単だ。宇宙はとてつもなく大きくて、光はある決まったスピードで伝わるので、遠くの天体から地球に光が届くのには長い時間がかかる。だから、すごく遠くにある星からやって来る光はすごく古くて、それが伝えてくれる情報もすごく古い。その光を見るのは、時間をさかのぼって過去を見るようなものなのだ。

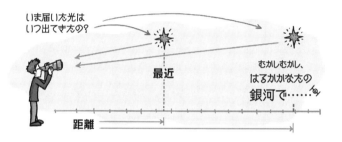

　その逆も言える。ものすごく遠くの惑星に棲むエイリアンが望遠鏡で地球を見たら、ずっと昔に地球を出た光が飛び込んでくる。何年も前に君に起こったあのすごく恥ずかしい出来事を（身に覚えがあるだろう？）、エイリアンはちょうどいま目撃しているかもしれないのだ。

　だから、遠くの天体になればなるほど昔の光が見えて、時間をさかのぼることができる。そこで、遠くの天体があるスピードで遠ざかっていて、別のもっと近い天体が違うスピードで遠ざかっていたら、時代とともに膨張スピードが変化したとわかる。遠くの星がどのくらいのスピードで遠ざかっているかは、光のスペクトルのずれで測ることができる（「ドップラー効果」という）。警察

がスピード違反を取り締まるのと同じ方法だ。速いスピードで遠ざかっている星ほど、光が赤っぽくなるのだ。

　天体がどのくらい遠くにあるかを知るためには、ちょっと科学しないといけない。[14] たとえば、近くにある暗い星と遠くにある明るい星はどうやって見分ければいいんだろう？　望遠鏡では同じように見える。どっちも夜空に光る小さくて暗い点だ。

　でも、ある特別な種類の星があることがわかった。その星は宇宙のどこにあっても同じ振る舞いをして、その振る舞いを正確に予測することができる。それらの特別な星は、大きさと組成のせいでどれも同じスピードで大きくなっていって、ある決まった大きさになると必ず同じことをする。爆発するのだ。正確に言うと急激に縮むのだけれど、その勢いがあまりにも激しくて、その反動で大爆発する。このような星の爆発のことをⅠa型超新星（イチエー）という。[15] このタイプの超新星はどれもだいたい同じように爆発してくれるので、すごく役に立つ。ちょっと補正したうえで暗く見えたら、その超新星は遠いとわかる。明るく見えたら近い。まるで、あちこちにまったく同じ灯台を設置して、「宇宙はこんなに大きくてすごいんだぞ」って僕らに教えてくれているようだ（宇宙は謎

14　動詞として使ってみた。
15　マイケル・ベイの映画よりもたくさん爆発している。それが宇宙だ。

ダークエネルギーって何?　　**041**

めいてはいるけれど、恥ずかしがり屋ではないんだ)。

　天文学者はⅠa型超新星のことを「標準光源(キャンドル)」と呼んでいる(彼らはロマンチックなんだ)。標準光源を使えば天体がどれだけ遠くにあるか(そしてどれだけ古いか)がわかるし、ドップラー効果を使えばどのくらいのスピードで遠ざかっているかがわかる。そうすれば、宇宙の膨張スピードがどんなふうに変化してきたかを測定できるのだ。

　そうと気づいた2つの科学者チームが、先を競って宇宙の膨張スピードを測りはじめた。でも超新星は短いあいだ爆発するだけだから、簡単には見つからない。たえず夜空を監視して、突然明るくなったかと思ったらだんだん暗くなる星をとらえないといけないのだ。

　どっちのチームも、宇宙の膨張スピードは遅くなっているか、または同じままのはずだと思い込んでいた。当然だ。大昔に宇宙が爆発して、それ以来、重力があらゆる天体を引き寄せようとしているのなら、考えられるのは2通りしかない。重力が勝って天体が引き寄せられるか、または重力が負けてそのまま膨張しつづけるかのどっちかだ。

　超新星を観測して宇宙の膨張スピードを計算したら、重力が勝つという結論が出るはずだ。2つのチームはそう予想していた。つまり、近くの星(最近の星)よりも遠くの星(昔の星)のほうが速く遠ざかっているだろうということだ。ところが驚いたことに、まったく逆の結果が出てしまった。昔よりもいまのほうが速く遠ざかっているみたいなのだ。ということは、宇宙は昔よりもいまのほうが速く膨張していることになる。

　どのくらい意外な結果だったのか、ちょっと考えてみよう。天文学者の頭にあったのは2つだけ。大昔に宇宙の爆発が起こったことと、重力がすべての天体を引き寄せようとしていることだけだ。ところが3つめの大事なピースがあった。空間そのものの大きさだ。Chapter 7でうんざりするほど詳しく説明するけれど、空間は宇宙という劇のただの背景じゃない。ゆがんだり（重い天体のまわり）、波打ったり（重力波）、膨張したりできる実体のある存在だ。そして実際に膨張している。しかもどんどん速く。空間は必死になって大きくなろうとしている。何かが空間をどんどんつくっていて、宇宙のあらゆるものを外側に押しやっているのだ。

　実際に得られた結果によると、宇宙は最初のうちは減速していたけれど、50億年前からは何かが宇宙をどんどん速く膨張させているのだ。

　宇宙をどんどん速く膨張させているこの原動力のことを、物理学者はダークエネルギーと呼んでいる。それは見えないし（だから「ダーク」）、あらゆるものを押しやっている（だから「エネルギー」）。しかもすごく強い力で、宇宙のすべての質量とエネルギーの68パーセントを占めていると計算されている。

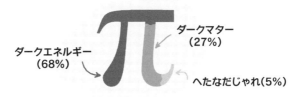

宇宙のパイチャート

ここまで、宇宙のパイチャートにはかなり具体的な数値を当てはめてきた。5 パーセントというのはおおざっぱな値にも聞こえる。でも、ダークマターの 27 パーセントとかダークエネルギーの 68 パーセントっていう値を聞くと、物理学者はただの当てずっぽうで言っているんじゃないなと思えてしかたがない。

では、宇宙にダークマターやダークエネルギーがどれだけあるかなんて、どうしたらわかるんだろう?

ダークマターの場合、さっき説明した道具(重力レンズや銀河の回転)を使っても、漏れなく測れるわけじゃない。その道具が使えるような形で星とダークマターがうまく並んでいるとは限らないし、見つけようがない場所にもっとたくさんダークマターが隠れているはずなのだから[16]。

ダークエネルギーも、正体がぜんぜんわかっていないのだから直接測るのは無理だ。

---

16 なくした靴下や鍵もそうだね。

でも驚くことに、正体がわかっていないというのに、ダークマターやダークエネルギーの割合を測る方法が何通りかある。そしていまのところ、それぞれの方法の結果が全部一致しているのだ。

ダークマターとダークエネルギーの量を測るいちばん正確な方法は、宇宙の赤ちゃん時代の写真を調べるという方法。まだちっちゃくてかわいかった頃の写真だ。[17]

その赤ちゃん写真がどうやって撮られて何が写っているのかは、あとのほうの章で話す。とりあえずは、そういう写真があることだけわかってもらえばいい。その写真は「宇宙マイクロ波背景放射」といって、こんな感じだ。

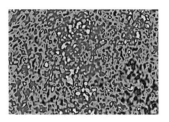

赤ちゃん宇宙
(おむつは写っていない)

あんまりかわいくはないな。どっちかって言うと、しわしわででこぼこに見える（赤ちゃんはたいていそうだけれど）。この写真は、宇宙の初期の構造から出てきた最初の光子を写している。そして大事なポイントとして、この写真に写っているしわの本数やパターンは、宇宙のダークマターとダークエネルギーとふつうの物質

17　ご先祖さまをほめるのはいいことだよ。

の割合によって大きく変わってくる。つまり、宇宙の中身の割合が変わると、この写真のパターンが変わってくるのだ。実際の写真に写っているようなパターンになるためには、ふつうの物質が約5パーセント、ダークマターが27パーセント、ダークエネルギーが68パーセントでないといけない。それ以外の割合だと違った写真になってしまうのだ。

　ダークエネルギーを測るもう1つの方法は、標準光源である超新星を使って宇宙の膨張スピードを測るという方法だ。ダークエネルギーはあらゆる天体をどんどん速いスピードで外側に押しやっている。ふつうの物質とダークマターの量を見積もることができれば、宇宙がいまのように膨張するためにはダークエネルギーがどのくらい必要なのかを計算できる。そしてそこからダークエネルギーの量を推計できるのだ。

　最後の方法として、いまの宇宙の構造を調べることでも、ダークマターとダークエネルギーとふつうの物質の割合を知ることができる。この宇宙には星や銀河がとても特別な形で並んでいる。コンピュータシミュレーションを使うと、現在の状態からビッグバンの直後まで時間をさかのぼることができる。そして、いまのような宇宙ができるためにはどのくらいの量のダークマターやダークエネルギーが必要だったのかがわかる。たとえばシミュレーションでダークマターの量が正しくないと、いまのような形の銀河はできないし、そもそもいつまで経ってもなかなか銀河ができない。ダークマターは質量が大きくて重力が強いので、ふつうの物質が集まって早いうちに銀河をつくる手助けをする。また、宇宙の全エネルギーをふつうの物質とダークマターだけにして、ダ

ークエネルギーは存在しないと設定してみても（つまりダークマターが95パーセントということ）、やっぱりいまのような銀河はできない。

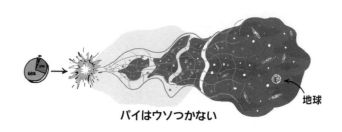

パイはウソつかない

　驚くことに、これらの方法を使って出した結果が全部一致するのだ。どの方法を使っても、この宇宙はふつうの物質とダークマターとダークエネルギーがだいたい5パーセント：27パーセント：68パーセントの割合でできていることがわかる。正体がわからないというのに、それがどのくらいあるのかはかなり胸を張って言えるのだ。何なのかはぜんぜんわからないのに、それがあることはわかる。正確な無知の世界へようこそ。

ダークエネルギーとは 何なのだろう？

　ダークエネルギーがどうやって見つかったのか、どのくらいの量があるのかをここまで説明してきた。じゃあその正体は何なのだろう？　簡単に答えると、**ぜんぜんわからない**。宇宙を膨張さ

せている力だというのはわかっている。宇宙のすべての物質に働いて、外側に押しやっている。まさにいま、僕や君、そしてすべてのものを互いに引き離している[18]。でも、それが何なのかはわからないのだ。

エネルギー
ダークサイドのパワーを見くびってはいけない。

　いまのところ有力な説の1つが、ダークエネルギーは空っぽの空間のエネルギーだという説だ。**そう、空っぽの空間だ。**

　空っぽというのは「中身」がないという意味だ。もっと難しく言うと、「要素を含まない」となる。銀河と銀河のあいだの宇宙空間には、物質の粒子が（ダークマターも）1個もないような場所がある。考えてみよう。物質なんてぜんぜんないそんな空っぽの空間が、実はエネルギーを持っていて、ぼうっと光っていたり低くブーンとうなっていたりしたら？　何も理由がないのにただエネルギーを持っているのだ。もしそうだとしたら、そのエネルギ

18　僕らを引き裂くのは愛じゃない。ダークエネルギーだ。

ーは重力で宇宙を外側に押し広げ
るかもしれない。

　バカな話に聞こえるかもしれな
いけれど、実はびっくりするほど
つじつまの合う説でもある。むし
ろ量子力学では、真空エネルギー
というのはかなり自然な発想だ。

空っぽの空間のエネルギー
（ここにある。本当だ）

量子力学によると、素粒子のようなすごく小さい物体の世界は、
人間やピクルスのような大きい物体とはぜんぜん違う。量子的物
体は、ピクルスではほとんどありえないような振る舞いをする。
正確に決まった場所に存在していなかったり、絶対に乗り越えら
れない壁の反対側に出てきたり、観測されているかどうかで違っ
た振る舞いをしたりするのだ。そして量子物理学によれば、空っ
ぽの空間のエネルギーから粒子がぽっと生まれてはまたすぐに消
えたりもする。

　量子力学は現実の世界を違うふうに見せてくれた。そして、相
対性理論は絶対的な空間と時間という考え方を葬り去った。なら、
空っぽの空間に真空エネルギーが満ちあふれていて、それが宇宙
を押し広げていると考えてもおかしくはないんじゃないの？

　でもこの説には１つ問題がある。空っぽの空間がどのくらい
のエネルギーを持っているかを量子力学に基づいて計算してみる
と、答えが大きくなりすぎてしまうのだ。しかも多少大きいどこ

0が60個

ろか、10^{60} 倍から 10^{100} 倍も大きい [10^{60} とは、$\overbrace{100...00}$ という数の
こと]。グーゴルプレックス倍（ググってほしい）も大きいのだ。そ

フィールド・オブ・エネルギードリームス

れに比べると、全宇宙にある素粒子の個数なんてたったの 10^{85} 個。だからちょっとやりすぎの説と言えるかも。

　もう1つの説は、新しい力か特別な場がちょうど電磁場のように空間に広がっているという説だ。その場は時代が経つにつれて変化するとされている。それは、なぜいまから50億年前に宇宙の膨張が加速しはじめたのかを説明するためだ。この説にはたくさんのバージョンがあるけれど、どれも検証するのが難しい。この特別な場は僕らの知っている粒子と作用しあわないかもしれないので、検出するための実験がなかなか考え出せないのだ。また、この場は新しい粒子と関係があるかもしれないけれど（ちょうどヒッグス場がヒッグス粒子(ボソン)と関係があるように）、その粒子はものすごく重くて、いまの測定技術では手に負えないかもしれない。重いといってもどのくらいだろう？　これまで見つかっているどんな粒子よりも重いけれど、君の家の猫よりは重くないのだ。

　どの説もまだ荒削りだ。生まれたばかりのアイデアにすぎないけれど、そこから科学者がもっといい説を思いついて、いずれは宇宙のエネルギーのほとんどが何でできているかが明らかになるかもしれない。ダークエネルギーに比べたら、ダークマターなん

てすごく単純でよくわかっているほうだ。少なくとも物質だってことはわかっているんだから。でもダークエネルギーはそれこそ何でもありだ。500年後の科学者がいまの時代を振り返ったら、現在のダークエネルギーの説なんてお笑いぐさに思えるかもしれない。古代人は星や太陽や天気を、ローブをまとった神々のしわざと考えていた。僕らにはそれがおかしく見える、それと同じだ。僕らの理解力を超えたパワフルな力がどこかにある。宇宙についてはまだわかっていないことがたくさんあるのだ。

未来はどうなるの？

ダークエネルギーのせいで宇宙がどんどんスピードを上げて膨張しているとしたら、あらゆる物体が毎日少しずつ速く遠ざかっていることになる。膨張スピードが速くなっているのだから、遠くにある物体はやがて光よりも速く遠ざかっていくようになる。すると星からの光はいずれ地球に届かなくなる。見える星の数は昨日よりも今日のほうが少ないのだ。そのまま考えていくと、何十億年か先には夜空には数えるほどしか星が見えなくなる。もっ

と未来になると、夜空はほとんど真っ暗になってしまうかもしれない。

　そんな未来の地球に住む科学者になったとイメージしてみよう。見えない星や銀河のことなんて考えられるだろうか？[19] このまま膨張が続いていったら、いずれ太陽系がばらばらになって、地球も引き裂かれ、ひひひ……ひ孫の手からはスマホが取り上げられてしまうかもしれない。でもこの膨張の推進力についてはわからないことばかりなので、未来になったら減速することも、もしかしたらあるかもしれない。

　そこでこう考えたくなる。いまよりも昔のほうが見える星がたくさんあったのだとしたら、以前は当たり前だった事実もいまでは知りようがなくなっているんじゃないの？　人類はパーティーに140億年近くも遅刻してしまったのだから。

未来の夜空 :/

19　星を見たければキャンプを10億年延期しないこと。

4
物質のいちばん
基本的な部品は何？

いちばん小さいかけらのことは
ほとんどわかっていない

人類の知識と科学では、宇宙のたった５パーセントの「ふつうの物質」のことしかわからない。そう聞かされたら、いろんな反応が返ってくるだろう。

　a．自分はちっぽけなんだと感じて、謙虚になって、ちょっと
　　　怖くなる。
　b．そんなはずないと頑固に言い張る。
　c．宇宙についてこれから解明できることがそんなに残ってい
　　　るんだとテンションが上がる。
　d．この本を読みつづけたくなる。[20]

　謙虚になって怖くなった人のために、いい話がある。いまから
この章のほとんどを使って、ふつうの物質について話していくの

だ。でももしダークマターから、ダーク物理学、ダーク化学、ダーク生物学、さらにはダーク物理学者がつくられていたとしたら、そのダーク物理学者は自分の物質のことを「ふつうの物質」と呼んでいるだろう。やっぱり少しは謙虚になったほうがいいのかもしれない。

　悪い話もある。わかっている5パーセントについてさえ、何から何までわかっているわけじゃないのだ。

　それを聞いたらかなりの人がびっくりするかもしれない。人類はせいぜい数十万年前に生まれたばかりだけれど、科学にかけてはかなりうまくやって来た。宇宙の中でもこの小さな一角についてはマスターしたぞとさえ言いたくなる。いまではすごく高度な技術でもすいすい使いこなせるんだから、ありふれた物質の科学なんてお手のものだと思ってしまう。しかも、いつでもどこでもくだらないテレビ番組を何時間も流しつづけていられる。文明はそこまで進歩したんだ。

　おもしろいことに、それは本当でもあるし間違ってもいる（四六時中バラエティー番組を観ていられるかどうかじゃなくて、現実の世界がお手のものかどうかという話のほうだ）。

ありふれた物質についていろんなことがわかっているのは間違いない。でも、わかっていないことがたくさんあるのもまた本当だ。何より、素粒子（物質の部品）の中には、何のためにあるのかぜんぜんわからないものもあるのだ。いまわかっていることをまとめておこう。日々の物理研究によって、これまでに12種類の物質粒子が見つかっている。そのうちの6種類は「クォーク」、残り6種類は「レプトン」という。

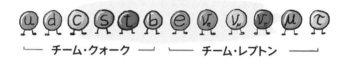
チーム・クォーク　　チーム・レプトン

ところが、この12種類のうちのたった3種類、アップクォークとダウンクォークと電子（レプトンの一種）さえあれば、身の回りのものは何でもつくれてしまう。前に話したように、アップクォークとダウンクォークから陽子や中性子ができて、それと電子が組み合わさって原子ができる。じゃあ、残り9種類の素粒子は何のためにあるんだろう？　どうして存在しているんだろう？　**ぜんぜんわからない。**

何て困った話だ。大きなケーキを焼いて、飾りつけして、食べてみたら（ちなみに焼き方が上手ですごくおいしい）、材料が9種類も使わずに残っているのに気づいた。誰がそんな材料を置いていったんだ？　何かに使うつもりだったのか？　そもそも誰がこのレシピを考えたんだ？

ありふれた物質（5パーセント）については、このケーキよりも

科学ケーキ

　もう1回言うと、3種類の素粒子（アップクォーク、ダウンクォーク、電子）がどうやって組み合わさって原子ができるのかはわかっている。さらに、原子からどうやって分子ができて、分子からどうやってケーキとかゾウのような複雑な物体ができるのかもわかっている。でもわかっているのは「どうやって」だけ。どうやって組み合わさってどうやって結びつくのかはわかっている。それはすごくよくわかっていて、汗を吸う下着から宇宙望遠鏡までいろんなものをつくることができる。すごいじゃないか。[21]

　でも、「なぜ」はほとんどわかっていない。なぜ素粒子はこういうふうに組み合わさるんだろう？ なぜ違うふうには組み合わさらないんだろう？ つじつまの合う宇宙はこれ1つだけなんだろうか？ それとも、弦理論（ストリング）（Chapter 9で取り上げる）が言うように 10^{500} 通りのバージョンがあるんだろうか？

　宇宙のあらゆる部品がこういうふうに組み合わさっているのはなぜか、そのおおもとの理由はまだわかっていない。ちょっと音楽に似ている。作曲のしかたは知っているし、音楽に合わせて踊

21　でも空飛ぶ車はまだできていない。

れるし、誰でも一緒に歌えるけれど、音楽を聴くとなぜ楽しくなるのかはわからない。宇宙もそれと同じで、こういうふうにできているのはわかっているけれど、なぜこういうふうにできているのかはわからないのだ。

そんなのに理由なんてないって言う人もいる。理由があっても絶対にわかりようがないし、ましてや理解するなんてとんでもないって言う人もいる。この話は Chapter 16 までお預けにしよう。でも、いまのところわかっていないのは間違いない。

心から「なぜ」を知りたがる好奇心の持ち主だったら[22]、こう思うかもしれない。どうしたらその答えを出せるんだろう？　見つかっているけれど役に立たない素粒子と、何か関係があるんだろうか？

宇宙の基本的な「なぜ」を理解しようとしたら、まずは、宇宙がいちばん基本的なレベルでどんな姿なのかをはっきりさせないといけない。宇宙をどんどん細かくばらばらにしていって、それ以上細かくできないというところまで続けていくのだ。現実世界のいちばん小さい基本部品は何だろうか？　もしそれが粒子だったとしたら、その粒子をつくっている粒子を見つけたくなる。すると、さらにその粒子をつくっている粒子、そのまたその粒子をつくっている粒子……、といつまで経っても（うんざりするくらい）続いてしまう。

そうした素粒子が見つかれば、その性質を調べて、あらゆる物体がなぜこういうふうに振る舞うのかを解き明かせるかもしれな

22　脚注まで読んでくれる人ならきっとそうだろう。

い。ちょうど、レゴ宇宙でいちばん小さいレゴブロックを見つけるようなものだ。それが見つかれば、すべてのブロックがどんなふうにつながるか、その基本的なしくみがわかる。そして、(運がよければ) ダークエネルギーやダークマターを含めて、現実世界の何か奥深い真実がわかってくるだろう。

宇宙をいちばん小さいサイズの部品まで理解できているのかどうか、それはいまのところわからない。理解できていたとしても、見つかっているレゴブロックがいったい何なのかははっきりしない。でも、うれしいことに道しるべはある。この宇宙は未完成のクロスワードパズルみたいなもので、それは前に見たことがあるのとかなり似ている。元素周期表そっくりなのだ。

素粒子の周期表

物理学者は100年かけていろんなものを次々に細かくしていった末に、12種類の基本的な物質粒子をこんな表に並べられることに気づいた。

物質のいちばん基本的な部品は何？　**059**

「基本的な」物質粒子

	第1世代	第2世代	第3世代	電荷
クォーク	アップ	チャーム	トップ	+2/3
	ダウン	ストレンジ	ボトム	−1/3
レプトン	電子	ミューオン	タウ	−1
	電子ニュートリノ	ミューニュートリノ	タウニュートリノ	0

軽い　　　重い　　　もっと重い →

　ここまでたどり着いたのがどんなにすごいことなのか、少し時間を取って考えてみよう。覚えているだろうか。洞窟人科学者のウークとグルーグは、最初こういう宇宙の理論を考え出した。

宇宙の理論
byウークとグルーグ

宇宙をつくっているのは

- ウークとグルーグ
- ウークのお気に入りの石
- グルーグのペットのラマ
- などなどなど……[23]

　これで宇宙は全部カバーできていたけれど、何か新しいことを教えてくれるような基本的な事柄は書いていないので、役には立たなかった。当たり前のことを書いただけだ。その後、ギリシャ

23　この「などなどなど」は、物質などなどなどの最多記録。

人が、すべてのものは「水・土・気・火」という4種類の元素からできていると考えるようになった。完全に間違ってはいたけれど、宇宙を単純に説明しようという正しい方向の第一歩ではあった。

その後、いろんな元素が見つかって、石や土、水やラマはどれも何種類かの元素でできていることがわかった。さらに、原子ももっと小さい粒子でできていて、そのうちの何種類かはさらに小さい粒子（クォーク）でできていることがわかった。

それを通して学んだいちばん大切なことは、原子やラマは宇宙の基本部品じゃないということだ。宇宙の基本方程式というものがあったとしたら、それがどんな方程式であれ、そこに$N_{ラマ}$という変数は絶対に入ってこない。ラマは原子と同じように、宇宙の基本部品ではないからだ。ラマは基本的な存在ではなくて、もっと深い存在がたくさん集まった集団的振る舞い（いわゆる「創発現象」っていうやつ）でしかないのだ（ごめん、ラマ）。竜巻も風の創発現象だし、恒星もガスと重力の創発現象だ。

宇宙の基本部品じゃないもの：

原子　　　　ラマ　　　　竜巻　　　　ラマ竜巻

わかっていること（と、わかっていないこと）を表にまとめれば、何かパターンがあるかどうか、欠けているピースがあるかどうか

に気づける。君は 18 世紀の科学者だったとしよう（変なメガネを掛けている）。原子が実はもっと小さい電子や陽子や中性子からできていることはまだ知らない。わかっていることを元素周期表にまとめた君は、いくつかおもしろいことに気がつく。

周期表の左端に並んでいる元素はとても反応しやすくて、右端に並んでいる元素はほとんど反応しない。また金属のように、近くにある元素はお互いに性質が似ている。そして、見つけやすい元素と見つけにくい元素がある。

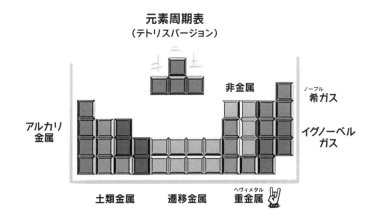

このおもしろいパターンをヒントに考えると、どうやら元素周期表は宇宙の基本的なしくみを表しているのではなさそうだ。もっと奥深い何かがあるはずだ。ちょうど、兄弟が集まったら似ているところに気づいたみたいに。みんな違うけれど、外見とか立ち振る舞いを見れば同じ両親から生まれたとわかる。それと同じように、科学者は初期バージョンの周期表を見ていくつかパターンに気づき、「何か見逃しているんじゃないか」と思ったのだ。

いまでは、元素周期表のパターンは電子軌道の配置のせいだと
わかっている。また、すべてのマス目に1個ずつ元素が入って
いて、少ししか存在していない元素は放射性崩壊するからだとい
うこともわかっている。正しい数の中性子と陽子と電子を組み合
わせれば、すべての元素をつくれてしまうのだ。

大事なのは、いまわかっていることを整理して注意深く調べる
こと。そうすれば、パターンや欠けているピースに気づいて、正
しい疑問を思いつける。そして宇宙のしくみをもっと深く理解で
きるのだ。

科学の
やり方 → わかっている → パターンを → 疑問を → ひじ当てつきの
　　　　　ことを 探す 考える ツイードジャケット
　　　　　整理する を買う

基本的な物質粒子（クォークとレプトン）の表がまとまるまでに
は、ほとんど20世紀のはじめから終わりまでかかった。「基本
的」と呼んでいるのは、もっと小さい粒子からできているかどう
かがいまのところわからないからだ。宇宙のいちばん基本的な部
品だと証明されているわけじゃないけれど、僕らが知っている中
ではいちばん小さい部品だ（いまのところは）。

59ページの素粒子の表をよく見ると、やっぱりいくつかおも
しろいパターンに気がつく。まず、物質粒子にはクォークとレプ
トンという2種類がある。違いは、クォークは強い核力を感じ
るけれどレプトンは感じないことだ。次に、ありふれた物質をつ
くっている粒子、アップクォーク・ダウンクォーク・電子はすべ

ていちばん左の列に並んでいる。この列にはもう1種類、電子ニュートリノ（ν_e）という粒子がある。この粒子は宇宙をまるで幽霊のように飛び交っていて、ほとんどどんなものとも作用しあわない。

でもまだまだある！　この4種類以外にも粒子があって、全部同じような列をつくっているのだ。どの列も最初の列とそっくり（電荷や感じる力などの性質が同じ）だけれど、もっと重い。[24] このそれぞれの列を「世代」といって、3世代見つかっている。

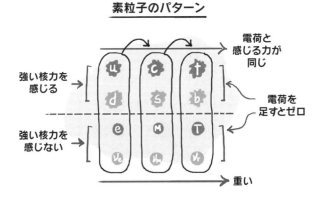

この素粒子の表を見ると、すぐにいくつか疑問が浮かんでくると思う。

・すべてセットになっているんだろうか？
・それぞれの粒子は何のためにあるんだろうか？

---

24 「骨太」と言ってほしいそうだ。

064 Chapter 4

・質量のパターンはどうなっているんだろう？
・電荷が分数ってどういうことだろう？
・もっとほかにも素粒子があるんだろうか？

どれも自然と浮かんでくる疑問だ。謎が多くてひるんでしまった人は、1回深呼吸をしてほしい。この先どうやって進めていくかというと、わかっていることを整理して、パターンや抜けているマス目を探して、正しい疑問を考え出す。そうすれば、いったいどうなっているのかもっと深く理解できるかもしれない。

何十年か前には、この素粒子の表は完成していなかった。まだ見つかっていないクォークやレプトンがいくつかあったのだ。でも物理学者はこの表のパターンに注目して、欠けている素粒子を探した。たとえば何年も前には、6番目のクォークが表から抜けていた。見つかってはいなかったけれど、絶対に存在すると信じられていて、事実しか書かないはずの多くの教科書にはその予想質量まで載っていた。それから20年経って、やっとトップクォークが見つかったのだ（質量が予想よりずっと大きかったので、発見までに長い時間がかかったし、教科書も全部書きなおさないといけなかった）。

こうして物理学者は抜けているマス目を埋めて、この大事な表に隠されたパターンを調べ上げていった。そしてここ数十年で、いくつか答えが見えてきたと同時に、もっとたくさん疑問が浮かび上がってきたのだ。

何のためにあるの？

素粒子が３世代しかないことははっきりしている。ヒッグスボソンが見つかったことで、第４世代が存在する可能性は消えたのだ（ヒッグスボソンについて知っておくべきことは Chapter 5 に書いてある）。

でもそれにはどういう意味があるんだろう？　３は宇宙の基本的な数なんだろうか？　いつか宇宙の万物を説明できる方程式が見つかったら、そこには「3」と書いてあるんだろうか？　カトリックの人は３という数が大好きだけれど、数学者や理論家はそれほどでもない。0、1、π、e といった数は好きだ。でも３は？　ぜんぜん特別な数じゃないと見ている。

どういうことだろう？　ぜんぜんわからない。本当にぜんぜんわからない。素粒子の世代の数をうまく説明してくれるうまい

理論なんて１つもないのだ。もしかしたら、元素周期表のパターンと同じように、もっと深い自然法則から浮かび上がってきた創発現象なのかもしれない。いまから数百年後の科学者なら、「目の前にヒントがあって一目瞭然明々白々なのに」[25]と思うかもしれないけれど、いまのところは謎だ。説明を思いついた人は、近所の素粒子理論学者を探して教えてあげてほしい。

25　未来の物理学者はどうやら偉そうな言葉遣いをするらしい。

066 Chapter 4

素粒子の質量のパターンは?

　元素周期表のときは、原子の質量とそのパターンが大きな手掛かりになって、原子のしくみが明らかになった。質量のパターンを見て、それぞれの元素の原子核にはある決まった個数の陽子と中性子があるとわかったのだ(原子核のプラスの電荷の値を原子番号という)。

　でも困ったことに、素粒子の質量にははっきりしたパターンはないのだ。それぞれの素粒子の質量は次のようになっている。

質量の値

	第1世代	第2世代	第3世代
クォーク	2.3	1275	173070
	4.8	95	4180
レプトン	0.5	105.7	1777
	<0.000002	小さいけれど0じゃない	小さいけれど0じゃない

単位はMeV/c²(チョコチップ1個のだいたい
0.0000000000000000000000000009倍)

　第1世代から第2、第3といくほど重くなる傾向はあるけれど、具体的な数値からパターンを読み取ることはできない。ヒッグスボソンが関係しているのかもしれないけれど(Chapter 5)、いまのところはっきりした答えはない。飛び抜けて重いトップクォークを見てほしい。陽子のなんと175倍の重さで、金原子の

原子核1個と同じくらいだ。いちばん重いのといちばん軽いのとでは13桁も開きがある。どうして？ ぜんぜんわからない。ヒントさえ見つかっていないし、まだ手も届かないのだ。

電荷が分数ってどういうこと？

クォークはレプトンと違って強い核力を感じ、しかも変な分数の電荷（+2/3とか−1/3）を持っている。アップクォークとダウンクォークをうまい具合に組み合わせると、陽子（アップ2個とダウン1個、電荷= 2/3 + 2/3 − 1/3 = +1）と中性子（アップ1個とダウン2個、電荷= 2/3 − 1/3 − 1/3 = 0）ができる。これはとてつもなく重要な（そしてラッキーな）ことだ。電子の電荷がたまたま−1だからだ。もしクォークの電荷がもっと大きかったり小さかったりしたら、陽子の電荷が電子のマイナスの電荷とぴったりとは打ち消しあわなくて、安定な中性（電荷ゼロ）の原子ができない。クォークの電荷が完璧に−1/3や+2/3でなかったら、僕らは存在していなかったのだ。化学も生物も生命もありえなかっただろう。

これは本当にすごいことだ（パラノイアの人なら身の毛もよだつだろう）。現在の理論によると、粒子はどん

---

26 「へー」って思ってくれたよね？

068 Chapter 4

な電荷を持っていてもかまわない。電荷の値がいくらであっても理論が成り立ってしまうのだ。クォークと電子の電荷が完璧に釣りあっているのは、わかっている限りとてつもなくラッキーな偶然の一致と言うしかないのだ。

　科学ではたまに偶然の一致が起こるものだ。月と太陽は大きさがぜんぜん違うけれど、宇宙レベルの偶然の一致で（科学の文章で「宇宙レベルの偶然の一致」なんて書けることはそうそうない）、地球の空ではほとんど同じ大きさに見える。そして美しい日食が起こる。古代の天文学者はそうとう頭を抱えていろんな説をひねり出したに違いない。間違った道に進んで、太陽と月は何か関係があると考えた人も多かっただろう。でも完璧に一致しているわけじゃない。空に見える太陽と月の大きさは、1パーセントくらい違うのだ。

　でも素粒子の場合には、陽子と電子の電荷は正確に同じ（プラスマイナスは逆）で、その理由はぜんぜんわからない。現在最高の理論では、電荷はどんな値でもかまわない。差がゼロの完全な偶然の一致だ。ということは、電子とクォークのあいだには何か関係があるんだろうか？　わからないけれど、どうしたってもっと単純な説明がほしい。君が2000ドルなくしたその日に、隣の人が2000ドル見つけたら、偶然の一致だなんて思うだろうか？　もっと単純な説明をつぶしていってからじゃないと、そんなふうには思わないだろう。[27]

　このように電荷が正確に一致しているというのは、素粒子の中

27　引っ越したほうがいいかもしれない。

にもっと小さい部品がある証拠なのかもしれない。あるいはもしかしたら、この2種類の素粒子は1枚のコインの表と裏みたいなものなのかもしれない。または、同じ超微小レゴブロック[28]からできているのかもしれない。

ほかにも素粒子はあるんだろうか？

クォーク6種類とレプトン6種類、合計12種類の物質の粒子（反粒子は同じ粒子と数えた）のほかに、力を伝える素粒子が何種類かある。たとえば電磁気力は光子によって伝えられる。2個の電子が反発しあうとき、実は光子をやりとりしているのだ。数学的に言うとあんまり正確な説明ではないけれど、一方の電子がもう一方の電子に光子を投げつけて向こうに押しやっていると考えればいい。

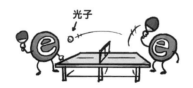

素粒子の力をそこそこ正確に説明した図

力を伝える素粒子は5種類見つかっている。

---

28 それでも足で踏んだら痛い。

力を伝える素粒子

	素粒子	伝える力
☀	光子	電磁気力
●‥●‥●	Wボソンと Zボソン	弱い核力
🦠	グルーオン	強い核力
🦵	ヒッグスボソン	ヒッグス場
⋯	~~ミディ＝~~ ~~クロリアン~~	~~フォース~~

　さっきの12種類の物質粒子と合わせると、いままでに見つかっている素粒子のリストができあがる。でも、すべての素粒子の完全なリストかどうかはわからない。理論では、素粒子の種類に上限はないのだ。17種類だけかもしれないし、100種類、1000種類、あるいは1000万種類かもしれない。クォークとレプトンにこれ以上世代がないことはわかっているけれど、ほかの種類の素粒子があってもおかしくはないのだ。何種類あるんだろう？ぜんぜんわからない。

物質のいちばん基本的な
部品は何だろう？

　では、これらの粒子は何のためにあるんだろう？　ありふれた物質は最初の3種類（アップクォーク、ダウンクォーク、電子）だけでつくれるのに、どうしてそのほかに役に立たない素粒子がある

んだろう？　考えられる答えをいくつか挙げてみよう。

・誰にもわからないけれど、そういうものなんだ。
・誰か知っていて、そんなことはない。
・「役に立たない」かどうかは人によって違う。

　もしかしたら、この宇宙はたまたまそうなっているだけなのか
もしれない。これらの素粒子が宇宙でいちばん基本的な物体で、
10種類か20種類の基本的な部品がずらっと並んでいることに、
とくに理由はないんだろう。もしかしたらどこかほかの宇宙では、
違う基本部品が10種類か20種類並んでいるのかもしれない。
でもそこに行って調べるのはきっと無理だ。
　あるいは、これらの素粒子は宇宙でいちばん基本的な物体じゃ
ないのかもしれない。まだ見つかっていない、もっと単純で基本
的な粒子からできているのかもしれない。そうだとすると、僕ら
が知っている素粒子はそのもっと基本的な粒子が組み合わさって
できているだけだということになる。現在の素粒子の表にあるパ
ターンや偶然の一致も、それなら説明できる。これが正解かもし
れないけれど、証明はできていない（いまのところは）。
　あるいは、重い素粒子が「役に立たない」のは、ただ単に陽子
や中性子や電子をつくるのには使えないからだけなのかもしれな
い。陽子や中性子や電子は、いちばん軽いほうで比較的安定して
いる。でも宇宙が軽い素粒子だけでほとんどできているのは、す
ごく冷たくて大きいからだけかもしれない。もしもっと小さくて
熱くて密度が高かったら、重い粒子はもっとたくさんあって、そ

れほど役立たずじゃなかったかもしれないのだ(ただし、様子はいまとぜんぜん違っていただろう)。

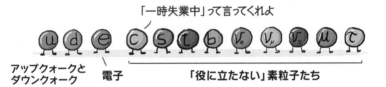

ここまでの話でわかったように、なじみのある宇宙の5パーセントがどういうしくみなのかさえも、まだあんまり解明できていないのだ。だいぶわかってはきたけれど、なぜ物質がこのようになっているのかを根本的に残らず理解するところまではいっていない。この宇宙をつくっているらしい部品のリストはできたけれど、それが完全かどうか100パーセント確信は持てないのだ。

でもすごいことに、この疑問に挑戦するための足場はしっかりできている。確かに、この素粒子の表(物理学者は「標準モデル」と呼んでいる)には、説明できないパターンとか「役に立たない」素粒子がいくつもあるかもしれない。でも、この表は実際の観察結果をもとにつくられていて、それを地図みたいに使えば、宇宙の本当のしくみを明らかにできる。もし新しい素粒子が見つかったら(たとえありふれた物質をつくっているものじゃなくても)、この宇宙の地図が広がるのだから、それはそれでとてつもなくすごいことだ。

たとえば、もしダークマターが未発見の素粒子でできていたとしたら?　そうしたら、僕らが持っている宇宙の知識は27パー

セントも増えることになる。もしダークマターがたった1種類の粒子（ふつうの物質とすごく弱くしか作用しあわない粒子）でできているとわかったら、逆にいちばんつまらない筋書きになってしまうかもしれない。何種類ものへんてこな粒子とか、粒子じゃないぜんぜん別の種類の物質とかでできていたら、もっと興奮するんじゃないだろうか？

　大事なポイントとして、宇宙の基本的な疑問に答えるためには、ありふれた物質の成り立ちをできる限り深く掘り下げないといけない。その途中で、ありふれた物質には関係なさそうな粒子や現象が見つかるかもしれない。でも、説明できないそうした事柄もこの宇宙の一部ではあるのだから、万物の成り立ちのヒントを必ず握っているはずだ。こうした疑問に答えられたら、自分たちに対する見方もひっくり返るだろう。「宇宙ケーキ」は食べても減らない、そんな一石二鳥のものなんだ。

5
質量の謎

重い疑問に軽く触れてみよう

白衣を着た科学者か、短パンとTシャツ姿の物理学者に、こんなふうに言われたことがあるかもしれない。「君はほとんど空っぽだ」。でも悪気はない。本当に言いたかったのはこういうことだ。「僕らの身体をつくっている原子の中身は、ちっぽけな原子核にほとんど集中していて、そのまわりには真空が広がっている」。壁をすり抜けることもできるんじゃないかと思ってしまう。

ある程度は正しい。でも実はもっとずっと奇妙な話で、そこには「質量」にまつわるたくさんの謎が関係している。宇宙の大きな謎が、何から何まで星や銀河や奇妙な素粒子の中に潜んでいるわけじゃない。君のまわりとか、身体の中に潜んでいる謎もある

のだ。

　質量がどんなものかはいろんな形で説明できるけれど、その正体が何で、どうして質量があるのかは、実はほとんどわかっていない。質量は誰でも感じる。赤ちゃんは、ものを押したときに動かしやすいか動かしにくいかという感覚をだんだん身につけていく。誰にとってもふつうの感覚だけれど、ほとんどの物理学者はその詳しいメカニズムをなかなかうまく説明できない。この章で話していくように、君の身体の質量の大部分は、身体の中にある粒子の質量とは別だ。質量を持っている物質と持っていない物質がある理由もわかっていないし、慣性と重力が完璧に釣りあっている理由もわかっていない。質量は謎だらけ。夕べ食べたデザートのせいだけになんかできないのだ。

　では、質量にまつわるいくつもの未解決の疑問について話していこう。読まなければ重いお仕置きが待ってるぞ。

中身の中身

　物体が質量を持っているといったら、その物体にどれだけの中身があるのかをイメージしてしまうかもしれない。たいていの場合はそれでかまわない。ふつうのラマのようなありふれた物体の質量は、その中に入っているすべての粒子の質量を足し合わせた合計に等しい。つまり、1頭のラマを真っ二つにしたとすると、[29]

29　ただの思考実験だから家ではやらないように。

ラマの質量はその片割れ2つの質量の合計だ。4つにぶった切れば、その4つの切れ端の質量の合計。いくつにぶった切っても同じこと。n個にぶった切ったら、そのn個の切れ端の質量を合計すればラマの質量になる。違うかい？

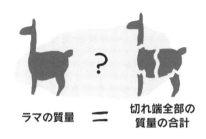

ラマの質量　＝　切れ端全部の質量の合計

違うのだ！　確かにほとんどの場合は合っている。nが2、4、8、……と10^{23}くらいまでは正しい。でもその先は食い違ってくる。その理由を聞いたら頭がこんがらがると思う。ラマの全質量は、その中身の質量だけじゃない。**中身をつなぎ止めているエネルギーも含んでいるのだ。**すごく変な話だ。一息ついて落ち着こう。

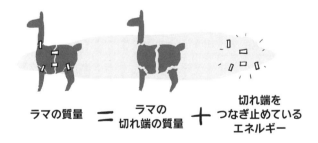

ラマの質量　＝　ラマの切れ端の質量　＋　切れ端をつなぎ止めているエネルギー

はじめてこの話を聞いたら、こう考えたくなるかもしれない。「ただの言葉のあやだよ。この『質量』っていう言葉は何かの専門

078 Chapter 5

用語で、ふつうの意味とは違うんだ」。きっぱり言うけれどそんなことはない。意味は君の思っている通りなんだけれど、質量っていうのは君が思っているようなものとは違うのだ。

　もっとちゃんと答えるためには、質量という言葉の意味を正確にはっきりさせないといけない。質量とは、物体が速度を変えさせられそうになったときに、それに反抗する性質のことだ。簡単に言うと、ある物体を押したらその物体は加速する（速度を変える）。でも同じ力で別の物体を押すと、もっと勢いよく加速したり、逆になかなか加速しなかったりする。スポンジボールが飛び出すおもちゃの銃を、家の中にあるもの、たとえばティッシュとか寝ているゾウとかに撃ってみよう。スポンジボールはどれもほとんど同じ力で飛んでいくのに、ティッシュに当たったときのほうが寝ているゾウに当たったときよりも影響が大きい[30]。それが質量という言葉の意味だ。

　ふつうの世界で経験する質量も、それと同じだ。難しいことなんて何もない。「ティッシュよりもゾウのほうが質量が大きいから、ゾウのほうが動きにくい」。それは違う。その逆だ。同じ力をかけてもゾウはあんまり加速しない、だから質量が大きいのだ。加速したがらないというこの性質を慣性ともいうので、この質量のことを「慣性質量」と呼ぶこともある。慣性質量はかなり簡単に測ることができる。決まった強さの力をかけて、加速度を測ればいいのだ（質量の定義のしかたはもう1つある。「重力質量」というやつで、あとで説明する）。

30　ゾウの身体のどこにボールをぶつけるかで違うかもしれない。やっぱり家ではやらないほうがいいね。

質量の謎 **079**

　質量とは何なのかをこれでしっかりと定義したので、NASAの技術者が調整した政府発給のおもちゃの銃を使えば、いつでもラマの質量を測ることができる。そこで、さっきのラマを再び連れてきて、科学の発展のために原子にまでばらばらになってもらおう。

　ラマの原子どうしをつないでいた結合が切れると、その結合のエネルギーが出ていって、切り刻んだラマの合計質量は小さくなる。2つにぶった切っただけだと絶対気づかない。でも完全に原子にまでばらばらにすると、違いが出てくるのだ。ラマの切れ端どうしの結合に蓄えられているエネルギーで、ラマの質量は実際に大きくなっている。理論的な仮説ではなくて、実験で観測できる事実だ。[31]

　ラマの場合、その影響はさほど大きくない。たとえば、ラマの原子をつないでいる化学結合を全部切り離したとしても、その前

31　ラマを原子にまでばらばらにできた人はまだいないけれど、似たような実験は何度もおこなわれている（念のために言っておくけれど、ラマを原子にばらばらにするのには僕らは反対だ。ただし、ペルー風パンクロックグループに「ジ・アトマイゼーション・オブ・ラマズ」（ラマの原子化）って名づけるのなら話は別。それなら応援するよ）。

とあとで質量はそんなに大きくは違わない。さらに、1個1個の原子を陽子と中性子と電子にばらばらにしても、質量が大きく変わることはないはずだ（0.005パーセントくらいだろう）。

でも、もっと小さい粒子になると話が違ってくる。ラマの1個1個の陽子と中性子をクォークにばらすと（陽子や中性子は3個のクォークからできているのを覚えているかい？）、質量はすごく大きく変わってくる。それどころか、陽子や中性子の質量のほとんどが、3個のクォークをつないでいるエネルギーによるのだ。

つまり、3個のクォークの質量（1個1個にスポンジボールをぶつけて測る）を足し合わせて、その3個のクォークが結合してできた陽子か中性子の質量（スポンジボールをぶつけて測る）と比べると、すごく違っている。ばらばらのクォークの質量は、陽子や中性子の質量の約1パーセントにしかならない。残りはそのクォークを結びつけているエネルギーなのだ。

これでわかったと思う。粒子どうしの結合にエネルギーが蓄えられていると、全体の質量は部分部分の質量の合計よりも大きくなるのだ。

それが直感的にどんなに変なことなのか、豆を3粒持ってき

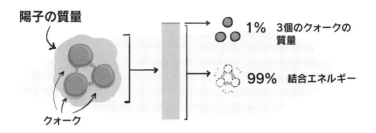

てそれぞれの質量を測ってみたらわかるだろう。豆3粒の質量は？ 3粒それぞれの質量の合計だ。ここまでは問題ない。でも次に、ものすごいエネルギーで中身を密封できる小さな袋の中に、その3粒の豆を入れたらどうだろう？ するとその袋は、中の豆の合計質量よりもずっと重く感じられる。重くなったので、動かすのもずっと大変になった。この袋の質量のほとんどは、中の豆の合計質量じゃなくて、豆を密封するのに必要なエネルギーによるのだ。

ジャックと豆の木：
質量の物理についての凝ったたとえ話

君の身体の大部分はそんな豆の袋（陽子や中性子）でできている。だから驚くことに、君の体重のほとんどは、君をつくっている

「中身」（クォークと電子）から来ているんじゃなくて、その「中身」をつなぎ止めるためのエネルギーから来ているのだ。この宇宙では、物体の質量にはその中身をつなぎ止めるためのエネルギーも含まれているのだ。

そして困ったことに、どうしてそうなっているのか、本当のところはわかっていないのだ。

つまり、力がかかったときに物体がどのくらい速く（またはゆっくり）加速するのかが、豆どうしをつなぎ止めているエネルギーに左右される、それがどうしてなのかわからないのだ。さっきの豆の袋を手で押しても、中にあるエネルギーを感じてしまう理由なんて本当はないはずだ。豆がつばでくっついていようが、アロンアルファでくっついていようが、関係ないんじゃないの？でも実際には関係がある。

慣性質量についての僕らの知識

これが質量にまつわる最大の謎の1つだ。質量を測ることはできる。でも、慣性とは何なのか、どうして粒子の質量とそれを結びつけているエネルギーの両方が関わってくるのか、本当のところはわかっていない。質量についての僕らの知識なんて豆粒ほどなのだ。

とりわけわけのわからない
わけられぬ素粒子の質量

　慣性のような基本的な事柄さえ、物理学では本当には説明できない。そうと聞いてもまだショックを受けていない人のために、もう1つ質量にまつわる意外な事実を紹介しよう。クォークや電子のような基本的な素粒子の質量さえ、実はその「中身」とは違うのだ。そもそも「中身」なんてない。いまの物理理論では中身なんて存在しないのだ。

　現在の理論によると、素粒子は空間内の点でしかなくて、それ以上細かくすることはできない。理論上は体積がゼロで、3次元空間の中の無限に小さい1点しか占めていない。大きさなんてまったくないのだ。[32] 素粒子でできている君の身体は、ほとんど空っぽどころじゃない。完全に空っぽなのだ！

　質量というのがどれほどつじつまの合わないものなのか、少し考えてみよう。素粒子の中には、ゼロに近い小さい質量しか持っていないものもあれば、すごく重いものもあるのだった。たとえば「電子1個の密度は？」という疑問はほとんど筋が通らない。電子の質量はゼロじゃないのに、体積はゼロなのだから、密度（質量÷体積）は……えーっと決まらない？　意味不明だ。

32　まわりを取り囲む仮想粒子も考えに入れて素粒子の大きさを定義する方法はあるけれど、ここではもっと厳密な定義に従おう。

さらに、質量以外は性質がまったく同じ2種類の素粒子、たとえばトップクォークとアップクォークについて考えてみよう。トップクォークはアップクォークの超肥満のいとこみたいなものだ。電荷もスピンも相互作用も同じ。どっちも基本的に点状の粒子とされているけれど、トップクォークのほうが約7万5000倍も重い。それでも同じ体積（ゼロ）を占めていて、ほとんど同じように振る舞う。「中身」がないのにどうして一方のほうが重いんだろう？

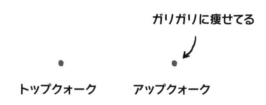

どうしてこんなわけのわからないことになるのかというと、素粒子は日常の世界で僕らが経験するものとはまったく違うからだ。何か新しいことを理解しようとしたら、ふつうは知っているものにたとえてみる。そうするしかないだろう？ 3歳児にトラとは何か説明するようなものだ。「大きい猫ちゃんみたいなもんだよ」と説明したとしよう。でもある日、動物園に行ったら、その子が檻の中に手を突っ込んでトラを撫でようとした。奥さんには、いいかげんなたとえを使った悪い父親だとなじられる。たとえ話は役には立つけれど、限界もあるのを忘れちゃいけない。

---

33 未知のものを既知のものにたとえて説明するのが、物理学のいちばんの務めだ。パーティーでこの話をすれば賢そうに見えるぞ。

質量の謎　**085**

　どうしても、素粒子は中身の詰まった小さいボールみたいなも
んだと考えたくなってしまう。多くの思考実験ならそれで通用す
るけれど、実際には小さいボールなんかじゃない。ボールとは大
違いだ。量子力学によると、素粒子とは宇宙全体に広がっている
場の超奇妙な小さなゆらぎだという。だから、素粒子を支配して
いる法則は、小さなボールだとほとんど意味が通らない。たとえ
ば、けっして乗り越えられない壁の一方にいたかと思うと、次の
瞬間には反対側に現れたりする。しかもその壁を乗り越えもせず
に。量子的粒子の振る舞いは、僕らが知っているものにたとえ[34]
て考えると意味不明だ。僕らが経験したことのあるどんなものと
も違うのだから。

　頭で思い浮かべるたとえは、何かをひらめいたり具体的な図を
描いたりするのには確かに役に立つ。でもそれはただのたとえで
あって、通用しないこともあるのは覚えておかないといけない。
点状の素粒子の質量について考えるときにはまさにそうなのだ。

どうして？
どうしてこれじゃだめなの？

粒子のたとえは通用しない

34　これを量子トンネル効果という。完全に証明された現象で、超強力な顕微鏡によく使われてい
る。実際に起こる現象なのだ。

もう1つ極端な例を考えてみよう。質量がゼロの粒子なんて意味不明じゃないの？ たとえば光子の質量は正確にゼロだ。質量がないとしたら、いったい何の粒子なんだろう？ 質量は中身に等しいんだと言い張っている限り、質量ゼロの素粒子なんて文字通り存在しないと考えるしかないのだ。

超小さいボールにどれだけ中身が詰まっているかが、素粒子の質量だなんて考えちゃいけない。無限に小さい量子的物体につけたただのラベルだと考えるしかないのだ。

気づいていないかもしれないけれど、さっき素粒子の電荷についても同じような考え方をした。電子がマイナスの電荷を持っていることは誰でも知っているけれど、考えてみたら不思議だ。電子の中のどこにその電荷があるんだろう？ 電子に電荷を与えている中身っていったい何なのだろう？ 電子の中にそれだけの電荷が入るような空間があるんだろうか？ 電荷は素粒子が持っているただの性質なんだから、このような疑問はばかげている。電荷もただのラベルで、0、−1、2/3などいろんな値を取る。質量もそれと同じように考えてみれば、少しは意味が通ってくると思う。

電荷を見ると、その粒子が電気力を感じる（ほかの電子から遠ざけられる）かどうかがわかる。では質量を見ると何がわかるんだろう？ 質量は粒子の慣性（動きたがらない性質）のもと

だ。でもまだわからないことがある。そもそもどうして物体には慣性があるんだろう？ その由来は何なのだろう？ 何のためにあるんだろう？ ピンチのときに助けてくれるのは誰なんだ？ その答えはヒッグスボソンだ。

ヒッグスボソン

2012年、ヒッグスボソンが見つかったという発表があって、世界中が沸きに沸いた。ヒッグスボソンが何なのかはほとんど誰一人理解していなかったのに、大勢の人が大興奮したのだ。ニューヨークタイムズは「現代文明による科学の進歩の中でもナンバーワンだ」と讃えた。その通り、ヒッグスボソンはコンピュータや水洗トイレやバラエティー番組よりもすごいんだ。[35]

でも、ヒッグスボソンっていったい何なんだろう？ ここで君の知識を試すクイズを。とりあえず1回解いてみて、この章を読んだあとでもう一度解いてみてほしい。少なくとも正解数が下がることはないと思う。

---

35 少なくともこの中のどれか1つよりは重要なはずだ。

ヒッグス・クイズ
縮めて「ザ・ヒズ」

1. 「ヒッグスボソン」という名前、素粒子に使われる前は何
   で有名だった？
   a. 子供番組の人気のピエロ。
   b. CIA のいちばん危険なスパイのコードネーム。
   c. ルーク・スカイウォーカーの子供の頃の友達。
   d. 『ダンジョンズ＆ドラゴンズ』で君の友達のキャラクター。

2. 本当かウソか。ヒッグスボソンを直接食べると、ホットチ
   ートスよりもくせになる。

3. 本当かウソか。ヒッグスボソンの存在を予言したのは、ヒ
   ッグスとボソンという 2 人の理論学者である。

答え合わせは脚注を見て。[36]

　真面目な話、ヒッグスボソンの発見は科学の大勝利だった。パ
ターンを探せばこの宇宙を理解できることを証明してくれたのだ。
　ヒッグスボソンがあるかもしれないという説が出てきたきっか
けは、力を伝える素粒子、光子・W ボソン・Z ボソンのパター
ンを調べて、その質量についてあれこれ考えたことだった。物理

36　1 問でも答えられた君、この章を読む資格があると思うよ。

学者はこう考えた。「どうしてこのうち1つ（光子）だけ質量ゼロで、ほかの2つ（WとZ）はすごく重いんだろう？」 質量という名前の奇妙なラベルが、1種類の素粒子ではゼロなのに残りの素粒子ではゼロじゃないなんて、どうにも理屈が合わなかったのだ。

ピーター・ヒッグスなど何人かの素粒子物理学者は、しばらくじっと考えてある答えを思いついた。それはある意味、でっちあげのような解決策だ。つまり、方程式にもう1種類の粒子（ヒッグスボソン）とそれがつくる場（ヒッグス場）を追加すれば、素粒子の「質量」というラベルが意味が通るようになって、どうして重い素粒子と軽い素粒子があるのかもわかってくる。そう考えたのだ。

おおざっぱに言うと、こういう説だ。宇宙全体に、ある場が広がっているとイメージする。その場は、ほかの場にはない振る舞いをする。何かを引き寄せたり遠ざけたりするんじゃなくて、素粒子が加速したり減速したりするのを邪魔するのだ。つまり**この場は、慣性質量とまったく同じ働きをする**ということだ。

この場と強く作用しあう素粒子ほど、慣性、つまり質量が大きいように見える。そこでさらに一歩踏み出して、素粒子がこの場

と作用しあって発生する慣性、それこそがその粒子の質量だと考えればいい。これが質量の意味なのだ。この場とすごく強く作用しあう素粒子は、強い力をかけないと加速したり減速したりしない。だから質量が大きい。この場をほとんど感じない素粒子は、ほんのちょっとの力で加速したり減速したりする。だからほとんど質量がない。ヒッグス理論によれば、それこそが質量なのだ。

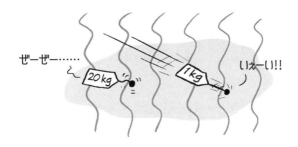

　ちょっとよく考えてみてほしい。それまでの考え方をひっくり返す画期的な発想なのに、まるで当たり前のようなアイデアだ。
　質量とは何かを、それまでと違うふうにとらえている。そこが画期的なんだ。たいしたもんだ。
　質量は素粒子の中身の量じゃなくて、ただの謎のラベルだ。そして、そのラベルの値は宇宙に広がっている謎の場によって決まる。でもそうだとしても、質量とは何なのかはぜんぜんわからない。
　何より、いちばん大事な疑問はぜんぜん手つかずだ。「どうして物質の粒子はそれぞれ質量が違うんだろう？」ヒッグス理論によれば、それはヒッグス場の感じ方が違うからだという。でも

それだと別の疑問に言い換えただけだ。「どうして物質の粒子はそれぞれヒッグス場の感じ方が違うんだろう？」

この理論によると、物質粒子の質量の値に道理や理屈なんて1つもない。適当に選んだようなもので、どんな値でもよかったのだ。質量の値を変えても理論が破綻することはない。いまと同じ物理法則が同じように通用する。もちろ

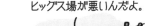

ん、何種類かの粒子が重くなったり軽くなったりしたら、いろんなことに大きな影響がある。値段の高すぎる季節限定ラテ（もっと広く言えば化学や生物学）をつくるのに欠かせない、陽子や中性子や電子も影響を受ける。でも現在の理論によると、物質粒子の質量は好き勝手にどんな値にでも設定できるのだ。

ヒッグス理論は、力を伝える粒子（光子・Wボソン・Zボソン）が質量を持っている理由は確かに説明してくれるけれど、どうして物質粒子はそれぞれ質量が違うのか（どうしてヒッグス場と強く作用しあう粒子とそうでない粒子があるのか）は説明してくれない。質量の値にも何かパターンがあるのかもしれないけど、いまのところ見つかっていない。いまの僕らの知識レベルは、ただリストアップして説明しようとしたウークとグルーグと同じようなものだ。現在最高の理論でも、物質粒子の質量を好き勝手な値でただ並べているだけなんだから。

もしかしたら未来の科学者は、そのリストを見て僕らがどんなに無知だったかびっくりするかもしれない。そしてもっと単純な

理論を書き出して、質量の値を好き勝手に決める代わりに、もっと深くて美しい自然理論から導いてしまうかもしれない。でもいまのところは——ぜんぜんわからない。

重力質量

パズルの最後のピースだ。

さっき物体の質量の測り方を考えたとき、おもちゃの銃とは違う方法を思いついた人もいるかもしれない。はかりを使えばいいのだ！ はかりで測れるのは物体の重さ、つまり、地球から重力で引っ張られる力だ。重さは質量と深い関係にある。質量の大きい物体ほど、地球に強く引っ張られるからだ。地球がゾウを引っ張る力は、ティッシュを引っ張る力よりも強い。

素粒子の場合、重力質量は「重力荷」だと考えることもできる。

電荷を持っている2個の素粒子は、互いに電気力を感じて、その電気力の強さは電荷の値に比例する。それと同じように、質量を持っている2個の素粒子は、質量に比例する

強さの重力を感じる。

不思議なことにマイナスの質量というのはありえないので、重力が反発力になることは絶対にない。必ず引力だ。[37]そこが重力とほかの力との違いだけれど、それについては次の章でもっと詳しく話そう。

重力は引力としてしか働かない

2種類の質量は同じ？

重力質量は、数ページ前で話していた慣性質量と同じなんだろうか？ 同じだとも言えるし、違うとも言える。

どうして違うのだろう？ 「重力質量」と呼んでいる質量は、物体に働く重力の強さを決めていて、その測り方（はかりを使う）[38]は慣性質量の測り方とは違うからだ。

じゃあどうして同じなのだろう？ 質量はどっちの方法でも測ることができて、いまのところ重力質量と慣性質量の値にはほんのちょっとの違いも見つかっていないからだ。

これがどんなに不思議なことか考えてみてほしい。直感的に考えて、この2つが同じでないといけない理由なんてない。慣性

37　例外はある。ダークエネルギーとインフレーションは重力の反発力によるのかもしれない（詳しくは Chapter 14 で）。
38　これはニュートンの考えた重力のイメージ。あとで一般相対性理論による重力のイメージを説明する。それによると、重力なんてものはそもそもなくて、質量が空間をゆがめるのだと考えるほうが筋が通る。

質量デモ行進

質量は、物体が動かされるのにどれだけ抵抗するかで、重力質量は、重力を受けてどれだけ動きたがるかなのだから。

　それは単純な実験で確かめることができる。質量の違う２つの物体（たとえば猫とラマ）を真空中で落としてみたら、同じスピードで落ちるはずだ。どうして？　ラマのほうが重力質量が大きいので、地球から強い力で引っ張られる。でも慣性質量も大きいので、強い力でないと動かない。この２つの効果がぴったり打ち消しあうので、猫もラマも同じスピードで落ちるのだ。

　どうしてそうなるのかは、いまの物理学ではわからない。同じだと決めつけているだけだ。そしてその決めつけが、アインシュタインの一般相対性理論の大前提になっている。一般相対性理論では重力をまったく違うふうにとらえる。素粒子と、素粒子どうしを結びつけているエネルギーには、「重力荷」というラベルが好き勝手につけられていて、そのラベルに働く力が重力である──以前はそう考えられていた。でも一般相対性理論ではそうじゃなくて、質量とエネルギーのまわりの空間が曲がったりゆがんだりすること、それが重力であると考える。だからアインシュタインの理論では、慣性質量と重力質量がもっとずっと自然につながってくる。

それでも、なぜつながるのかはやっぱりわからない。2種類の質量（慣性質量と重力質量）をどっちも好き勝手に決められるんだろうか？　それとも連動しているんだろうか？　それぞれ違う値にしても物理法則は崩れないんだろうか？

相対性理論は別として、いまの素粒子物理学の理論では重力質量と慣性質量を別のものとして扱っているけれど、実験をしてみると同じだ。だから、どこかで深くつながっていると思えてしょうがない。

重い疑問

まとめると、質量にはこんな奇妙なところがある。

物体の質量はその中身の質量だけじゃない。中身をつなぎ止めているエネルギーも含まれる。どうしてかはわからない。

質量は実は、ラベルか「重力荷」のようなものだ（「中身」じゃない）。そのラベルがついている（ヒッグス場を感じる）素粒子とそうでない素粒子があるのはどうしてか、それはわからない。

慣性で測っても重力で測っても質量はまったく同じ。それもどうしてなのかわかっていないのだ！

おもしろいことに、質量はこんなに謎だらけだというのに、宇宙の知識を広げるのに実際に役に立った。覚えているだろうか？ 銀河の回転と行方不明の質量の問題が手掛かりになって、この宇宙には新たな種類の見えない物質、つまりダークマターが存在することがわかったのだった。もっと言うと、ダークマターについてわかっているのは質量だけ、正確に言うと重力質量だけだ。

　僕らにとってこんなに大事な重力がまだ謎だらけ、というのもびっくりだ。問題を解決してもらってぐっすり眠りたいのに、物理学者は力になってくれない。何のために給料をもらってるんだ？　でもそんなふうに考えるのは間違いだ。掘り下げれば掘り下げるほど、質量に関する謎はまだまだ出てくるんだから。

　でもこれだけははっきりしている（そしておもしろい）。質量は宇宙の成り立ちにとって基本的な性質の1つで、宇宙にあるたくさんのピース（エネルギー、慣性、重力など）をしっかりと結びつけているのだ。それがどんなふうに結びついているかが正確にわかれば、僕らの住むこの大きくて素晴らしい宇宙の解明にまた一歩近づくだろう。重々しくてものすごくクールだ。

6

どうして重力はほかの力とこんなに違うの？

小さな重力の大きな問題

重力が何なのかはわかっている。星の動きを左右して、ブラックホールをつくり出し、有名だけれど間抜けな物理学者の頭にリンゴを落とすのだ。

でも、君は本当に重力を理解しているだろうか？

重力はそこいらじゅうで働いているけれど、その働き方をほかの基本的な力のパターンと比べてみると、ぜんぜんそのパターンに当てはまらないのにすぐ気がつく。とんでもなく弱いし、反発力じゃなくて必ず引力だし、量子的なものの見方とも相性がよくないのだ。

パターンを見つけることが宇宙を理解するのにつながるのだから、重力がパターンに当てはまらないのは大きな謎だし、すごく困ったことだ。あたりを見回したら、この美しい宇宙がありとあらゆる複雑なものにあふれていて圧倒されてしまうかもしれない。でも、パターンが見つかればだんだん理屈がわかってくる。たとえばブラウザーの履歴を見れば、その人がどんな人物なのかだいたいわかるよね。知りたくない宇宙の一部分かもしれないけれど。

　でも物理学者は、物事をパターンに当てはめて理解したいと思っている。だから、あらゆる物理現象をたった1つの理論にまとめるというアイデアによだれを垂らす。[39] 重力がほかの力のパターンに当てはまらないことは、それを目指すうえで大きな障害になっている。どうして重力はこんなに変わっているんだろう？ どうしてパパイヤやラマを地上に落とすだけじゃ済まないんだろう？　この章ではそれを探っていくことにしよう。重力には深い謎がたくさんあるから、まずはそれを落とし込んでいこう。答えが引き寄せられてくるかもしれない。

重力は弱い

　誰でもいつかは不思議に思うはずだ。「どうして僕は地上から

39　白状すると、物理学者はすぐよだれを垂らす。

浮かび上がったりしないんだろう？」その答えはわかっている。重力だ。もし重力がなかったら、みんな空中に浮かんでいってしまうし、宇宙は塵とガスがぐちゃぐちゃに混じった暗くて巨大な雲になってしまう。惑星も恒星もなければ、変なトロピカルフルーツも銀河も、だじゃれまじりの物理の本を買うイケメンもいなかっただろう。重力は偉大だ。それなのにすごく弱いのだ。

どのくらい弱いんだろうか？　おおざっぱに言うと、ほかの3種類の基本的な力に比べてだいたい 10^{36} 分の1の弱さ。つまり 1,000,000,000,000,000,000,000,000,000,000,000,000 分の1だ。

こんな数、どうやったら理解できるだろう？　小学校で分数を習ったときを手本にしてみよう。1個のパパイヤを4つに切ったら、1つ1つの切れ端は1/4だ。簡単。じゃあ 10^{36} 個に切ったら？　1つ1つの切れ端は……パパイヤ分子1個よりも小さくなってしまう。[40] 10^{36} 個に切り分けて、その1つ1つをパパイヤ分子1個分にするためには、パパイヤをだいたい200万個も切らないといけないのだ。

40　パパイヤ分子のことをパパヨンという。小さくて甘いんだ。

重力がどのくらい弱いのか、それを実感するには、ちょっとした実験でほかの力と対抗させてみればいい。地下室に粒子加速器をつくる必要なんてない。キッチンによくある磁石を持ってきて、小さい鉄のくぎを持ち上げるのだ。くぎは地球全体の重力で下に引っ張られているのに、ちっぽけな磁石の磁力だけで落ちない。小さな磁石が地球全体に勝ってしまうのは、磁力が重力よりもずっと強いからなのだ。

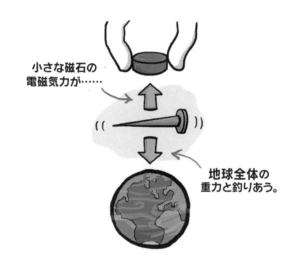

　ここで不思議に思ったかもしれない。ほかの力より 36 桁も弱い重力が、どうしてこの宇宙を支配しているんだろう？　まわりに働いているもっと強い力、たとえば竜巻のくしゃみで蹴散らされてしまわないの？[41]　どうやって惑星や恒星を 1 つにまとめて

41　台風のおならでも、だ。

いるんだろう？　みんなスーパーマンのように飛べないのはなぜだろう？　そんなに強いほかの力が、どうして重力に勝てないんだろう？　重力が宇宙に与えている影響は、どうして押し流されてしまわないんだろう？

その答えは、ものすごく質量が大きくてスケールの大きいときにしか重力は効いてこないからだ。[42] 弱い核力と強い核力は短い距離でしか働かないので、ほとんど素粒子レベルでしか感じられ

ない。電磁気力も重力よりずっと強いけれど、星や銀河の動きをほとんど左右しない。それは、重力の持っているおもしろい性質と関係がある。重力はほとんど1通りにしか働かないのだ。

重力はものを引き寄せるふうにしか働かない。遠くへ押しやるようには働かない。[43] その理由は単純。重力の強さは物体の質量に比例しているんだけど、その質量はプラスの1種類しかないからだ。それに対して、電磁気力では電荷は2種類ある（プラスとマイナス）。弱い核力と強い核力には、電荷に似た超電荷（ハイパーチャージ）とカラーというものがあって、それもいろんな種類の値を取る。[44]

重力も似たようなものだけれど、違いがある。素粒子が重力をどのくらい強く感じるか、それを決める「重力荷」こそが質量だと考えることができる。でも「マイナスの」質量なんてない。質

42　俺は重力、でかい質量が好物。ウソじゃねえ。ダチもだぜ。
43　例外もある。Chapter 14 で、ビッグバンのときの反重力について話をする。
44　強い核力の「荷」は2種類じゃない。3種類なのだ！　それを「カラー」といって、それぞれ「赤」・「青」・「緑」と呼んでいる。赤を打ち消すためには、青の粒子と緑の粒子と組み合わせて中性の「白い」物体にするか、または反赤の反粒子を見つけてくればいい。

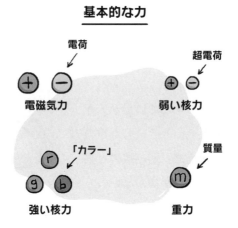

量を持った素粒子が重力で反発しあうことはないのだ。

これは大事なことで、重力が打ち消しあうことは絶対にない。でも電磁気力は、大きなスケールでは打ち消しあっている。もし太陽がプラスの電荷の粒子ばかりでできていて、地球がマイナスの電荷の粒子ばかりでできていたら、ものすごい引力が働いて地球は大昔に太陽に飲み込まれていただろう。

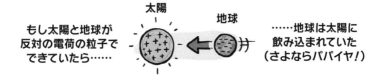

でも地球はプラスの粒子とマイナスの粒子がほとんど同じ量でできているし、太陽もそうだから、電磁気力的にはお互いにほとんど無視している。地球の中にあるプラスの粒子とマイナスの粒子1個1個が、太陽の中にあるプラスの粒子とマイナスの粒子

に引っ張られると同時に押しやられるので（逆もそう）、電磁気力はすべて打ち消しあうのだ。

ラッキーなことに、太陽も地球もプラスの粒子とマイナスの粒子が同じ量でできている。

だから地球が太陽に飲み込まれることはない（パーティーだ）

それはけっして偶然じゃない。電磁気力があまりに強いので、電荷を持った粒子があれやこれや吸い寄せられて、アンバランスが完全になくなってしまうのだ。宇宙ができたばかりの頃（誕生から40万年後、前パパイヤ時代）にそれが起こって、ほとんどすべての物質が中性（電荷ゼロ）の原子になり、電磁気力はバランスが取れてしまったのだ。

地球と太陽のあいだに正味の電磁気力は働いていないし、弱い核力と強い核力はそんな遠くでは働かないので、残った力は重力だけ。惑星や銀

河のスケールで重力が幅を利かせているのはそのためだ。ほかの力はどれも打ち消しあってしまっているのだ。パーティーでみんな相手を見つけて帰ってしまったのに、重力だけはパパイヤを持って1人取り残されている。こんなに引きつけるのに。重力は引力としてしか働かないので、絶対に打ち消しあうことはないのだ。

このように重力には、おもしろいけれどまだ説明できていない性質が2つある。1つは、ほかの基本的な力と比べてものすごく弱いこと。ほかのみんなはライトセーバーを持って戦いに行くの

に、重力は爪楊枝しか持っていないのだ。もう1つのおもしろい性質は、引力としてしか働かないこと。ほかの力はどれも、粒子の「荷(か)」によって引力にも反発力にもなる。どうして重力はこんなに違うんだろう？　ぜんぜんわからない。

量子の謎

　重力もほかの3種類の力と同じパターンに少しは当てはまるけれど、当てはまらないところもある。重力をほかの力と同じように考えて、質量をほかの「荷」と同じように考えることもできなくはない。でも重力はずっと弱いし、1通りにしか働かない。そんなふうにつじつまが合わないのは、パターンが通用しないからなのかもしれないし、何か大きな事柄を見逃しているからなのかもしれない。

　実は重力は、もっと深い意味でも奇妙な代物だ。すべての物質粒子と、4種類の基本的な力のうちの3種類は、量子力学という数学的な枠組みの中で理解することができる。量子力学では、3種類の力も含めてあらゆるものを粒子として表す。電子が別の電子を押し返すとき、フォースとか見えない念力とかを使って相手

を動かすわけじゃない。一方の電子がもう一方の電子に別の粒子を投げて、運動量を渡す。それを力の作用として考えるのだ。電子の場合、力を伝えるその粒子は光子という。弱い核力の場合は、WボソンとZボソンをキャッチボールする。強い核力を感じる素粒子は、グルーオンをキャッチボールする。[45]

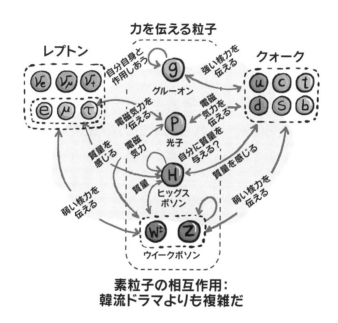

**素粒子の相互作用：
韓流ドラマよりも複雑だ**

量子力学に基づいたこの枠組み、つまりChapter 4で紹介した素粒子物理学の標準モデルは、自然界の大部分を驚くほど見事に説明してくれている（「大部分」といっても宇宙のたった5パーセント。覚えている？）　この世界を量子的粒子の目で見ると、実験で

45　僕らの身体は「パパヨン」でできているから信じられないかもしれないけれど、グルーオンは実在するのだ！

わかったたくさんの事柄を説明できる。しかも、ほかの物質粒子やヒッグスボソンなど、まだ見たことのない事柄も予測できる。もっと言うと、弱い核力が短い距離でしか働かないのはどうしてなのかも説明できる。弱い核力を伝える粒子はすごく重くて、進める距離に限界があるのだ。

でも、標準モデルには大きな問題がある。同じ方法が重力にはほとんど通用しないのだ。

重力子（グラビトン）
素粒子？ それともマンガの悪役？

量子力学で重力を説明できない理由は2つある。まず、標準モデルに重力を組み込むためには、重力を伝える素粒子がないといけない。想像力豊かな物理学者はその架空の素粒子を「重力子（グラビトン）」と呼んでいる。

もし重力子が本当に存在するとしたら？　君が座って（あるいは立って）重力で下に引っ張られているとき、君の身体の中にあるすべての素粒子は、足もとにある地球の中のすべての素粒子と小さな量子ボールをつねにキャッチボールしていることになる。さらに、地球は太陽のまわりを回っているのだから、地球のすべての素粒子と太陽のすべての素粒子のあいだにも、重力子がつねに大量に行き交っていることになる。

問題は、これまで誰も重力子を見ていないことだ。だからこの理論は完全に間違っているのかもしれない。

**なまけてなんかいないよ。
地球全体のすべての素粒子から引っ張られて
身動きできないだけなんだ。**

　量子力学に重力を組み込むのに物理学者が四苦八苦しているもう1つの理由、それは、1915年にアインシュタインが考え出したすばらしい重力理論がもうすでにあるからだ。その理論を「一般相対性理論」といって、それ自体すごく出来がいい。

　一般相対性理論では重力をぜんぜん違う見方でとらえる。2つの物体のあいだに働く力として考えるんじゃなくて、空間そのもののゆがみととらえるのだ。どういうことだろう？　それまで空間は、あらゆる物質がその前で動き回るただの見えない背景、ただの抽象的な概念だと考えられていた。でもアインシュタインは気づいた。空間を、渦巻く液体かゴムシートみたいなもんだと考えると、重力は単純な代物になる。物質（またはエネルギー）があると、そのまわりの空間がゆがんで、物体の進む軌道が変わるのだ。アインシュタインのイメージでは、重力なんて力は存在していなくて、空間がゆがむだけなのだ。

　一般相対性理論によると、地球が宇宙のかなたに飛んでいかずに太陽のまわりを回っているのは、力が働いて軌道上に引き留め

考えられる重力理論

重力は時空の
ゆがみだ

重力子という
量子的粒子が
伝える

重力は巨大スパゲッティ・
モンスターの
温かい抱擁だ

られているからじゃない。太陽のまわりの空間がゆがんでいるせいで、地球はまっすぐ進んでいるつもりなのに、実際には円(または楕円)を描いているからなのだ。そう考えると、重力質量は粒子が持っている(あるいは持っていない)「重力荷」ではなくて、まわりの空間をどのくらいゆがめることができるか、その強さだということになる。不思議な理論に聞こえるかもしれない。でも、地球上の重力や宇宙で働いている重力、そして宇宙で見つかるいろんな奇妙な現象を、すごくうまく説明してくれる。天体の近くで光が曲がる理由とか、GPSが使える理由とかも説明できるし、ブラックホールの存在まで予言してくれたのだ。

　一般相対性理論はすごく出来がいいから、きっと自然界を正しく説明しているんだろう。量子力学もまた、自然界を正しく説明していそうなもう1つの基本理論だ。ところが、この2つの理論を合体させようとしても、いまのところうまくいかないのだ。

　1つ問題なのは、2つの理論それぞれで世界の見方がぜんぜん違うことだ。量子力学では、空間をただの背景ととらえるけれど、一般相対性理論では、空間はうごめくやわらかい時空の一部だと考える。では、重力は空間のゆがみなんだろうか、それとも、素

粒子のあいだを飛び交う小さい量子ボールなんだろうか？　この宇宙にあるそれ以外のものは全部、量子力学的に振る舞うのだから、重力も量子力学の法則に従うのが筋が通っている。でもいまのところ、重力子が存在するという確かな証拠は1つもないのだ。

重力はネクラかも

　もっと困ったことがある。統一した量子重力理論がどんなふうなものになるのか、見当もつかないのだ。理論からある素粒子の存在を予言したら、あとからそれが実験で実際に見つかったという出来事が、物理学ではこれまで何度もある（たとえばトップクォークやヒッグスボソン）。重力と量子力学を1つにまとめようとする理論もいくつも提案されているけれど、いまのところ全部失敗

している。「無限大」みたいな無意味な結果しか出てこないのだ。

理論家は頭の切れる連中で（理論上は）、いつか統一理論につながるかもしれないすごいアイデアをたくさん持っている。たとえば弦理論とかループ量子重力理論とかいったものだ。でも、いまのところなかなか先に進んでいないと言うしかない。あらゆる知識を統一する理論については、Chapter 16でもっと説明しよう。

ブラックホールコライダー

要するに、重力はほかの兄弟とあまりにも風貌が違うので、ミセス・ユニバースが引き取った養子か、それとも不倫で産んだ子じゃないかって誰もが思っている。ほかの力よりもずっと弱いし、1通りにしか働かないし（引力だけで反発力にはならない）、ほかの力と同じ理論的枠組みには当てはまらないし、その理由もぜんぜんわからない。宇宙最大の謎だ。どうやってこの難題を解いたらいいんだろう？

世界のしくみを理解するための方法の1つが、実験をして、その結果を説明できるうまい説を考え出すという方法だ。理想を言うなら、一般相対性理論（古典的な重力理論）と量子力学を同時に検証して、どっちが正しいか（どっちが正しいならの話だけど）、どっちが破綻するかを確かめたい。たとえば、2つの物体が重力子をやり取りしている様子を観測できれば、重力は量子的現象だと確実に証明できる。

それができたらすごいけれど、そんな実験がどのくらい難しい

か考えてみてほしい。重力はものすごく弱いのだった。地球全体の重力でさえ、ちっぽけな磁石の電磁気力に負けてしまうのだ。素粒子を2個近づけても、そのあいだに働く重力の強さはほとんどゼロなので、もっとパワフルな電磁気力、弱い核力、強い核力でかき消されてしまうだろう。

重力子を見つけるためにはとてつもない質量が必要だ。重力以外の力が全部打ち消されている宇宙サイズの巨大な物体を衝突させるしかない。とはいっても、重さ1000トンのパパイヤをぶつけたいと思っているわけじゃない。想像力を限界まで広げて、[46]「ブラックホールコライダー」というありえないような実験装置を思い浮かべるのだ。

宇宙レベルの重さを持った2個の物体をお互いに衝突させる。量子レベルの重力を調べるためにはそうするしかない。もちろん実際に建設して運転できるような装置じゃない（予算を見積もってみると、デススターでさえお安く感じる）。でもラッキーなことに、この広い宇宙ではすごく奇妙な出来事がしょっちゅう起こっている。長い時間見回していれば、ほとんどどんな出来事でも見つけられ

---

46 いや、いま思った。

る。ブラックホールの衝突もだ。

　そんな出来事は時間を決めて起こるわけじゃないし、同じ出来事は二度と起こらない。でも、ブラックホールが2つ近づいて、互いに相手を飲み込もうとすることはときどきある。それこそが科学者が探している出来事だ。宇宙のあちこちで、2つのブラックホールが死のスパイラルにはまる。そして衝突して、四方八方に重力子をまき散らすかもしれない。それを観測しさえすればいいのだ！

　でもそこまで簡単な話じゃない。たとえブラックホールコライダーでつくられたものであっても、重力子を見つけるのはそうとう難しいだろう。重力は弱いので、君の身体を重力子がすり抜けてもほとんど何も感じないはずだ。幽霊のような素粒子ニュートリノは、厚さ何光年もの鉛の板をすり抜けられるのを思い出してほしい。でも重力子に比べたら、ニュートリノなんてパーティーで誰にでも話しかける陽気なやつだ。ある計算によると、大量の重力子を発生させている発生源のそばに木星サイズの検出器を置いたとしても、重力子は10年に1個しか見つからないという。

ブラックホールのデスマッチ

現実的になって、
ブラックホールに行ってみよう

　重力子を捕まえるのがどうしても無理だとしたら、重力が量子力学に従うかどうかを知るためにはいったいどうしたらいいんだろう？　もう1つの方法が、2つの理論の予測が食い違うような物理的状況を見つけるという方法だ。さっきよりもうちょっと現実的なシナリオとして、たとえばブラックホールの内側を探検してみたらどうだろう。

　一般相対性理論によると、ブラックホールの中心には、物質の密度があまりにも高くて重力場の強さが無限大になっている、特異点という場所があるという。直感ではとうてい理解できないくらいに時空がゆがんでいて、脳みそを（文字通り）ひねりつぶしてしまうような場所だ。

　一般相対性理論ではそんな場所が存在していても問題はないけれど、量子力学ではそうはいかない。量子力学の原理によると、何かの物体が正確に1つの点（特異点）に閉じ込められていることはありえない。必ずある程度の広がり（不確定性）があるからだ。だから、このような場面では2つの理論のどっちかが必ず破綻する。ブラックホールの内側で実際に何が起こっているのかがわかれば、量子力学と重力がどんな関係にあるか、そのすごく重要な手掛かりがいくつか見つかるだろう。でも残念なことに、ブラックホールを訪れて、うまく生き延びて、実験をやり遂げ、逃げようのない重力場から逃げ出して、結果を持って地球に帰ってこられるチャンスは、いまのところとんでもなく小さいと思う。

ブラックホールは最悪の旅行先だ

それはあきらめよう

でも、たとえ重力子を発見できなくても、ブラックホールの死のスパイラルからはいろいろわかることがある。「重力波」を発生させるからだ。

重力波とは、加速している物体から広がる空間のさざ波だ。お湯を張った浴槽の中に手を入れて前後に動かしてみよう。手からさざ波が立って、浴槽の端まで伝わっていくはずだ。それと同じことが、宇宙で重い天体が動くときにも起こる。空間そのものをゆがめながら動いていくので、空間の乱れが波のように広がっていくのだ。

すごいことに、重力波が通り過ぎると、そこにあるあらゆるものが引き伸ばされたりゆがめられたりする。円は一瞬だけ楕円になるし、正方形は長方形になる。すごいだろう？ でも、読むのをいったんやめてこの本がどのくらい形が変わるのか確かめてみる前に、重力波で空間がどのくらいゆがむのか知りたいだろう？

たった 10^{20} 分の 1 だ。つまり、長さ 10^{20} ミリ（10 光年）の棒が、重力波で 1 ミリ短くなるだけなのだ。測定するのはなかなか難しい。

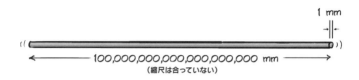

1 mm
100,000,000,000,000,000,000 mm
（縮尺は合っていない）

でも科学者は賢いし辛抱強い。LIGO（レーザー干渉計重力波天文台）という名前の実験施設を建設したのだ。この施設は、長さ 4 キロの 2 本のトンネルが直角につながっている。そのそれぞれのトンネルの端までの長さが変わるのを、レーザーで測るのだ。重力波がやって来ると、空間は一方向には引き伸ばされてもう一方向には縮められる。2 本のトンネルの端で反射してきたレーザーの干渉を測ることで、あいだの空間が伸びたり縮んだりしているのをすごく精確に測定できるのだ。

2016 年、6 億 2000 万ドルと何十年もの年月を費やした末に、

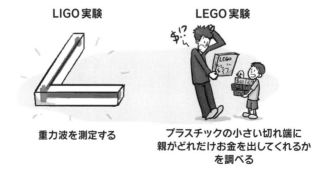

LIGO 実験
重力波を測定する

LEGO 実験
プラスチックの小さい切れ端に
親がどれだけお金を出してくれるか
を調べる

116 Chapter 6

はじめて重力波が見つかった。それによって、重力は空間をゆがめるというアインシュタインのアイデアが見事に証明されたのだ。でも残念なことに、重力は量子力学的にどういうしくみなのか、そのヒントは何ひとつ出てこない。重力波は重力子とは違うからだ。ちょうど、光が存在することは証明できたけれど、光が光子でできていることは証明できなかったみたいなものだ。それでもすごく重い発見なんだから、重々しく受け止めてほしい。

重力は特別かもしれない

　では、重力の謎はどうしたら説明できるんだろう？　どうしてこんなに弱くて、どうしてほかの力と同じパターンや理論に当てはまらないんだろう？

　重力は特別なのかもしれない。重力がほかの力と似ていないといけないなんてルールはないし、すべての力が１つの理論に支配されていないといけないなんてルールもない。宇宙の基本的な真実はまだ見当もつかない、そういう広い視野をいつも心の奥に持っていないとだめだ。これまで導かれてきた説の多くは、実は間違っていたり、ある特別の条件でしか成り立たなかったりする。重力はどんなものともぜんぜん違う代物なのかもしれない。またはそうじゃないのかもしれない。最終目標はこの宇宙を理解することなんだから、宇宙はどんなところなのかあんまり決めつけすぎちゃいけないのだ。

　もし重力が特別で、ほかの基本的な力と違うことがわかったと

したら、ますます大きな謎を解く手掛かりが転がり込んでくる。重力は、宇宙の構造そのものに組み込まれた、何か奥深い存在なのかもしれないのだ。法則よりも例外からのほうが学べることは多い。この謎を説明するための刺激的なアイデアは尽きることがないのだ。

重力はどうして弱いのか、それを説明するためのびっくりするような説の1つが、「余剰次元」という考え方だ。マンガに出てくるような別の次元のことじゃない。空間には、君がいま住ん

でいると思っているよりもたくさんの次元があるということだ。その余計な次元は小さい輪っかのようになっていて、僕らには見えない。重力が弱いのは、その次元に広がって薄まってしまうからだというのだ。その余計な次元を考えに入れると、重力はほかの力と同じくらい強いことになる。この説についてはChapter 9でもっと話そう。

さっき言ったように、量子力学と一般相対性理論を合体させるのも、重力子を見つけるのもなかなか難しい。でも物理学者は、知られているすべての力を説明できる統一理論探しをあきらめてはいない。すべてのことを予測できるたった1つの単純な方程式、その目標までどのくらい近づいているんだろう？ それはChapter 16で探っていこう。

何がわかるんだろう？

　重力の謎が解けたら、宇宙についての僕らの知識は大きく変わるだろう。何しろ、大きいスケールで働く力はほとんど重力だけで、その重力がこの宇宙の形や運命を決めているんだから。

　重力で空間と時間が曲がったりゆがんだりするとしたら、あるわくわくするような可能性が開けるかもしれない。いまのところ、太陽系以外の星系を訪れることはできそうにない。あまりにも遠すぎるからだ。でも重力の謎が解ければ、空間をゆがめて制御する方法とか、ワームホールをつくって操る方法とかが見えてくるかもしれない。もしそうなったら、時空を折りたたんで宇宙旅行をするという突拍子もない夢が現実になるかもしれない。その鍵は重力が握っているのだ。

　重力はいつも君を地上にしばりつけている、なんて誰が言ったんだい？

物理学者は映画に厳しい

7
空間って何？

どうしてこんなに場所を取るの？

最初のほうの章で、宇宙の中身の謎について話した。物質のいちばん小さい部品はどんなものだろう？　それがどういうふうに組み合わさって宇宙をつくっているんだろう？　でも、まわりにある具体的な物事についての疑問に答えられても、その背景には大きな謎が1つ残ってしまう。その謎とは背景そのもの、つまり空間のことだ。

そもそも空間って何だろう？

物理学者と哲学者が集まっている場所で、「空間」って何ですかと聞いてみよう。きっと、「時空の枠組み自体は、位置の包括的性質によって結びつけられた量子エントロピー的概念が物理的に

実体化したものである」なんていう、深遠に聞こえるけれど実は無意味な言葉が飛び交って、いつまで経っても議論が終わらないだろう。やっぱり、哲学者と物理学者で真剣な話をしてもらうのは間違っていたのかもしれない。

　はたして空間は、あらゆる物体の土台である、無限に広がった空っぽの存在なんだろうか？　それとも、物体と物体のあいだの空っぽな場所のことなんだろうか？　あるいはどっちでもなくて、水を張った浴槽のようにバチャバチャ跳ねる物理的存在なんだろうか？

　空間そのものの正体は、宇宙最大のいちばん奇妙な謎の1つだ。覚悟はいいかい？　空(くう)を切るような話になってくるからね。

空間、それはものである

　深い謎というのはたいていそうだけど、空間とは何かという疑問も最初は単純に聞こえる。でも直感を働かせてよく考えなおすと、はっきりした答えを見つけるのはなかなか難しいとわかってくる。

たいていの人はこう思っているだろう。空間はただの空っぽで、その中でいろんな出来事が起こる。ちょうど、空っぽの巨大倉庫か、宇宙の劇が演じられる舞台のようなものだと。そんなふうに考えると、空間は文字通り中身がないことになる。何かで埋めてもらうのをじっと待っているただの空っぽな場所だ。「デザートが入るようにおなかをあけておいた」とか「ちょうどいい駐車スペースを見つけた」といった感じだ。

展示A：空間

この考え方に従うと、空間は埋めるものがなくてもそれだけで存在できることになる。たとえば、この宇宙にはある限られた量の物質しかなかったとしよう。すると、ずっと遠くまで飛んでいったら、そこから先にはもう物質はなくて、宇宙の物質は全部後方に取り残されてしまう。[47]前方に広がっているのは完全に空っぽの空間。先には空間が無限に広がっている。永遠に広がる空っぽの場所、それが空間だ。

---

47 そうとう時間がかかるだろう。この本を2冊買って持っていったほうがいい。

そんなものが存在するんだろうか？

　この空間のイメージは理屈が通っているし、僕らの経験とも合っているんじゃないだろうか。

　でも歴史の教訓を忘れちゃいけない。地球は平らだとか、ガールスカウトのクッキーをたくさん食べると健康にいいとかいうように、何か明らかに正しいと思うことがあったら、必ず疑って、一歩下がって慎重に考えなおさないといけない。それだけじゃなくて、その同じ経験にぜんぜん違う説明が当てはまらないかどうか考えてみないといけない。考えもしていなかったような理論が見つかるかもしれない。もしかしたら、この宇宙で経験する事柄はただの例外だという理論もあるかもしれない。勝手に決めつけてしまっていることがないかどうか、自分ではなかなか気づかない。その決めつけがいかにも自然で単純そうなときにはとくにそうだ。

　話を戻すと、空間の正体についても、もっともらしく聞こえる説がほかにもある。物質がなかったら空間は存在できないのかもしれない。空間は物質どうしのただの関係性でしかないのかもしれない。この考え方だと、完全に「空っぽの空間」というものはありえない。いちばん端っこの物質よりも向こうの空間なんても

のは意味がないのだから。たとえば、そもそも粒子がなかったら、2個の粒子のあいだの距離なんて測れない。物質粒子が残っていなかったら、「空間」なんて概念は成り立たないのだ。じゃあその先の場所はいったい何なのだろう？　空っぽの空間ですらないのだ。

展示B：空間

　直感に反するかなり奇妙な考え方だ。何しろ、空間でない場所なんて一度も経験したことがないんだから。でも奇妙だからといって物理の障害にはならないんだから、広い心を忘れちゃいけない。

どっちが正しいの？

　空間に対するこの2つの考え方のうち、いったいどっちが正しいんだろう？　空間は埋められるのを待っている無限の空っぽな場所なんだろうか？　それとも物質がないと存在できないものなんだろうか？
　実はどっちでもない、というのはかなり確実だ。空間は空っぽ

の場所ではないし、物質どうしの関係性でもない。どうしてそんなことがわかるのかというと、空間はどっちの考え方にも当てはまらない振る舞いをするからだ。**曲がったりゆがんだり膨らんだりするのだ。**

わけがわからない。「何だって？」
「空間が曲がる」とか「空間が膨らむ」というフレーズを注意して読むと、ちょっとどぎまぎしてしまうはずだ。いったいどういう意味なんだ？　意味があるのか？　空間がただの概念だとしたら、曲がったり膨らんだりするはずないじゃないか。サイコロ状に切ってコリアンダーをまぶしてソテーすることさえできないんだから。[48] 空間が物体の位置を測るための物差しなのだとしたら、空間の曲がり具合とか膨らみ具合なんてどうやって測るんだ？

いい質問だ！　空間が曲がるという考え方にどうしてこんなに戸惑うんだろう？　それは、ほとんどの人は生まれてからずっと、空間とは何かが起こるための見えない背景だと頭の中でイメージしているからだ。床が厚い木の板でできていて、両側が硬い壁で仕切られた、劇場の舞台みたいなイメージだ。この抽象的な舞台は宇宙の一部じゃなくて、その中に宇宙が入っているだけなんだから、この舞台が曲がるなんてありえないと思ってしまうのだ。

でも残念なことに、君の頭

48　カリフォルニアでならできる。コリアンダーを使えば何でもできる。

の中にあるイメージは間違っている。一般相対性理論を理解して、現代の空間の概念について考えるためには、空間は抽象的な舞台であるという考え方を捨てないといけない。空間は物理的な実体であるという考え方を受け入れるのだ。空間もいろんな性質を持っていて、いろんなふうに振る舞う。そして宇宙の中にある物質から影響を受ける。そういうイメージを持たないといけないのだ。空間はつまんだりつぶしたり、コリアンダーを詰めたりすることさえできるのだ。[49]

　頭の中で変な声が響いてきたかもしれない。「何だっ＃＠＃＄？！？！」　この本を壁に投げつけて笑い出したかもしれない。ぜんぜん理解できないんだから。でも、本を拾い上げたら覚悟を決めてほしい。本当にわけがわからないのはここからだ。最後になれば変な声も鳴りやんでいるだろう。でも、この考え方を受け入れて、空間にまつわる本当に奇妙で基本的な未解決の謎を正しく理解するためには、さっきのイメージを少しずつ解きほぐしていかないといけない。

空間のネバネバの中を泳ぐ

　空間が波立ったりゆがんだりする物理的実体だなんて、どうしてありえるんだろう？　どういう意味なんだろう？

　空間は実は空っぽの部屋（ものすごく大きい部屋）なんかじゃな

49　続編『物理学者とクッキング』をお楽しみに。

くて、濃いネバネバでできた巨大な塊のようなものだ。ふつう、そのネバネバの中を物体は楽々と動き回ることができる。空気で満たされた部屋の中を歩き回っても、空気の粒子には気づかない。それと同じだ。でもある決まった条件になると、このネバネバがゆがんで、その中を動く物体の進行方向が変わることがある。また、このネバネバはぐちゃぐちゃかき回されて波立つこともある。そうすると、その中にある物体の形が変わる。

展示C：空間

このネバネバ（「空間ネバネバ」と呼ぼう）は、本物の空間の完璧なたとえにはなっていない。でもこのたとえを思い浮かべれば、いまこの瞬間に君がいるこの空間は、形の変わらない抽象的なものなんかじゃないとイメージできる。[50]君は何か具体的な実体の中にいて、その実体は伸びたり揺れたりゆがんだりするけれど、君はそれに気がつかないのだ。

いまちょうど、君の身体を空間のさざ波が通り抜けたかもしれない。あるいは、この瞬間に身体が変な方向に引き伸ばされてい

---

50 本当のネバネバした物体は空間の中に存在しているから、完璧なたとえにはならない。空間はネバネバに似た性質を持っているけれど、何か別のものの中に存在しているのかどうかはわからないのだ。

るけれど、気がつかないだけかもしれない。このネバネバがただネバネバする以外に何かをするなんて、最近までわからなかった。だから何にもないんだと勘違いしていたのだ。

では、この空間ネバネバはどんなことができるんだろう？　実はいろんな変なことができるのだ。

まず、空間は膨らむことができる。空間が膨らむってどういうことか、ちょっとのあいだじっくり考えてみよう。**ネバネバの中を実際には動いていないのに、物体どうしがどんどん離れていく**ということだ。君がネバネバの中でじっと座っていたら、突然そのネバネバが膨らみはじめたとイメージしてほしい。別の人と向かい合わせに座っていたら、君もその人もネバネバに対して動いてなんかいないのに、その人はどんどん遠ざかっていくのだ。

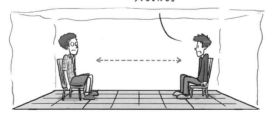

空間が膨らむ

このネバネバが膨らんでいるかどうかは、どうしたらわかるだろう？　ネバネバを測るための物差しも一緒に伸びてしまうんじゃないの？　確かに、物差しの中にあるすべての原子のあいだの空間も膨らんで、原子はお互いに引き離されそうになる。もしその物差しが超やわらかいキャンディーでできていたら、一緒に伸びていくだろう。でも硬い物差しを使えば、その中の原子は（電磁気力で）互いにしっかり結びついていて、長さは変わらないので、空間が増えているのに気づけるはずだ。

しかも、実際に空間が膨らんでいることはわかっている。それでダークエネルギーが発見されたのだった。生まれたばかりの宇宙では空間がとんでもないスピードで膨らんで引き伸ばされたこともわかっているし、それと同じような膨張はいまも起こっている。生まれたばかりの宇宙を膨らませたビッグバンについては

空間の膨張を測る

空間って何？　**129**

Chapter 14 を、いま宇宙のあらゆるものを遠くに追いやってい
るダークエネルギーについては Chapter 3 を見てほしい。

　また、空間はゆがむこともできる。空間ネバネバは、ちょうど
キャンディーのようにぐにゃっとつぶれたり形が変わったりする
こともあるのだ。アインシュタインの一般相対性理論によれば、
その空間のゆがみこそが重力である。[51] 質量のある物体がまわりの
空間をゆがめて変形させるのだ。

　空間が変形すると、その中を動いている物体は思った通りには
進まなくなる。ゆがんだネバネバの塊の中で野球のボールを投げ
ると、まっすぐ飛んでいかない。ネバネバのゆがみ具合に合わせ
てカーブしていくのだ。ボウリングの球みたいに何か重い物体の
せいでネバネバが激しくゆがんでいると、野球のボールはそのま
わりをぐるぐる回ってしまうかもしれない。ちょうど、月が地球
のまわりを、地球が太陽のまわりを回っているのと同じように。

　それは人間の肉眼でも見ることができるのだ！　たとえば太陽
とか、ダークマターの大きな塊など、重い天体の近くを光が通る
と、光の進行方向が曲がる。もし重力が空間のゆがみでなくて、
質量を持った物体のあいだに働くただの力だったとしたら、質量
ゼロの光子が引き寄せられるはずがない。光の進行方向が曲がる
のを説明するためには、空間そのものがゆがんでいると考えるし
かないのだ。

　最後に、空間は波打つこともできる。伸びたりゆがんだりでき
るのなら、そんなに突拍子もないことじゃない。でもおもしろい

51　アインシュタインは言った。「ネバネバの神はサイコロを振らない」

アインシュタインの変化球

ことに、その伸びたりゆがんだりが空間ネバネバの中でどんどん広がっていく。それが重力波だ。空間が突然ゆがんだら、そのゆがみが、ちょうど音波や水の波のように四方八方に広がっていく。空間がただの抽象的な概念だったり、完全に空っぽだったりしたら、そんなことは起こりようがない。何か物理的な実体がなければそんなことは起こらないのだ。

このさざ波が本当に発生するってどうしてわかるのかというと、(a) 一般相対性理論で予測されていたからと、(b) 実際にそのさざ波がとらえられたからだ。宇宙のどこかで2つの重いブラックホールが、ものすごい勢いでお互いのまわりを回転しはじめた。そして空間がとんでもなくゆがんで、そのゆがみが宇宙空間に広がっていった。その空間のさざ波が、ここ地球上で超高感度の検出装置を使って検出されたのだ。

このさざ波は、空間が伸びたり縮んだりしてできると考えればいい。空間のさざ波が通り過ぎると、空間が一方向には縮んでもう一方向には伸びるのだ。

うさんくさいなあ。
本当なの？

　空間がただの空っぽの場所じゃなくて実体があるなんて、突拍子もない話に聞こえるかもしれない。でも宇宙で経験することはその通りだ。実験や観測でかなりはっきりわかっている。空間内での物体どうしの距離は、目に見えない抽象的な背景で測れるものじゃない。僕らみんなが住んでいて、クッキーを食べて、コリアンダーを刻んでいる空間ネバネバの状態で変わってしまうものなのだ。

　確かに、空間は物理的な性質を持っていて、物理的な振る舞いをする存在だと考えれば、空間のゆがみとか膨張といった奇妙な現象を説明できるかもしれない。でもそうすると、もっといろんな疑問が湧いてくる。

　たとえば、いままで空間と呼んでいたものを、これからは「物理的ネバネバ」と呼んでみたくなるかもしれない。でもそのネバネバは何かの中にあるはずで、今度はそれを空間と呼んでもいいかもしれない。うまいアイデアだけれど、いまのところわかっている限り（たいしてわかってはいないけれど）、このネバネバが何か別のものの中にある必要はない。ネバネバが曲がったりゆがんだ

りするといっても、それが入っている何か広い部屋のようなものに対してゆがむんじゃなくて、ネバネバ自体がゆがむだけ。空間の各場所どうしの関係が変わるだけなのだ。

でも、この空間ネバネバが何か別のものの中に入っている必要はないからといっても、実際には何かの中に入っている可能性だってある。もしかしたら、僕らが空間と呼んでいるものは、実はもっと大きい「超空間」の中に入っているのかもしれない。[52] そしてその超空間こそ、無限に広がる空っぽの場所なのかもしれない。でも、ぜんぜんわからない。

この宇宙の中に空間が存在していない場所はありえるだろうか？ つまり、空間がネバネバだとしたら、ネバネバじゃない場所、ネバネバが存在していない場所というのはありえるんだろうか？ どうも意味が通りにくい疑問だ。僕らが知っている物理法則は、どれも空間の存在を前提にしている。では、空間の外ではどんな法則が働いているっていうんだろうか？ やっぱり、ぜんぜんわからない。

---

52 スーパースターの超空間に切り込んでいく芸能レポーターは、礼儀正しかったら務まらない。

空間を実体のあるものだと考えるこの新しい考え方は、最近になって出てきたものだ。空間が何なのかはまだ少ししかわかっていない。まだ直感的な概念にしょっちゅう足を引っ張られている。古代人が動物を狩ったり先史時代のコリアンダーを採ったりするときにはその直感的な概念がすごく役に立ったけれど、いまではその足枷（あしかせ）を振りほどいて、空間は僕らのイメージとはぜんぜん違うんだと意識しないといけないのだ。

曲がった空間のことをまっすぐ考える

　ネバネバの空間が曲がるなんて考え方を聞いてもまだ正気でいられる人のために、空間にまつわるもう1つの謎を紹介しよう。空間全体は平らなんだろうか、それとも曲がっているんだろうか？（曲がっているとしたらどっち方向に？）

　とんでもない疑問だ。でも、空間が形を変えられることを受け入れてしまえば、そこまで考えにくい問題じゃない。質量を持った物体のまわりで空間がゆがむとしたら、全体的にも曲がっていてもおか
しくないんじゃないの？　つまり、例のネバネバは平らなんだろうか？　どこかを指で押すとぶるぶる震えたり変形したりすることはわかったけれど、じゃあ全体がたわんだりもしているんだろうか？　それとも完璧に真っ平らなんだろうか？　空間そのものについてもそれと同じ疑問が考えられるのだ。

空間は……　まっすぐ？　たわんでいる？　でろでろ？

　その答えが出たら宇宙のイメージは大きく変わるだろう。たとえば、もし空間が平らだったら、1つの方向にどこまでも永遠に飛んでいけるはずだ。

　でも、もし空間が曲がっていたらもっとおもしろいことになるかもしれない。空間全体がプラスに湾曲していたら、1つの方向に進んでいくとぐるっと1周して、反対方向から出発点に戻ってきてしまうのだ！　誰かにあとをつけられたくない人にはうれしい話かもしれない。

宇宙でいちばん時間のかかるいたずら

　空間が曲がるってどういうことなのか、説明するのはすごく難しい。僕らの脳はそんなものをイメージするようにはできていないからだ。どうしてだろう？　僕らが日々経験するほとんどのこと（肉食獣から逃げるとか、鍵を探すとか）は、かっちりした3次元空間の中で起こるように思えるからだ（ただし、空間の曲がり方を操

れる進化したエイリアンに攻撃されたら、こっちもすぐに理解できるようにならないと困る)。

　空間が曲がってるって、いったいどういう意味なんだろう？絵で説明する方法が1つある。とりあえず、僕らは2次元の世界に住んでいて、紙の中に閉じ込められているというふりをするのだ。つまり、僕らは2つの方向にしか動けない。ここで、僕らが住んでいるその紙がもし完全に平らに置いてあったら、僕らの住む空間は平らだということになる。

でももし何かの理由で紙が曲がっていたら、空間は曲がっているということになる。

プラスに湾曲している　　　**マイナスに湾曲している**

　紙の曲がり方には2通りある。1つは、上か下のどっちかだけに曲がっている場合(「プラスに湾曲している」という)。もう1つは、馬の鞍とかプリングルスのポテトチップのように、上下両方に曲がっている場合だ(「マイナスに湾曲している」とか「ダイエットの敵」とかいう)。

　おもしろいのはこの次だ。もし空間がどの場所でも平らだとし

たら、紙（空間）は果てしなく広がっているかもしれない。でも、もし空間がどの場所でもプラスに湾曲していたとしたら、そういうふうに湾曲する形は1つしかない。球面だ。専門的には回転楕円面という（要するにじゃがいものことだ）。そうだとすると、この宇宙はぐるっと丸まっていることになる。もし僕らが3次元バージョンのじゃがいもの中に住んでいるとしたら、どっちの方向に進んでいっても1周して出発点に戻ってきてしまうのだ。

じゃあ本当はどっちなんだろう？　この空間は平(フラット)らなんだろうか、それとも全体的に曲がっているんだろうか？　マンションに住んでいるのなら、フラットに言って君の部屋(フラット)はフラットなんだろうか？

実はその答えはわかっている。この空間は「かなり平ら」で、最大でも 0.4 パーセントしか曲がっていないのだ。まったく違う2通りの方法のどっちで計算しても、(少なくとも僕らが見ることのできる場所の) 空間の曲がり具合はほとんどゼロに近いのだ。

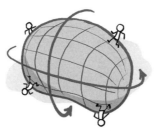

架空のじゃがいも宇宙

その2通りの計算方法とはどんなものだろう？　1つは三角形を測る方法。おもしろいことに、曲がった空間に描いた場合と平

らな空間に描いた場合で、三角形はそれぞれ違う法則に従うのだ。さっきの紙のたとえで考えてみよう。平らな紙に描いた三角形と、曲がった紙に描いた三角形とでは、ずいぶん違うふうに見える。

三角形を……

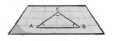
平らな空間に描く

プラスに湾曲した
空間に描く

マイナスに湾曲した
空間に描く

科学者は、この3次元宇宙に三角形を描いて測る代わりに、赤ちゃん宇宙の写真を見て（Chapter 3の宇宙マイクロ波背景放射、覚えている？）、その写真のいろんな点どうしの空間的な関係を調べた。そうして、平らな空間に描いた三角形と同じ結果になることを発見したのだ。

空間が平らかどうかを知るためのもう1つの方法は、空間を曲げさせるおおもとの原因、つまり宇宙のエネルギーに注目するという方法だ。一般相対性理論によれば、宇宙のエネルギーの量（正確に言うとエネルギー密度）がある決まった値だと、空間はプラスかマイナスに湾曲する。でも、この宇宙で測定できるエネルギーの量は、空間をちょうどプラスにもマイナスにも湾曲させないぴったりの量なのだ（誤差は0.4パーセント）。

僕らが住んでいるのは、同じ方向に何周でもできる3次元バージョンのじゃがいも宇宙なんかじゃない。それを聞いてがっかりした人もいるかもしれない。スタントマンのイーブル・ニーブル張りに、ロケットバイクに乗って宇宙全体をぐるぐる駆けめぐ

る。みんなの憧れだ。でも、平らなつまらない宇宙に住んでいるからといってがっかりしちゃいけない。ちょっとはおもしろがってもらえることがあるかもしれない。それは何？　わかっている限り、この宇宙が平らだというのは宇宙レベルのとんでもない偶然なのだ。

　ちょっと考えてみよう。空間がどういうふうに曲がるかは、宇宙にあるすべての質量とエネルギーの量で決まる（質量とエネルギーは空間をゆがめる、だったよね）。もしいまよりも質量とエネルギーがほんのちょっと多かったら、空間はプラスに湾曲してしまう。もしほんのちょっと少なかったら、マイナスに湾曲してしまう。でもわかっている限り、実際には空間を完璧に平らにするのにちょうどぴったりの量になっている。その量は、空間１立方メートルあたり水素原子約５個分。それがもし６個とか４個だったら、宇宙全体がぜんぜん違う様子になっていたはずなのだ（もっと曲線美でセクシーだったかもしれないけれど）。

　それだけじゃ済まない。空間が曲がっていると物質の動き方が

変わって、物質の動き方が変わると空間の曲がり具合が変わるので、悪循環にはまってしまう。だから、宇宙誕生直後に物質がほんのちょっと多かったり少なかったりして、空間が平らになるちょうどいい密度から少しでも外れていると、平らな状態からどんどん離れていってしまうのだ。いま空間がほとんど平らだということは、赤ちゃん宇宙ではとんでもなく平らだったはずだ。それとも、空間を平らに保ってくれるような何かがあったはずだ。

　これが空間にまつわる最大の謎の1つ。空間の正体がわからないだけじゃなくて、どうして空間がこうなっているのかも、ぜんぜんわからないのだ。僕らの知識はフラットに足りないようだ。

空間の形

　空間の性質についての深い謎は、曲がり具合だけじゃない。空間は無限に広がる空っぽの場所じゃなくて、ある性質を持った、無限に広がっているかどうかわからない物理的な実体だ。それを受け入れると、いろんな変わった疑問が浮かんでくる。たとえば、空間はどのくらいの大きさでどんな形なんだろう？

　空間の大きさと形がわかれば、空間がどのくらい広がっていて、どういうつながり方をしているのかがわかる。空間が平らで、じゃがいもとか馬の鞍（あるいは馬の鞍の上に乗ったじゃがいも）のような形じゃないとしたら、空間の大きさとか形なんて意味がないと思うかもしれない。平らな空間なら果てしなく広がっているはずじゃないの？　実はそうとも限らないのだ！

空間は絶対にこんな形じゃない。

　空間が平らで、しかも果てしなく広がっていることもありえる。でも、平らで端っこがある可能性もある。さらに奇妙な可能性として、平らなのにぐるっと 1 周していることだってありえるのだ。

　空間に端っこなんてありえるんだろうか？　平らな空間に境界なんてないはずと考える理由はない。たとえば円盤は平らな 2 次元の面だけれど、丸っこい端っこがある。もしかしたら 3 次元空間にも、何か変な幾何学的性質を持った境界があるのかもしれない。

　ますますおもしろい可能性として、空間は平らなのにぐるっと 1 周しているのかもしれない。昔のビデオゲーム（アステロイドとかパックマン）は、画面の端っこを越えると反対側から出てくる。そんな感じだ。空間は、僕らがまだ完全には理解できないような形で 1 周しているのかもしれない。たとえば、一般相対性理論ではワームホールというものが存在すると予想されて

いる。ワームホールは、空間内の遠く離れた2つの地点どうし をつないでいる。それと似たような形で空間の端っこが全部つな がっていたとしたら？　それすら、ぜんぜんわからない。

量子的な空間

　最後の疑問。空間は実は、テレビ画面のピクセルのような小さ い部品が途切れ途切れに集まってできているんだろうか？　それ とも完璧になめらかで、空間内の2つの地点のあいだにはいく らでもたくさんの地点が存在するんだろうか？

　古代の科学者は、空気がばらばらの小さい分子でできているなん て想像もしていなかったかもしれない。何しろ空気は途切れが ないように見えるんだから。どんなに小さい容器にも入るし、お もしろいダイナミックな性質（風とか天気とか）も持っている。そ れでも現代の僕らなら知っている。空気の持っているありがたい 性質（夏の涼しいそよ風がほっぺたを優しく撫でてくれるとか、窒息する のを防いでくれるとか）はどれも、実は何十億個もの空気の分子が いっせいに起こす振る舞いであって、1個1個の分子自体が持っ ている基本的な性質ではないということを。

　空間はなめらかだという説のほうが理屈に合っているように思 える。何しろ、僕らが空間の中を動いていくときには、途切れ途 切れじゃなくてすいすい滑っていくのだから。ビデオゲームのキ ャラクターが画面を動き回るのと違って、ピクセルからピクセル へガクガク飛び移っていくことなんてないのだ。

いや、はたしてそうだろうか？

宇宙をめぐる現在の知識から考えると、逆に空間が果てしなくなめらかだったほうがもっと驚きだ。何しろ、ほかのものは全部量子化されているんだから。物質もエネルギーも力も量子化されているし、ガールスカウトのクッキーも量子化されている。しかも量子物理学によれば、これ以上短くなると意味がなくなる最小の長さというものがあるらしい。その長さは約 10^{-35} メートル[53][10^{-35} とは、0.00...001 という数のこと]。このように量子力学的な見方をすると、空間も量子化されていたほうが筋が通るのだ。ただやっぱり、本当のところはぜんぜんわからない。

でもぜんぜんわからなくても、物理学者はとんでもないアイデアを次々に出してくるものだ！ もし空間が量子化されているとしたら、僕らが空間の中を動いているときには、実は1つの場所から別の場所にほんのちょっとだけ飛び移っているということ

---

53 説明するのは難しいけれど、この長さの値は適当に言ったわけじゃない。これはプランク長さといって、いまのところ、意味のある最小の長さ単位だとされている。詳しいことは Chapter 16 を見てほしい。

になる。そうだとすると、空間は、地下鉄の駅のような節がたくさんつながりあったネットワークだということになる。1つの節が1つの地点に相当していて、節どうしのつながりは地点どうしの関係性（つまり、どの地点とどの地点が隣りあっているか）を表している。そしてこの空間の節は、たとえ空っぽであっても存在している。空間は物体どうしの関係性だという考え方とはぜんぜん違うのだ。

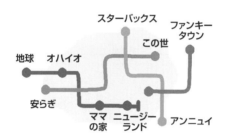

節でできた空間の地図

おもしろいことにこの節は、**もっと大きい空間とか何かの枠組みとかの中にあるとは限らない**。ただ存在しているだけかもしれないのだ。もしそうだとすると、僕らが空間と呼んでいるものは、節どうしのただの関係性でしかないということになる。宇宙に存在するすべての素粒子は、実は物質の基本部品じゃなくて、この空間の持っている何らかの性質にすぎないのかもしれない。たとえば、素粒子の正体は節の振動状態なのかもしれない。

突拍子のない話に聞こえるけれど、そんなことはない。現在の素粒子理論は、量子場というものが空間全体を満たしているのが前提になっている。場とは、空間のすべての地点につけられたた

だの数値のことだ。その考え方によれば、素粒子はこの量子場が励起した状態にすぎない。だからいまの話も、この理論からたいしてかけ離れてはいないのだ。

ちなみに、物理学者はこういう考え方がすごく好きだ。空間のように基本的に思える事柄が、実は何かもっと深い事柄から自然に導かれてくるという考え方だ。カーテンの奥をのぞき込んだら、もっと深い現実を目の当たりにした、そんな感覚があるのだ。中には、空間の節どうしのつながりは素粒子どうしの量子もつれがつくっているのではないかと考えている物理学者もいる。でもそれは、カフェインを取りすぎた理論家集団の数学的なやま勘でしかない。

空間の謎

これまでに出てきた、空間にまつわる未解決の大きな謎をまとめておこう。

- 空間は実体のあるものだけれど、その実体とはいったい何だろう？
- 僕らの知っている空間がすべてなのか、それとも何かもっと大きい超空間の中にあるのか？
- 宇宙には空間のない場所もあるんだろうか？
- どうして空間は平らなんだろう？
- 空間は量子化されているんだろうか？

・経理課のアンナはどうして他人のプライベート空間にずかずか入り込んでくるんだろう？

ここまで読んですごく理解できた人もいるかもしれない。あるいは、頭の中の変な声が鳴り止んだだけかもしれない。そこであえて、空間にまつわるいちばん突拍子もないアイデアを探っていくことにしよう（ますますおかしなことになるからね）。

もし空間が背景や枠組みじゃなくて物理的な実体のあるもので、ねじれたり波立ったりといったダイナミックな性質を持っていて、量子化された部品でできているのだとしたら、どうしてもこういう疑問が浮かんでくる。空間はそのほかにどんなことができるんだろう？

もしかしたら空気のように、いろんな状態を取るのかもしれない。空気が液体と気体と固体で違う振る舞いをするのと同じように、空間も極端な条件では、思ってもいないような形を取ったり、思ってもいないような奇妙な性質を持ったりするのかもしれない。もしかしたら、僕らが知っていて、ありがたがって住んでいるこの空間は、珍しいタイプの空間なのかもしれない。宇宙のどこかには別のタイプの空間があって、僕らがそのつくり方とか操り方

ほかのタイプの空間

フローラル空間　　精神空間　　机の上の空間　　くうかーん！！

とかを見つけてくれるのを待っているのかもしれない。

この疑問に答えるための手掛かりはいくつかあるけれど、その中でもいちばん気になるのが、質量とエネルギーが空間をゆがめるという事実だろう。空間の正体は何で、どんなことができるのか、それを理解するのにいちばんの近道だと思うのは、とことん極端な場面に注目することだ。つまり、宇宙レベルの巨大な質量がぎゅうぎゅうにつぶされた場所、ブラックホールを丹念に調べるのがいい。ブラックホールのそばの様子を調べられれば、空間がズタズタに切り裂かれる様子がわかって、頭の中で変な声がガンガン鳴り響くかもしれない。

すごいことに、そんな極端な空間のゆがみを調べられるレベルに僕らはどんどん近づいている。以前なら宇宙に広がる重力波のさざ波を聞くことなんてできなかったけれど、いまでは、空間のネバネバをかき乱す宇宙規模の出来事に耳を傾けることができる。もしかしたら近いうちに、空間の正確な素性がもっと深くわかって、文字通り身の回りにあるいくつもの深い疑問の答えに手が届くかもしれない。

だから、空間が漠としているからってぼうっとしないように。そして、頭の中に答えを入れるスペースを空けておくように。

8
時間って何?

時間は(正体がわからないけれど)
欠かせないものだ

ここまで、空間とか質量とか物質とかいった基本的な事柄が、きっと君の考えていたよりもずっと謎めいているのがわかったと思う。ほかにこの世界の基本的な事柄で、ぱっと見ただけではその奇妙さが見えてこないものはあるんだろうか? ここでタイムリーな疑問を考えてみよう。

時間(タイム)とは何だろう?

君は地球にやって来たエイリアンで、カフェやスーパーでの会話を盗み聞きして人間の言葉を学ぼうとしている。もしかしたらこの疑問の答えを出すには時間がかかるかもしれない。人間は長い時間をかけて時間のことを話しているけれど、実際のところ時間が何なのかを話している時間は、ほとんどないんだ!

僕らはどんなときでも時間をチェックする。つらいとき、楽し

いとき、過ぎ去ったとき、最高のときのことを話す。時間を節約したり、時間を守ったり、時間をつくったり、時間を使ったり、時間を切り詰めたり、時間をつぶしたりする。時間は来たり、なくなったり、終わったり、尽きたりもする。人間のことなんか待ってくれないのだ！　時間はときにはあっという間に流れたり、ゆっくり過ぎたり、カチカチと刻んだりする。ほとんどの時間、時間が足りない。

　でも時間っていったい何だろう？　物質や空間と同じように物理的な実体なんだろうか？　それとも、僕らが宇宙で経験する事柄を超越した抽象的な概念なんだろうか？

　時間にまつわる深くてちょっと困った疑問の答えを、物理学者なら持っているはずだと思ったかもしれない。でもいまはそのと・きじゃない。時間はいまだに物理学の大きな謎の1つだ。その謎を解くためには、そもそも物理学とは何なのかという疑問を考えないといけない。では時間をかけて、時間を超えたこのテーマを少しずつ掘り下げていこう。

時間の定義

　宇宙について思い浮かぶ疑問の中でもいちばんおもしろいものは、単純に聞こえるけれど実は答えるのがすごく難しい。目の前

にある基本的な事柄なのにうまく説明できない。それに気づいて頭をかきむしるしかないのだ。

その手の疑問について考えていると、ときどき、自分たちはこれまで物事をぜんぜん間違ったふうに見ていたんだと気づくことがある。昔もそういうことがあった（たとえば、「地球は平らだ」とか「しらみをつければ病気が治るよ！」とか）。ちゃんとした具体的な答えが出ると、宇宙と僕らの立ち位置についての考え方が変わるかもしれない。すごく大きいことなのだ！

まずは、時間とは何なのかを定義しないといけない。物理学ではそうやって難しい疑問に挑むものだ。理解したい事柄を注意深く定義して、それを数式で表す。そうすれば、論理と実験のパワーに頼って道案内してもらえる。

では時間っていったい何だろう？　街なかで見知らぬ人を手当たり次第に呼び止めて、時間とは何ですかって聞いたら、こんな答えが返ってくるだろう。

「『昔』と『いま』の違いだよ」
「出来事がいつ起こるのかを教えてくれるものさ」
「時計で計るもの」
「時は金なりなんだから呼び止めるな！」

もっともらしい定義ばかりだけれど、ますます疑問が湧いてくる。たとえば、「そもそもどうして『昔』と『いま』があるんだろう？」「『いつ』ってどういう意味なんだ？」「時計も時間に従っているんじゃないの？」「こんなことしてる時間のある人なんているの？」

文学での時間の定義

最高にもなるし
同時に
最悪にもなるもの

ぐにゃぐにゃ
ごちゃごちゃした
巨大な玉

ハマータイム

定義すらできないんだから、先に進むのは難しいんじゃないの？　でも不安になることはない。「時間って何」という疑問は、まるで5歳児の質問みたいに聞こえる。でも、すごく身近なのにうまく定義したり正確に説明したりできなかったことは、以前にも何度かあった[54]。ほかの分野でもそうだ。生物学者は「生命」の定義を何十年も議論しあっているし（ゾンビの権利を守れと叫ぶ活動家は影響力が強いんだ）、神経科学者は「意識」の定義をめぐって言い争っているし、ゴジラ学者のあいだで「怪獣」の定義はばらばらだ[55]。

時間を定義するのが難しいのは、僕らの経験とか考え方にあまりにも深く染み込んでしまっているからだ。時間は、いまの「い

54　物理学者とは5歳で成長が止まった人のことだ。
55　子供たちへ。本当はこんな職業なんてないよ。

ま」と昔の「いま」を結びつける。いま感じているものは全部現在と呼ぶ。でも現在は一瞬だ。おいしいチョコケーキをほおばっているときに、現在をじっくり味わったり引き伸ばしたりすることはできない。どの瞬間もすぐに過ぎ去って、現在の鮮明な経験は過去の記憶へ薄れていくのだ。

現在の耐えられない軽さ

でも時間には未来も関係してくる。現在がすごく大事なのは、未来と過去をつないでくれるからだ。次の冬を乗り切りたい洞窟人とか、スマホを充電できる場所を探している現代人とかにとって、未来のことを考えて過去から推測するのは生きるために絶対欠かせない。だから、時間の概念がなければ自分の経験をイメージするのは難しい。

物理学で時間のことを考える場合も同じ。それどころか、時間は物理学の定義自体に組み込まれているのだ！ 優れた参考文献（ウィキペディア）によれば、物理学とは「物質と、空間と時間におけるその運動を研究する学問」だそうだ。「運動」という言葉でさえ、時間の概念が前提になっている。物理学の基本的な使命は、過去に基づいて、未来がどうなるか、未来をどう変えられるかを理解することだ。時間がなかったら物理学なんて意味ないのだ。

　人間が時間を定義しようとすると、どうしても自分の経験に引きずられてしまう。考えてみよう。時間について考えるだけでも時間が必要なのだ！　もしかしたらエイリアン物理学者は、僕らと時間の概念が違っているかもしれない。僕らは、いまの自分自身の経験が邪魔になって、本当に時間を理解することができない。でも、エイリアンの経験や思考パターンは僕らとどこか違うかもしれないのだ。

そろそろ教えてよ。
時間って何？

　フェレットの話をしよう。

　物理学者は、時間をどういうふうに考えているんだろう？　それをもっと理解するために、よくある話を取り上げよう。君が仕事を終えて家に帰ってきたら、飼っているフェレットが頭に水風船を落としてきた。よくあることだよね？

　さてここで、経験する出来事がなめらかに流れていくのが時間であると考える代わりに、時間を細かく刻んで、時間は映画のように進むものだとイメージしてみよう。つまり、静止画をたくさ

んつなぎ合わせるということだ。

　物理学者に言わせると、その静止画1枚1枚はある瞬間の状態を表している。いまの場合はこんな感じだ。

１．君が口笛を吹きながらのんきに玄関に近づく。
２．フェレットが水風船をセットする。
３．君が玄関の鍵を開ける。
４．フェレットが爆弾を落とす。
５．君はずぶ濡れになる。
６．フェレットが大爆笑する。

　どの静止画も、その場のそのときの様子を写している。その瞬間、すべてのものがどこにあって何をしているかが写っている。それぞれの静止画は変化せずに止まっている。もし時間の概念がなかったら、宇宙はそんな静止画の1枚でしかなくて、変化したり動いたりすることはできなかったはずだ。

　でもラッキーなことに、この宇宙はもっとおもしろい場所だ。これらの静止画はそれぞれ別々にあるわけじゃない。時間によって2つの重要な形で関係づけられているのだ。

　第1に、時間はこれらの静止画を決まった順番に並べてくれる。違うふうに並んでいたら変な感じがするはずだ。

第 2 に、因果関係が成り立つように静止画がつながっていないといけない。つまり、宇宙のそれぞれの瞬間は、その直前に起こったことで決まる。原因と結果ということだ。たとえば、ソファーに座ってアイスを食べている瞬間の次に、マラソンで走っている最中の瞬間が来ることはありえない。

　それはまさに物理法則のおかげだ。物理法則は、宇宙がどういうふうに変化できるか、どういうふうには変化できないかを教えてくれる。静止画が 1 枚あったら、物理学に基づいて、未来の静止画がどんなふうになりえるか、どんなふうになりそうか、どんなふうにはなりえないかがわかる。時間はその基本だ。もし時間がなかったら、じっとして動かない宇宙をイメージするしかない。どんな変化や運動にも時間が必要なのだから。

**時間のない宇宙では、
次に何が起こるかは絶対わからない。**

　でも、僕らは時間をなめらかなものとして経験している。どうしてだろう？　静止画を何枚もつなぎ合わせれば、1 本の映画に

なる。そしてコマとコマの間隔を短くしていけば、いくらでもなめらかで連続的な映画をつくることができる。[56]

物理学に使う微積分という数学は、まさにそれをするために考え出された。何枚もの静止画をなめらかにつなげるのだ。映画を観ていても、それが実は静止画の連続であることには気づかない。コマとコマの間隔がすごく短いからだ。それと同じように僕らは、変化や運動に満ちあふれた宇宙の様子を、物理法則で関係づけられた静止画が順番に並んだものとして表す。時間は、その静止画の順番と間隔に相当するのだ。

時間＝スクラップブックづくり

まだちょっとわからないよ！

この時間の定義がちょっとあいまいで納得がいかないなと思ったのは、何も君だけじゃない。物理学者や哲学者や5歳児も、時間とは何なのかを何百年も前から議論しつづけている。でもいまのところ、時間を定義する文章は1つにまとまっていない。[57]物理学の教科書はたくさんあるけれど、このテーマに挑もうとしているのなんてほとんどない。

56　限界はある。不確定性原理は時間にも当てはまるので、どうしてもある程度のあいまいさが残ってしまう。
57　それを言うなら、どんな単語の定義文も1つにまとまってはいない。

時間にまつわる最大の謎の1つ、それは、どうしても正確に定義できないことだ。時間という概念は、僕らの世界観や、世界を理解するための道具にあまりにも深く埋め込まれてしまっている。だから、ぼんやりした言葉で語って、「微積分」とか「フェレット」とかいう変わった単語でごまかすしかないのだ。

宇宙の中で僕らはどんな立ち位置にいるのか、それを理解するための道具はどれも、時間は連続的に経験されるという前提でできている。そしてたいていはちゃんと通用する。[58] それでも、時間というこのあいまいな概念についてはまだまだたくさん疑問が浮かんでくる。たとえば、そもそもどうして時間は存在するんだろう？ どうして前にしか進まないように見えるのだろう？ 実際に前にしか進まないんだろうか？ 時間は時空の一部だというけれど、どうしてこんなに空間と違うんだろう？ 時間をさかのぼって、2001年にグーグルの株を買っておくことはできるんだろうか？

さあ、時間をもっと深く掘り下げる時間だ。

58　少なくとも、宇宙の中でなじみのある5パーセントには通用する。

時間は4つめの次元である（本当に？）

　時間は長く連続していて、それに沿って進んでいくことができる。宇宙のもう1つの基本的な部品とすごく似ているんじゃないか？　空間のことだ。

　時間の経過を静止画に切り分けるのと同じ理屈を、空間の中での移動にも当てはめることができる。だとすると、時間と空間は深く関係しているんじゃないだろうか？

　現代物理学によると、時間と空間はすごく似ているという。だから、移動できるもう1つの方向が時間だと考えるのはぜんぜん間違っていない。ちょっと落ち着いて考えてみよう。宇宙のことは単純にしたほうが考えやすいものだ。そこで、空間をおなじみの3次元じゃなくて、1方向にしか移動できないものだとイメージしてみよう。

　では、この1次元世界で飼っているペットのフェレットの1日を想像してほしい。朝起きたらやることがたくさんある。さっきの水風船のいたずらは、フェレットが自分たちだけで計画したんじゃないのだ！　君が帰ってくるまでに、家と風船屋を何度も往復するのだ。

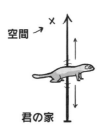

この図を見れば、フェレットが1日中ずっと1つの次元に沿って移動しているのがわかる。でも、時空という2次元平面の上の線を使って表すこともできる。物理学では、時間を4つめの次元として扱ったほうが、運動を表す数式が単純ですっきりするのだ（ただし空間が3次元だとしたらの話。それ以外の可能性についてはChapter 9を見てほしい）。

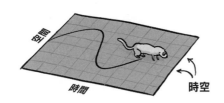

2つの違う概念を結びつけて、それがもっと大きい枠組みの一部だと気づいたら、してやったぞという気分になるものだ。それが深い理解の第一歩になる。チョコレートとピーナッツバターがすごくよく合ったなら、もっと奥深い宇宙チョコレートピーナッツ連続体の一部に違いない。

でもはしゃぎすぎないように。空間と時間が結びついたからといって、時間を空間次元の1つとして考えて、空間のあらゆる性質をそのまま当てはめることなんてできない。時間には空間とぜんぜん違うところがたくさんあるのだ。時間にまつわる基本的な謎は、時空というもっと大きい枠組みを理解するための手掛かりになるかもしれない。でもいまのところ、どういう疑問を考えたらいいのかもほとんどわかっていないのだ。

疑問1：
時間は空間とどこが(どうして)違うのだろう？

　時間と空間を結びつけて一緒に考えると、似ている点も見えてくるけれど違いもはっきりしてくる。君と時間との関係は、空間とはぜんぜん違うのだ。

　まず、空間の中では好きなように動き回ることができる。ぐるぐる同じところを歩いたり、前に行った場所に戻ったりもできる。しかも、遅くも速くも好きなスピードで動くことができる。1か所に座ってしばらくじっとしていることもできる。でも時間は違う。時間の場合、そんな自由はないのだ。

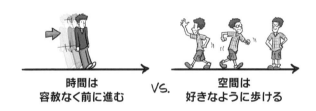

時間は容赦なく前に進む　vs.　空間は好きなように歩ける

　時間に沿って君は一定のペースで（正確に言うと1秒あたり1秒で）着実に動いていく[59]。引き返したり、同じところをぐるぐる回ったりはできない。時間をさかのぼろうと突然思いついて、以前ある場所にいた時刻に、それと違う場所に行くことなんてできない。違う時刻に空間内の同じ場所にいることはできるけれど、同じ時刻に空間内の違う場所にいることはできないのだ。

59　ブラックホールのそばにいたり猛スピードで動いていたりすると、ほかの人から見た君の時間は遅くなったり速くなったりするけれど、それでも君は1秒を1秒として経験する。

それだけじゃない。何かの物体がある決まった場所（空間内の1つの位置）に留まっているのは別にふつうのことだけれど、1つの決まった時刻に留まっていたらすごく変だ。時間は波のようにどんどん進んでいく。過ぎ去った瞬間は二度と戻ってこない（カウンターに置いてあったガールスカウトのクッキーのように）。でも空間内の位置は、好きなように変えることができる。一生に一度も訪れないような場所もたくさんあるし、何度も訪れる場所もたくさんある。でも時間は、生まれた瞬間から死ぬ瞬間まで一方向にしか進んでいかない。銀河のあいだを何世代もかけて旅する植民宇宙船に住んでいるとか、すごく変わった人生でない限り、時間の中の旅路は空間の中の旅路とはぜんぜん違うのだ。

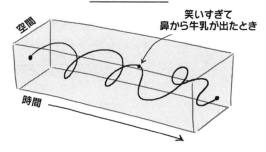

理論の中で時間をもう1つの次元と考えるのは、確かに数学的には都合がいい。でも、時間は特別で空間とは大きな違いがあるのは忘れちゃいけない。時間が空間と違うのは、いくつもの場所がつながってできているのではないからだ。僕らは時間を、宇宙の何枚もの静止画を因果関係で結びつけるものだと考えている。

そのことが、時間でできること、できないことを大きく左右しているのだ。

疑問2：
時間をさかのぼることはできる？

この本を読んでいったら、できないことなんて1つもないんじゃないかと思ってしまうはずだ。いまは不可能だと言われていることでも、宇宙をもっと理解できたらいつか変わるかもしれない。昔は不可能に思っていたけれど、いまではふつうにできるようになっていることなんてたくさんある。ポケットサイズの電話を使って、人類の知識とかくだらない情報とかにアクセスできるように。[60]

でもタイムトラベルとなると、現代物理学でも不可能だとされている。時間をさかのぼるというシナリオを何か考えると、次から次へとパラドックスが噴き出してきて、宇宙の成り立ちに関わる基本的で重大な前提条件が崩れてしまうのだ。

---

60 まだ無理だ。本当に必要なときにアンテナ3本立つとは限らないから。

162 Chapter 8

　SF の中だと、エイリアンか進化した人類が時間を空間次元に見立てて自由に行き来することができる。僕らが廊下を行ったり来たりするのと同じように、時間の中を移動できる。読むだけならすごく楽しい物語だけれど、物理学の見方からすると深刻な問題を抱えているのだ。[61]

　まず、時間をさかのぼると因果律が崩れてしまうかもしれない。宇宙を理屈の通る場所にしておきたいなら、それは一大事だ。この本を買う前にクレジットカードに請求が来たり、君が餌を準備する前にフェレットが朝食を食べたり。原因の前に結果が起こっても気にしない人は、きっと僕らなんかより心が広いんだな。

　因果律がなかったら、何ひとつ理屈なんて通らない。たとえば君は、家に着いたら水風船を落とされるのを見越して、用心するようになった。だからフェレットのほうも水風船を落とすのに飽きてしまった。そこでフェレットはタイムマシンをつくって、君が飼いはじめる前、まだだまされやすかった 2005 年に戻って、君をずぶ濡れにしようと画策するかもしれない。でももしそれに成功したら、予想もしなかった影響が出るかもしれない。そのとき君はまだフェレットを飼うかどうか迷っていたけれど、いたずらされたことで腹を決めたとしたら？　飼わないと決めたとしたら、のちのち君をずぶ濡れにして、いたずらに飽きて、タイムマシンをつくることになるフェレットなんていなかったことになるのだ！　すると 2005 年に君はずぶ濡れにならずに、フェレットを飼うことになる……。フェレットをめぐる矛盾から永遠に抜け

61　物理学は昔から楽しみを奪うものだ。

出せないのだ。教訓。タイムトラベルが不可能なのは因果律を破るからだし、フェレットを飼う前にはよく考えたほうがいい。これが、かの有名なフェレットのパラドックスだ。[62]

有名な動物のパラドックス

フェレットの　　つがいのアヒルの　　梨と犬の　　オウム牛の
パラドックス　　パラドックス　　　パラドックス　パラドックス

おもしろいSFの中ではいろんなことが起こるけれど、よく考えたほうがいい。物語の中の時空でエイリアンが動き回っている。でも動き回っているということは、時間がかかっているということだ。エイリアンは時空の中のある場所にいて、その後、別の場所に行く。「その後」ってどういう意味だろう？　作者は悪気などないんだろうけれど、時空宇宙にさらに一方通行の時間の概念を重ね合わせてしまっている。時間が空間に似ているような宇宙でつじつまを合わせるのは難しいのだ（たとえ物語の中でも）。

疑問3：
どうして時間は前にしか進まないの？

時間をさかのぼることができないとしたら、当然こう思うだろ

62　僕らに言わせれば有名だ。

う。「どうして時間は前にしか進まないんだろう？」

　時間が前に進まなかったらおかしいだろう。料理をオーブンに入れると材料に戻ったり、暑い日にコップに入れたジュースの中で氷ができたり、食べてしまったガールスカウトのクッキーが口から出てきたり。どれも前に進むのは見慣れているけれど、逆に進んでいるのを見たら薬の量を減らしたほうがいい。

　また、過去に起こったことを思い出すのはできるけれど、未来に起こることを思い出すのは無理だ。[63] 時間には好きな方向というのがあるみたいだけれど、それがどうしてなのかは、ぜんぜんわからない。

　どうして時間は前にしか進まないんだろう？　この基本的な疑問に、物理学者は昔から頭を悩ませている。そもそも「時間が前に進む」ってどういう意味だろう？　時間が反対に進んでいる宇宙に住む科学者は、その方向を前と呼んでいるはずだ。だから本当はこう言わないといけない。「どうして時間はこの方向に流れているんだろう？」

　最初に考えないといけないのは、時間が反対に流れてもこの宇宙は成り立つかどうかだ。時間の流れは物理法則によって1つの方向に決まっているんだろうか？　どこかの宇宙を写したビデオを観ているとしよう。そのビデオが正しい方向に再生されているか、それとも逆再生になっているか、注意して観察したら言い

63　未来を覚えている人がいたら僕らに電話してきてほしい。聞きたいことがあるから。

当てられるだろうか？　たとえば、ビデオには跳ねているボールが写っているとしよう。完璧に跳ね返る（摩擦や空気抵抗でエネルギーが減っていかない）ボールなら、順再生しても逆再生してもまったく同じに見えるはずだ！　ボンベの中で跳ね回る気体の分子とか、川の中を流れる水の分子とかでもそうだ。量子力学でさえ、時間が逆に流れてもぜんぜん問題ない[64]。ほとんどの物理法則は、時間が前に進んでも後ろに進んでも何も変わらないのだ。

でも全部じゃない。

完璧に跳ね返るボールの例は現実には起こらない。ボールと地面のあいだの摩擦とか空気抵抗とかいった、ボールのエネルギーを熱に変えてしまういろんな作用を無視してしまっているからだ。ペットのフェレットが大好きなスーパーボールでさえ、何回か跳ねたらだんだん低くしか跳ねなくなって、最後は地面に止まってしまう。ボールのエネルギーはすべて、空気分子やボール分子や地面分子の熱に変わってしまうのだ。

64　ただし波動関数の収縮については、不可逆だと言う人もいれば、コヒーレンスが失われるだけだと言う人もいる。論争を吹っかけているだけの人もいる。

跳ねている実際のボールを写したビデオを逆再生したらどんなに変に見えるか、思い浮かべてみてほしい。地上に止まっていたボールが突然跳ねはじめて、どんどん高く跳ねていくのだ。エネルギーの流れ方はますます奇妙だ。空気とボールと地面が少しだけ冷えて、そのぶんの熱がボールの運動に変わってしまうのだ。

この例なら順再生と逆再生の違いを確実に見分けられる。さっき挙げた、料理ができる、氷が融ける、クッキーを食べるといった例でもそうだ。でもほとんどの物理法則、とくに熱や拡散のミクロの物理は、逆再生でも問題なく通用する。じゃあどうして、マクロなプロセスは一方向にしか進まないように見えるのだろう？　それは、ある範囲の中の乱雑さ、いわゆるエントロピーが、時間の方向をとてつもなく選り好みするからだ。

エントロピーは、時間が進むにつれて必ず大きくなる。それを「熱力学の第二法則」という。エントロピーは、何かの乱雑さと考えたらいい。餌をやるのを忘れたら、フェレットは部屋をめちゃくちゃにして、サインして積んであったこの本をひっくり返す。そのとき、部屋の乱雑さは増して、エントロピーは大きくなる。

家に帰ってきた君が片づければ、部屋のエントロピーは小さくなるけれど、それにはかなりエネルギーが必要だ。そのエネルギ

ーは、熱とかイライラとか、ルームメイトに「フェレットはやめとけってあれだけ言ったのに」とぶつぶつ愚痴る声とかで解放される。部屋が片づく一方で君がエネルギーを解放するので、全体のエントロピーは増える。本を積むとか、メモを取るとか、エアコンをつけるとかして、ある一部の場所を整理整頓したら、必ずその代わりに乱雑さが、ふつうは熱として生まれるのだ。第二法則によると、時間が進むにつれて全体の平均のエントロピーが小さくなることはありえないのだ。

（注意：これは確率の問題だ。理屈の上では、怒り狂ったフェレットの群れがたまたま整然と一列に並んで、エントロピーが小さくなることはありえるけれど、その確率はすごく小さい。たまにそういうことが起こるのはありえるけれど、平均ではエントロピーは必ず大きくなるのだ）

よくよく考えるとぞっとする。エントロピーが大きくなりつづけるとしたら、遠い遠い遠い未来、宇宙の乱雑さは最大限に達してしまう。それを「宇宙の熱的死」という。聞こえは悪くない名前だ。その状態になった宇宙は、どこも同じ温度で、あらゆるものが完全に乱雑で、秩序立った構造（人間など）はどこにも見当

168 Chapter 8

たらない。そうなる前なら、宇宙の乱雑さはまだ最大限に達していないので、どこか一部分の乱雑さと引き換えに別の一部分に秩序を生み出す余裕はある。

次に時間をさかのぼって考えてみよう。過去のどの瞬間にも、宇宙のエントロピーはいまより小さかった（もっと秩序立っていた）。ビッグバンの瞬間までずっとそうだ。ビッグバンは、新築の家に引っ越しのトラックと小さい子供たちが到着した瞬間のようなものだ。エントロピーがいちばん小さかったその最初の宇宙の条件によって、宇宙の誕生から熱的死までどれだけ時間があるかが決まる。もしすごく乱雑な状態で始まったら、熱的死までの時間はそう長くないだろう。でも実際の宇宙はすごく秩序立った状態から始まったらしくて、エントロピーが最大値に達するまでには長い時間があるのだ。

じゃあどうして、この宇宙はそんなに秩序立ったエントロピーの小さい状態からスタートしたんだろう？　ぜんぜんわからない。でもそれがラッキーだったのは間違いない。惑星とか人間とかアイスキャンディーをつくるといった、おもしろいことを始めてから終わらせるまでの時間がたっぷりあるのだから。

エントロピーを手掛かりに
時間を理解できるのか？

エントロピーは、どういうわけか時間の流れ方を気にする数少ない物理法則の１つだ。

気体分子の衝突を左右する力学の法則など、エントロピーに影響を与えるプロセスのほとんどは、逆方向に進んでもぜんぜん問題ない。ところがそれがたくさん集まると、時間とともに秩序は下がっていくという法則に従うようになる。だから、時間とエントロピーは何かしら関係があるはずだ。でもいまのところ、時間とともにエントロピーが大きくなることしかわかっていない。

　ということは、山があるから水が低いほうにしか流れないのと同じように、エントロピーが••あるから••時間は前にしか進まないんだろうか？　それとも、竜巻に瓦礫が吸い込まれるのと同じように、エントロピーは時間の進む方向に••従っている••••だけなんだろうか？

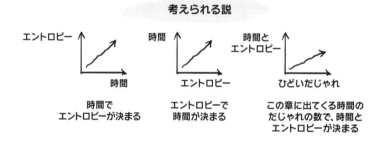

考えられる説

時間で
エントロピーが決まる

エントロピーで
時間が決まる

この章に出てくる時間の
だじゃれの数で、時間と
エントロピーが決まる

　時間とともにエントロピーが大きくなることがわかっても、どうして時間が前••にしか進まないのかは説明できない。たとえば、時間が逆••に流れるとともにエントロピーが小••さく••なっていくような宇宙を考えることもできる。それでもエントロピーと時間の関係は変わらないし、熱力学の第二法則も破られないのだ！

　だから、エントロピーは手掛かりにはなるけれど、それでズバ

リ答えが出るわけじゃない。でも時間のしくみを解き明かす数少ない手掛かりの1つなので、気をつけて見る価値はある。エントロピーは時間の方向を理解する鍵になるんだろうか？ 多くの人がそう思っているらしいけれど、まだわからない。それどころか、攻略法さえもほとんどないのだ。

時間と素粒子

小さい素粒子になると、時間の流れる方向はたいていどっちつかずになるらしい。たとえば、電子は光子を放出することもあるし吸収することもある。クォークが2個合体してZボソンになることもあれば、Zボソンが崩壊して2個のクォークになることもある。ほとんどの場合、素粒子が作用しあう場面を見ただけだと、この宇宙で時間がどっちの方向に流れているかはわからない。でもわかる場合もある。時間が前に進むか後ろに進むかで違ってくる素粒子の相互作用が1つあるのだ。

WボソンとZボソンが伝える、原子核の崩壊を引き起こす弱い核力は、1方向の時間の流れを好むのだ。細かい話は理解できなくてもさほど問題ないし、そもそも違いは小さいけれど、実際の話だ。たとえば、クォーク2個が強い核力で結びついているとき、クォークどうしの組み合わさり方には2通りある。弱い核力を使うとその組み合わさり方を変えられるのだけれど、一方に移るほうがその反対に移るよりも長い時間がかかる。だから、そのプロセスを写したビデオを逆再生すると、ふつうに再生した

ときと違って見えるのだ。

　それが時間とどう関係があるんだろう？　正確なことはわかっていないけれど、何か役に立つ手掛かりのにおいがする。

疑問4：
誰でも同じふうに時間を感じるの？

　20世紀に入るまで、時間は誰にとっても共通だと考えられていた。すべての人、宇宙のすべてのものが、時間を同じふうに感じるということだ。同じ時計を2個、宇宙の別々の場所に置いたら、永遠に同じ時間を刻みつづけるとされていた。何しろ、日々の経験ではその通りなんだから。もし1人1人の時計が違う速さで進んでいたら、世の中めちゃくちゃだ！

　でもその後、アルベルト・アインシュタインの相対性理論が登場して、空間と時間が時空という1つの概念にまとめられると、[65]
すべてがひっくり返った。アインシュタインは、運動している時計のほうがゆっくり時を刻むと予言した。有名な話だ。光の速さに近いスピードで近くの星まで旅したら、地球に残していった人に比べて経験する時間は短くなる。だからといって、『マトリッ

65　天才アインシュタインも、しゃれた名前をつけるセンスはなかったらしい。

クス』みたいに時間をゆっくり感じるわけじゃない。地球に残っている人の時計で時間を計ると、旅している時計よりも長い時間が過ぎたと計られるということだ。誰でも同じように時間を経験するけれど（1秒あたり1秒というふつうのペースで）、お互いに速いスピードで動いていると時計の進み方が違ってくるのだ。

スイスのどこかで、ある時計職人がそれを聞いてぶっ倒れたらしい。

同じ時計が違うスピードで進むなんてぜんぜん理屈に合わないように思うけれど、実際にこの宇宙はそういうところなんだ。それは日常生活の中でもわかる。携帯（とか車とか飛行機）のGPS受信機よりも、地球のまわりを回るGPS衛星（地球の巨大な質量でゆがんだ空間の中を時速数万キロで飛んでいる）のほうが、時間がゆっくり進んでいるのだ。その違いを計算に入れないと、衛星からの信号と正確に同期させて君の位置を測ることはできない。宇宙は論理的な法則に従っているけれど、その法則は君の思っている通りとは限らないのだ。その真犯人は、宇宙の制限速度、つまり光の速さだ。

アインシュタインの相対性理論によると、どんなものも、情報やアツアツの宅配ピザでさえ、光の速さより速く移動することはできない。この厳しい制限速度（時間あたりの距離）のせいでいろいろ不思議なことが起こって、僕らの思っている時間の概念は崩れてしまうのだ。

まず、この速度制限がどういうふうに効いてくるのか、しっかり理解しておこう。いちばん大事なルールとして、誰がどんな立場から何のスピードを測っても、この制限速度は守られていないといけない。「光の速さより速く動いているものは1つも見つからない」というのは、どんな立場から見ても絶対に見つからないという意味だ。

　そこで1つ単純な思考実験をしてみよう。ソファーに座っている君が懐中電灯を点ける。君にとって、懐中電灯から出た光は光の速さで進んでいく。

　でも、そのソファーがロケットの先端にくくりつけられていて、そのロケットが発射してものすごいスピードで飛びはじめたら？それで懐中電灯を点けたらどうなるだろう？　ロケットの飛んでいく方向に懐中電灯を向けたら、その光は（光の速さ）＋（ロケットの速さ）で進んでいくんじゃないの？

　これについてはChapter 10でもっと時間をかけて話すので、ここでは大事なポイントだけ言っておこう。この懐中電灯から出た光は、誰が見ても（ロケットに乗っている君が見ても、地球にいるみんなが見ても）光の速さで進んでいくように見えるのだ。だとする

と、その代わりに何か違っているものがあるはずだ。それが時間なのだ。

　どういうことか理解するためには、前にやったように時間を時空の4つめの次元として考えるといい。そうすると、宇宙の制限速度は時間と空間両方の中での合計スピードに適用されることがわかる。地球上のソファーに座っていると、空間の中でのスピード（地球に対する速度）はゼロなので、時間の中でのスピードがかなり速くなっても制限速度には引っかからない。

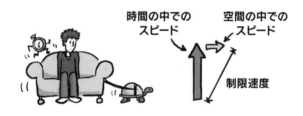

　でも、地球に対して光の速さに近いスピードで飛んでいるロケットに乗っていたら、空間の中でのスピードはすごく速くなる。すると、時空の中での合計スピード（地球に対する）を宇宙の制限速度以下に抑えるためには、時間の中でのスピード（地球上に置いてある時計で計る）を下げるしかない。

ついてきてる？

人によって時間の進み方が違うなんて考えると、頭がぐちゃぐちゃになるかもしれない。でもこの宇宙はそういうものだ。さらに不思議なことに、**どういう順番で出来事が起こったか、それさえも人によって言うことが違う場合**がある。もちろん誰もウソなんてついていない。たとえば、2人の正直者がそれぞれ違うスピードで動いていると、自動車レースで誰が勝ったかで話が食い違ってくることもあるのだ。

君が飼っているラマとフェレットを競走させたとしよう。君がどのくらいのスピードで動いているか、そしてどこから見ているかによって、愛しいペットのどっちが勝つのを目撃するかが違ってくる。2匹のペットもそれぞれ違う結果を経験するし、光の速さに近いスピードで飛び回れるおばあさんなら、さらに違う結果を目撃する。しかも**みんな正しいのだ！**（ただしスタートが切られた時間も食い違ってくる）。

人によって時間をそれぞれ違うふうに経験するなんて、なかなか受け入れられない。宇宙には絶対に正しい歴史は1つしかな

いって思いたい。いままで宇宙で起こったすべての出来事を、理屈の上では誰かがたった1つの物語（ものすごく長くて超退屈だけれど）に綴ってくれてもいいはずだ。もしそんな物語があったら、誰でも自分の経験をそれと照らし合わせることができる。勘違いとかメガネが曇っていたとかじゃなければ、みんなが見たことはその物語と一致するだろう。でもアインシュタインの相対性理論によると、すべては相対的だ。宇宙の出来事の記録でさえ、誰が記録したかで違ってきてしまうのだ。

　宇宙にたった1つだけある絶対的な時計、それが時間であるという考え方は、結局あきらめるしかない。確かに、直感的にぜんぜん理屈が通らなくなることもある。でも驚くことに、時間がそういうものだというのは実験で確かめられていて、正しいことが証明されているのだ。物理学のいろんな大革命のときと同じように、自分の直感は切り捨てるしかない。そして、自分自身の経験に左右されない数学を道案内に進んでいかないといけないのだ。

疑問5：
時間はいつか止まるんだろうか？

　時間が突然止まるなんて考えたくはない。時間が進んでいないところなんて見たことないからね。進む以外ありえるんだろうか？　でも、そもそも時間が前にしか進まない理由もほとんどわかっていないんだから、自信を持ってありえないと言い切るのはなかなか難しい。

物理学者の中には、時間の「向き」はエントロピーの法則によって決まっていると信じている人もいる。つまり、時間の進む方向とエントロピーが大きくなる方向は同じだということだ。でもそうだとすると、宇宙のエントロピーが最大値に達してしまったらどうなるんだろう？　あらゆるものが平衡状態になって、秩序はいっさい生まれなくなる。その時点で時間は止まって意味がなくなるんだろうか？　哲学者の中には、その瞬間に時間の向きとエントロピーの法則がひっくり返って、宇宙は小さな特異点に向かって縮みはじめると考えている人もいる。でもそれは科学的な実際の予測というよりも、夜遅くにハーブを吸って妄想したのに近い。

　また別の説によると、ビッグバンの瞬間には2つの宇宙が生まれて、一方の宇宙では時間が前に進み、もう一方の宇宙では後ろに進むのだという。もっと奇妙な説によると、時間の進む方向は1つじゃないという。確かにそうかもしれない。空間の中では3つ（またはそれ以上）の方向に進めるんだから、時間の進む方向が2つ以上あってもおかしくないんじゃないの？　でも真実は、やっぱりぜんぜんわからない。

話を終わらせる時間だ

　時間の正体にまつわるこうした疑問はすごく奥が深くて、答えが出たら現代物理学の土台そのものが揺さぶられるかもしれない。でもこんなスケールの大きな疑問は、確かにあれこれ考えるのはおもしろいけれど、それだけに攻略するのはなかなか難しい。

　この手の疑問にはどうやって挑んだらいいんだろう？　この本に出てくるほかの疑問と違って、これをやれば答えが出てくるといった実験なんてなさそうだ。時間を止めて調べることはできないし、時間を巻き戻して同じ出来事を繰り返し測ることもできない。あまりにも突拍子のないテーマなので、直接取り組んでいる科学者はほとんどいない。現役を引退した名誉教授か、リスクの高いテーマに果敢に飛び込むひた向きな若手研究者の領分だ。

　もしかしたら、真っ正面からぶつかっていったら先に進めるのかもしれない。あるいは、何か別の問題に取り組んでいてたまたま大事なヒントに行き当たるのかもしれない。それは時間が経たないとわからない。

9
次元はいくつあるの？

新しい方向に無知を広げる

宇宙の成り立ちについて何か大事なことに気がつくためには、自分で決めつけてしまっている基本的な事柄に疑いを持って、ずっと昔に決着している疑問を再び掘り返さないといけない。たとえばこんなふうに。

・JFK はエイリアンに暗殺されたの？
・空間には 4 つ以上の次元があるの？
・この宇宙はユニコーンが動かしているの？
・マシュマロだけを食べていたら太らないの？

ほとんどの答は「ノー」、または「精神科医に診てもらいなさい」だ。でもときには、こうした疑問からまったく新しい考え方が開けて、何かとんでもないことが明らかになって、僕らの日常生活まで大きく変わるかもしれない。

空間は宇宙の空っぽな背景じゃなくて、ネバネバした物理的実体だという考え方、もうなじんだだろうか？　それなら、頭の中の手すりをしっかり握ってさらに先へ進み、「空間には次元がいくつあるの」という疑問を探っていくことにしよう。

　空間には、僕らがよく知っている3つ（上下・左右・前後）のほかにも次元があるんだろうか？　その次元に動いていける素粒子や物体はあるんだろうか？　そうした余分な次元があるとしたら、いったいどんな形なんだろう？　靴をしまったり、おなかの余分な脂肪を隠したりするのに使えるんだろうか？　仕事をさっと済ませたり、遠くの星へ行ったりするのには使えないんだろうか？　理屈の通らないアイデアに思えるけれど、自然界には理屈の通らないこともたくさんあるのだ。

　例のごとくその答えはぜんぜんわからないけれど、余分な次元が実際にあるかもしれないという思わせぶりな理論がいくつかある。では多次元のメガネを掛けて、この謎めいた宇宙の隠れた側面を探っていくことにしよう。

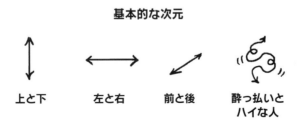

次元って何だろう？

　まずは、次元とはどういう意味なのかを正確に決めないといけない。よくある小説や映画だと、「次元」という言葉は平行宇宙を表すのに使うことが多い。違う法則に支配されていて、超能力が身についたり、夜中に光る人間に出会ったりする宇宙のことだ。ときには、「別の次元への扉」が開いて行き来することさえできる。そんな物語はすごくおもしろいし、平行宇宙は確かに存在しているかもしれないけれど、科学で言う「次元」という言葉はそれとはぜんぜん意味が違うのだ。

　同じ言葉がポップカルチャーと科学で意味が違うなんて、いったいどうなってるの？

　たいていは科学者のほうが悪い。何か変なものを発見したり考え出したりした科学者は、それを表す言葉が必要になったら次の3通りの方法を使う。

　(a) 新しい言葉をつくる（たとえば太陽系以外の惑星を「系外惑星」と名づけた）。

　(b) 似たような意味の言葉を再利用する（たとえば「量子スピン」という言葉は、実際に素粒子が自転しているわけじゃないけれど、実際の自転に似た数学的性質を持っている）。

　(c) ぜんぜん違う意味の言葉を拝借する（たとえば「チャームクォーク」はたいしてチャーミングじゃない。「カラーの素粒子」は色なんてないし、有色なんて言ったら、もしかしたら差別用語に聞こえるかもしれない）。

　科学で言う「次元」というのは、何もかもがチョコレートでできていて借金をマシュマロで返す別宇宙のことじゃない。そうと

知ったら、この単語を横取りして違う意味をつけたいまいましい科学者に、人差し指を振りながら「チッチッチッ、ダメじゃないか」って説教したくなるかもしれない。でも、ばつが悪くなる前に指を下ろしたほうがいい。この場合、悪いのは完全に SF 作家のほうなのだから。数学者や科学者は何百年も前からこの言葉を正確に使ってきたのだ。

科学や数学で「次元」という言葉は、動くことのできる方向という意味だ。直線を引いてその直線に沿って動いたら、それは 1 次元の動きということになる。

1 次元の世界では、無限に細い糸の上にあらゆるものがのっかっている。ほかに動ける方向がないので、1 次元の科学者は絶対

科学者は次元をこうやって使う

に列に割り込んだり場所を交換したりできない。ネックレスに通したビーズか串に刺したマシュマロのように、隣はいつも同じきれいなやつか甘いやつで我慢するしかないのだ。

次に、この直線と垂直（90度）にもう1本、線を引いてみよう。直角に引いたので、2本目の線に沿った動きは最初の線に沿った動きといっさい関係ない。もし直角じゃないと、2本目の線に沿って動いたら最初の線の方向にも動いてしまう。この2本の線からは1枚の平面ができるので、2次元の中で動けるようになる。

このように、1本の線に沿った動きは1次元、2本の線で決まる1枚の平面上での動きは2次元だ。ここまで出てきたのは、1次元の世界（糸）と2次元の世界（平面）。3つめの次元をつくるためには、最初の2本の線に垂直な線をもう1本引けばいい。いまの場合は、平面の上下に伸びる直線だ。

これが次元だ。1つ1つの次元は動いていける方向を表していて、ある次元方向の動きと別の次元方向の動きは互いに関係ない。

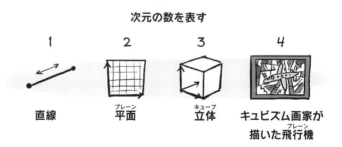

次元は4つ以上ありえるんだろうか?

　この3つの次元を描けば、上下・左右・前後というおなじみのすべての方向に動くことができる。この3次元の世界でもう1本垂直な直線を引ける場所なんてどこにもないんだから、この世界は間違いなく3次元のはずじゃないの? でも、どうして空間の次元は4つ以上じゃいけないのか、物理学者はそのうまい理由をまだ思いついていない。数学では、4次元でも7次元でも2035次元でも問題ないのだ。

　君はこう思ったかもしれない。「いやいや、もし空間の次元が4つ以上あったら、当然感じているはずじゃないか!」

　いや、そうだろうか? 次元が4つ以上あるかどうかなんて僕らにわかるんだろうか? 冗談で言ってるわけじゃない。たとえば、この物理世界には実は次元が4つ以上あるけれど、人間の頭ではそれを感じることができないとしたら? 空間は3次元しかないと頭では信じ切っているけれど、もっとたくさん次元があるのに気づいていないだけかもしれないのだ。

　君は平面の中に住んでいる2次元物理学者だったとしよう。

このページの文字と絵が全部平らな紙の上に閉じ込められているのと同じように、君も平面から逃げ出せない。意識も感覚もその平面の上だけに限られているので（ページの外は「見えない」）、君の住む平面世界が実は3次元世界の中に浮かんでいるかどうかなんて知りようがないのだ。それと同じように、僕らが知っているおなじみの3次元世界は、実はもっと高次元の空間の中に浮かんでいるのかもしれない。観察箱の中に捕らえられたアリを僕らが笑っているのと同じように、4次元（または5次元か6次元）の物理学者が僕らを観察して、何て視野が狭いんだってくすくす笑っているかもしれないのだ。

　でも、ほかの次元を見たり感じたりできないなんて、どうしてありえるんだろう？　奇妙に（そして不公平に）思えるけれど、人間の知覚のしくみを少し考えてみてほしい。人間が頭の中にこの世界の3次元モデルをつくり出すのは、地球上で生きていくのにそれが役に立つからだ。だからといって、まわりの世界を隅々まで認識できるわけじゃない。それどころか、日々生きるうえでは関係ないけれど、現実世界の基本的な性質を理解するのには欠かせない宇宙の性質に、僕らは驚くほど目が届かないのだ。

　たとえば人間が光にすごく敏感なのは、肉食獣やマシュマロがどこにあるかがそれでよくわかるからだ。でも、いつもまわりを取り囲んでいて、宇宙のしくみの重要な手掛かりを握っているダークマターは、感じることも気づくこともできない。もう1つ例を出そう。君の皮膚を1平方センチあたり毎秒10^{11}個のニュートリノが通り過ぎているけれど、君はまったく気づかない。もし気づくことができたら、太陽や素粒子の相互作用についてもっ

といろんなことがわかるかもしれないのに。

　僕らの身体には、現代物理学者が喜ぶような情報が毎日飛び込んできているけれど、それをそのまま直接感じることはできない。その手の情報は集めるのがすごく難しいか、さもなければ、あちこちにマシュマロが転がった古代のサバンナで生きていくのには役に立たなかったのだ。

　だから、「４つ以上の次元はありえるのか」という質問の答えは「イエス」だ。数学的に言うと、次元が３つだけじゃないといけない理由なんて何もない。そういう次元が存在していても僕らには感じられない、ってことはありえるのだ。おなじみの３つの次元に似ていなければなおさらだ。でもその話はちょっと後回しにしよう。

どうやって４次元で考えるか

　おなじみの３つの次元と似ている余計な次元があったとした

ら、その方向に動いていくというのはいったいどんな感じなんだろう？　僕ら3次元に住んでいる人間が、3つの次元以外の方向に動く様子をイメージするのは難しい。どんな感じか理解するためのヒントとして、次元を1つ下げて2次元人間のふりをしてみよう。そして突然、3次元世界の中を動き回れることに気づくのだ。

君が3次元世界の中にいる2次元人間だとすると、君の2次元の身体は、その3次元世界を「スライス」した2次元平面のことしか考えたり感じたりすることはできない。ふつうなら、君の経験することはその平面の中に限られている。でも、3つめの次元に動いていけるパワーを身につけたら、3次元世界のいろんなスライスのあいだを渡り歩くことができる。2次元の感覚や頭の中の世界像では、その新しい方向への動きを感じることはできない。でもスライスごとに景色が違っていれば、自分がいる2次元スライス世界が移り変わっていくのがわかるだろう。そして、2次元心を広くして3次元空間をイメージすることができれば（2

次元偏頭痛にならないように)、スライスを全部つなぎ合わせて、広々とした3次元世界の様子を隅々まで知ることができるはずだ。

　ではこの考え方を僕らの立場に当てはめてみよう。この世界には実は4つめの空間次元があって、その方向に動いていけるパワーを僕らが何とか手に入れたとする。すると、その方向に沿って世界がどういうふうに変わっていくかを観察することができる。4つめの次元に動いていったら、まわりの3次元世界が移り変わっていくのが見えるだろう。そして知力と想像力があれば、その情報を全部まとめて、頭の中に4次元全体のモデルをつくれるはずだ。

　ある意味、そんなことはみんないつもやっている。時間を4つめの次元とみなしても、ほとんど同じことが言えるのだ。まわりの3次元世界が時間とともに変わっていく。すると君の脳は、たくさんの時間スライスをつなぎ合わせてこの世界の4次元イメージ（3つの空間次元＋1つの時間次元）をつくる。4つの次元をぜ

んぶいっぺんに感じることはできないけれど、3次元の静止像を時間経過に沿って並べることならできる。

どこにあるの？

　当然こういう疑問が浮かんできたかもしれない。4つめの空間次元（時間ではない）があるとしたら、どうして僕らには見えないんだろう？

　その次元方向に動くこともその方向を感じることもできないからといって、それで僕らが生き延びるチャンスが大きく減ることなんてない。もしほかの（ふつうの）次元と同じように直線的な次元だったら、きっともう気づいていただろう。たとえ3つの次元しか感じられなくても、もう1つの次元に近づいたり遠ざかったりする物体があったら、姿を現したり消したりするから気

190 Chapter 9

づくはずだ。

だから、ほかの3つの次元と同じような4つめの次元は存在しないとかなり自信を持って言える。4つめの次元があるとしたら、何かうまく身を隠して僕らに見つからないようにしているはずだ。

1つ考えられる説として、僕らが知っている力や物質粒子はすべてその余計な次元には動いていけないのかもしれない。だとすると、物体が4つめの次元に動いていくこともありえないし、エネルギーが（光子など力を伝える粒子によって）その余分な次元に漏れていくこともありえない。入っていけないそんな次元が存在するなんてことがありえるんだろうか？　ありえる。でも、知られているどんな粒子も絶対に入っていけないのなら、そんな次元を発見したり探検したりするなんてほとんど無理だ。

もう1つ考えられる説として、調べるのが難しい限られた種類の珍しい粒子だけしかその余計な次元には入っていけなくて、だから気づきにくいのかもしれない。もっと言うと、その余計な次元は少し違うところがあるから視界に入らないのかもしれない。

どういうふうに違うっていうんだろう？　余計な次元は実は丸まっていて、小さい円かループのようになっていると考えてみよう。だとすると、その次元に沿って動いていってもたいして遠くまでは行けない。ループになった次元に沿って進んでも、1周して出発点に戻ってきてしまうのだから。

丸まってループになった次元なんて奇妙だしナンセンスだって思った君、同じように考えている仲間は大勢いる。どんなに賢い人でも苦労しているのだ。でも、すべての空間次元がループにな

っている可能性だってある。おなじみの3つの次元ではそのループがすごくすごく大きくて、観測可能な宇宙より大きいのかもしれないのだ（空間について話したときに詳しく説明した通りだ）。

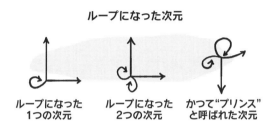

ループになった次元

ループになった1つの次元　　ループになった2つの次元　　かつて"プリンス"と呼ばれた次元

もし余計な次元が小さいループになっていて、限られた何種類かの素粒子しか動いていけないとしたら、僕らが気づかないのも納得がいく。小さくループになった次元で何かが動いても、僕らが感じられる3つの次元ではほとんど何も変わらないだろう。でもそんな次元を探す方法がいくつかある。それについてはこの章のあとのほうで説明しよう。

そんな余計な次元は本当に存在するんだろうか？　僕らが住んでいるのは、実際に4つ以上の空間次元のある宇宙なんだろうか？　簡単に答えると、ぜんぜんわからない。でも物理学によると、この宇宙には4つ以上の空間次元があるかもしれないと考えられるれっきとした理由があるのだ。しかもさらにすごいことに、それを見つける方法も何通りかあるかもしれない。この疑問に決着をつけて、僕らをコケにしているうぬぼれ4次元物理学者に一発やり返すためには、いったいどうしたらいいんだろう？　それは読み進めてもらえれば見えてくると思う。

ほかの謎も解けてしまうんだろうか？

　ほかにも次元があるかもしれないと物理学者が考えているいちばんの理由は、宇宙にまつわる別の深い謎も一緒に解けてしまうかもしれないからだ。どうして重力が弱いのか、余計な次元が存在しているとそれを説明できるかもしれないのだ。

　重力の強さをほかの力と比べてみると、少しだけ弱いどころじゃなくてばかばかしいほど弱いことがわかる。ほかの力（弱い核力、強い核力、電磁気力）もそれぞれ多少は強さが違うけれど、重力に比べたらどれも鍛え上げた筋肉ムキムキのスーパーヒーローで、重力なんてワンダーツインズの飼っていたサルみたいに超ひ弱。物理学者はこういう食い違いが大嫌い。お互いに意見が食い違うのは大歓迎だけれど、物理法則は調和していてほしいのだ。そこで、重力のこの異常な弱さは何かが起こっている証拠なんじゃないか、という疑問が浮かんでくる。

どうして重力は、電磁気力などほかの力よりもずっと弱いのだろう？　それこそまさに、余計な次元のせいかもしれないのだ。たいていの力は距離が離れるほど弱くなる。でもどのくらい急に弱くなるかは、空間次元がいくつあるかに大きく左右される。次元の数が多いほど、たくさんの次元に力が広がって薄まってしまうのだ。

　誰かがパーティーの席でおならをしたとしよう。その人のすぐ近くにいたらきついにおいがする。でも犯人から遠ざかるにつれて、におい分子（命名「オナラオン」）が空気中に拡散して薄まっていく。

　もしそのくさいおならを狭い廊下でしたら、廊下にいるみんながきついにおいを感じるだろう[66]。でも廊下が何本も交差している場所でしたら、いろんな方向に広がってそれほどきついにおいにはならないだろう。離れるにつれてどのくらいの割合で薄まっていくかは、空気の体積がどのくらいの勢いで広がっていくかで決まる。それは廊下がたくさんあるほど速く広がるのだ。

　力でも同じようなことになる（においはしないけれど）。たとえば、ふつうの３つの次元のほかに余計な空間次元が２つあったとし

おならで実験。

66　１次元の世界だと、おならから逃げることはできない。

たくさんの次元の中でおならをしたらにおわない。

よう。すると、君が物体から感じる力（重力でも電磁気力でもいい）は、ふつうの3つの次元だけじゃなくて余計な次元にも広がっていく。だから、遠ざかるにつれてその力の強さは、次元が3つしかない場合よりも速く弱くなっていく。

でもその余計な次元は、いまのところ僕らには見えていないのだから、1センチよりも小さいループになっているはずだ。しかも、その余計な次元の影響を受けるのは重力だけで、それ以外の力は余計な次元を感じないはずだ。

では、もし1センチの大きさにループした2つの余計な次元があって、そこに広がっていけるのは重力だけだったとしたら？ 1センチよりも近い物体のあいだでは、余計な次元の方向に重力が薄まっていって、重力の強さは急に弱まっていくだろう。でも1センチ以上離れた物体のあいだだと、余計な次元は関係なくなる。僕らが重力をこんなに弱く感じるのはこのせいかもしれない。短い距離だとほかの力と同じくらいの強さでも、1センチより遠くに届く前にほかの次元に広がって薄まってしまうのだ。

本当に重力は、廊下でしたおならみたいに薄まっているんだろ

重力が弱いのは余計な次元のせい

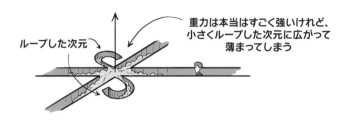

うか？　はっきりとはわからない。余計な次元があって、それで重力が弱くなっているという説は、まだまだ仮説でしかない。でも驚くことに、そういう余計な次元を探す方法があるのだ。

新しい次元を探す

　余計な次元が存在するかもしれないというアイデアは、すごくシンプルだし、重力がほかの力よりも弱いのはどうしてかを図で説明できるので、なかなかよさそうだ。それが正しいかどうか確かめるなんて簡単じゃないか、君はそう思っているはずだ。短い距離で重力を測って予想より強かったら、小さくループになった次元があるのは確実じゃないか。

　でも残念、そんなに簡単な話じゃない。重力を測るのなんて簡単だと思うかもしれないけれど（体重計に乗るたびに測っているんだから）、それは長い距離の重力ばかり測っているからそう思うだけだ。体重計は、君と地球全体のあいだの重力を測っている。そして、そのどっちか一方はとてつもなく巨大なのだ。

みんな大好き重力計

でも、短い距離の重力を測るとなるとぜんぜん話が違ってくる。1センチの距離での重力を測るためには、2個の物体の重心どうしを1センチに近づけないといけない。すると物体はすごく小さくないといけないので、あんまり質量を大きくできない。質量が小さければ重力はすごく弱いので、測るのはほとんど無理なのだ（重力は弱いのだった）。たとえば、鉛でできた2個のベアリングボールを1センチ離して置くと、そのあいだの重力は塵1粒の重さよりも弱くなってしまうのだ。

でも物理学者は、「ほとんど無理」なんて言われるとかえって燃える。しかも、もし測定に成功したら余計な次元があることを証明できるかもしれない。口から泡を飛ばしながらとんでもない測定装置を考え出す大天才なんて、大勢いるのだ。

ここ数年、物理学者はせっせと研究を進めて、1ミリくらいの距離で重力の強さがどういうふうに変わるかを測れるようになった。すると、少なくとも1ミリの距離までは大きいスケールとまったく同じように振る舞うことがわかった。でもだからといって、余計な次元が存在しないとは言い切れない。もし存在するとしても1ミリより小さいというだけだ。

物理学者はそれだけじゃ終わらない（変わったところがたくさんある。でもここでは2つしか紹介できない）。実際に測定して確実に確かめるまで、理論家は物事のしくみについていくらでも好き勝手に空想をめぐらすのだ。実験結果も、精度の範囲内で正しいだけじゃないかと考える。だからいまの時点では、「もし何か影響を与

えるような余計な次元が存在するなら、1 ミリより小さくないといけない」とまでしか言えないのだ。

**余計な次元はこんな感じか
（実物大）**

ぶつけてしまおう

　余計な次元があるかどうか確かめるためには、重力を測るのも1つの手だけれど、ほかにも方法はある。粒子コライダーのパワーを使って余計な次元を探すこともできるのだ。100億ドルかけてつくった全長27キロのマシンは、実はピーター・ヒッグスにちなんだ名前のボソンを見つける以外にも役に立つのだ。

　粒子コライダーを使って、どうやって余計な次元を見つけるんだろう？　君の目の前に小さな粒子、たとえば電子が1個あったとしよう。掌の上にのっかっているのかな。その粒子は、おなじみの3つの空間次元の中でじっとしているだけじゃなくて、それと同時にほかの余計な次元の方向に動いているかもしれない。余計な次元はループになっているので、おなじみの次元の中ではその粒子は動いていないように見えるけれど、実は動いている。その余計な動きのせいで、粒子の見た目はどんなふうに変わって

くるだろうか？

　余計な次元の中で動いていたら、その次元の方向に運動量を持っていて、余分なエネルギーを持っていることになる。でも僕らの次元の中では動いていないので、その余分なエネルギーは余分な質量として感じられる（アインシュタインによると、質量とエネルギーは同じものなのだった）。つまり、余計な次元の方向に動いている粒子は、動いていない粒子よりも重くなるのだ。それなら測ればわかる。

　粒子コライダーはそうやって余計な次元を見つける。何度も粒子をぶつけていると、いつか、電子そっくり（電荷もスピンも同じ）だけれどもっとずっと重い素粒子が見つかるかもしれない。するとその粒子は、実は余計な次元の方向にも動いている電子じゃないかということになる。

　それどころか、もし余計な次元が存在していたら、いままで見つかっているすべての素粒子1種類1種類とそれぞれ瓜二つだけれど、余計な次元の方向に動いているせいで重くなっている素粒子がずらっと見つかるはずだ。理論によると、1種類の素粒子が一定間隔でどんどん質量が重くなっていく「タワー」（カルツァ

＝クライン・タワーという）が見つかるという。そんなふうに次々に重くなっている素粒子が見つかれば、余計な次元が存在する決定的証拠になるだろう。

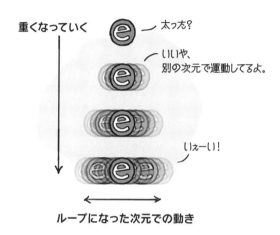

余計な次元があると
ほかにどんなことが起こるの？

もし余計な次元があったら、それがたとえ小さくループしていたとしても、ほかにいくつもおもしろいことが起こる。もし物理学者の言うように、重力が弱いのは別の次元に薄まっているからだとしたら、小さいスケールでは重力はほかの力と同じくらいの

67　ミューオンとタウは電子の余計な次元バージョンじゃない。質量が一定の間隔じゃないし、弱い核力の働き方も電子とは違う。

強さだということになる。重力は本当は弱虫じゃなくて、弱虫のふりをした超強いスーパーヒーローかもしれないのだ。

だとすると、いままで考えていたよりも簡単にブラックホールをつくれてしまうかもしれないのだ！

ふつうブラックホールをつくるためには、ものすごくたくさんの質量とエネルギーを小さい空間に押し込めないといけない。でも、とくに同じ電荷の素粒子（陽子など）は互いに近づきたがらない。何かとんでもない出来事（たとえば恒星の収縮）が起こらないと、十分に近づきあってブラックホールになる限界の密度には達しない。でも、短い距離では重力は実は超強かったとしたら、もっと単純な条件で陽子からブラックホールができるかもしれない。たとえば、ジュネーブにある粒子コライダーでぶつけたりして。

そう、ジュネーブにある大型ハドロンコライダー（LHC）で、ブラックホールをつくれるかもしれないのだ。もし余計な次元の大きさが約1ミリだったら、LHCでは1秒に1個ブラックホールができるかもしれない。

でも危なくないの？　そのブラックホールが成長して、地球とマシュマロを飲み込んでしまわないの？　だいじょうぶ、そんな

ことにはならない。疑っている人は、地球が破壊されていないかどうかウェブサイトでチェックしてほしい[68]。管理者はアップデートを絶対欠かさないって言っている。

人類にとってはラッキーなことに、LHCでできてしまうかもしれない小さなブラックホールは、恒星の収縮でできる重いブラックホールとは別物だ。そんなちっぽけなブラックホールは、スイスと地球全体を飲み込むどころか、あっという間に蒸発してしまうのだ。もう1つ安心材料として、地球にはずっと昔から超高エネルギーの素粒子がたくさんぶつかっている。だから、もし素粒子の衝突で地球を飲み込むようなブラックホールができるとしたら、とっくの昔に地球は飲み込まれていて、僕らはここにはいなかったはずなのだ。

この本はブラックホール検出器にもなる。

弦理論

基本的な力（重力、強い核力、弱い核力、電磁気力）をたった1つの大きな理論にまとめ、すべて調和が取れた形にして1つも疑問が残らないようにする。その方法を物理学者は探している。で

---

68 hasthelargehadroncolliderdestroyedtheworldyet.com［「大型ハドロンコライダーはもう地球を破壊した？」という意味］

きるかどうかは別としても立派な目標だし、ずいぶん前進してはいるけれど、最終的な答えはまだまだ遠いところにある。

でもその中から、いくつかおもしろい理論の候補が生まれている。その1つが弦理論(ストリング)。この宇宙はゼロ次元の点状の粒子でできているんじゃなくて、1次元の小さい弦でできているという理論だ。小さいといっても、ミニマシュマロどころか 10^{-35} メートルという小ささだ。弦理論によると、この弦はいろんなふうに振動することができて、それぞれのタイプの振動がいろんな種類の素粒子に相当する。その弦を遠くから(10^{-20} メートルの解像度で)見ると、どうしても弦のようには見えなくて点状の粒子のように見えるのだ。

**どんなチーズも
ストリングチーズだ**

この理論には長所が1つある。もし余計な空間次元があると、弦理論を表す数式はずっと単純で自然な形になるのだ。弦理論にもいくつかバージョンがあって、それぞれ、この宇宙に次元がいくつあるかが違う。超弦理論は、空間次元が10個ある宇宙だとうまくいく。ボソン弦理論は26次元だと都合がいい。でも23個の余計な次元はどこにあって、どうして見つからないんだろう？　まるで、家族が4人しかいない

のに、クローゼットの中に親戚が 22 人も隠れていたみたいだ。

　重力が弱い理由を説明する理論と同じように、弦理論でも、日常の経験とつじつまが合うように、新しい次元は無限に長くなくて小さく丸まっているとされているのだ。

新しい次元を丸める

　まわりの世界を理解するためには、この宇宙が基本的にどういう形にできているかを知るのがかなり大事なんじゃないだろうか。宇宙にまつわる何か予想外の事実を発見して、僕らが住んでいるこの世界は思っていたのと違うのだとわかったら、どんなに快感だろう。日常生活で見て感じているよりも空間はたくさんあるのかどうか、君は知りたくないかい？

　でも、余計な次元が見つかったらもっと実際の役にも立つかもしれない。何かをするのに都合がいいかもしれないのだ。エネルギーを蓄えられたり、ふつうなら行けないような場所に行けたりするかもしれない。ほかにどんな使い道ができるか想像もつかない。

　しかも、もし余計な次元が見つかったら、宇宙はどうやってできているのかという謎（つまり全宇宙の残り 95 パーセントの謎）を解くヒントが見つかるかもしれ

ない。もし余計な次元が存在しないとわかったとしても、それは

それで意味がある。どうして次元は3つなのか（4つや37個や100万個でないのか）という疑問が出てくるからだ。3次元はどこが特別なんだろう？

いまのところ、短い距離での重力の測定実験では何も予想外の結果は出ていないし、LHCでもブラックホールや別の次元で動く素粒子は見つかっていない。弦理論の宇宙のイメージが正しいという証拠も、重力が余計な次元に広がっているという証拠もまだないのだ。この宇宙にはいくつ空間次元があるのか、いまのところぜんぜんわからない。

もっと変わった説として、この宇宙では場所ごとに次元の数が違うのかもしれない。僕らのまわりでは3次元だけれど、宇宙の別の場所では4次元とか5次元かもしれないのだ。

でもはっきりしていることが1つだけある。この宇宙にはまだ見つかっていない秘密がたくさんあるということだ。僕らがやるのは、正しい道に進んでそれを見つけるだけだ。

10
光より速く進むことは
できる？

できない。

いや、もっとちゃんと答えないと。

物理学にははっきり言い切れないことがたくさんある。でも、真空中での光の速さ（秒速3億メートル）よりも速く空間の中を動けるものがこの宇宙に1つも存在しないことは、ほぼ間違いないのだ。[69]

いろんなものの速さをそれと比べてみよう。ハムスターは秒速約0.5メートルで走る（急いでいるとき）。世界最速の男は秒速約10メートル。人間が地上の乗り物で出した最高スピードは秒速340メートル。スペースシャトルは軌道上を秒速約8000メートルで飛んでいた。これは光の速さの約0.0025パーセントだ。日常生活でこのスピードの限界に近づくことはそうそうないけれど、それでも制限速度は確かにあって、絶対に破ることができない。奇妙で不思議なこの宇宙にもルールがある、そのことをいつも思い出させてくれるのだ。

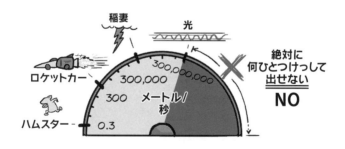

この制限速度が実際に存在するのはほぼ間違いない。それを説

---

69 「空間の中を」というのが大事。このあとわかる。

明する理論である相対性理論は、ものすごい精度で何回も確かめられている。現代物理学の理論にしっかり組み込まれた基本原理だ。もしこの制限速度が絶対の事実でなかったら、きっと僕らはもう気づいていたはずだ。何をしようが、誰の知り合いだろうが、何者だろうが、秒速3億メートルより速く動くことなんてできないのだ。

　この最高速度は、この宇宙が持っている奇妙な特徴の1つだ。いまから話していくけれど、そこからいろんなおかしな結論が出てくる。宇宙の向こうとこっちで絶対にやり取りできなかったり、正直な人でも物事が起こった順番で言い争いになったりするのだ。

　この制限速度は現代物理学ですごく大事にされているけれど、そこには物理学者を悩ませる基本的な謎がいくつかある。たとえば、そもそもどうして制限速度があるんだろう？　どうして、300兆メートルとか3メートルとかじゃなくて3億メートルなんだろうか？　制限速度が変わることはあるんだろうか？　さあ、シートベルトをしっかり締めて。いまから宇宙最大の謎をフルスピードで通り過ぎていくから。

この本から絶対に
手足を出さないように。

宇宙の制限速度

　アインシュタインが宇宙の最大速度というアイデアを発表した
とき、みんな直感的にはなかなか理解できなかった。そもそも、
どうしてこの宇宙に制限速度なんてないといけないの？　ロケッ
トに飛び乗って発射して、アクセルをべた踏みして延々と加速し
つづけたら、とんでもないスピードで銀河のあいだを疾走できる
んじゃないの？　空間が空っぽなら、何にも邪魔されないでいく
らでも好きな速さで飛んでいけるはずだ。

　空間が空っぽで永遠に加速できるというこの直感が、実は問題
のおおもとだ。Chapter 7 でわかったと思うけれど、空間はビュ
ンビュン走り回れる空っぽの舞台なんかじゃない。空間は物理的
な実体で、ゆがんだり伸びたり波打ったりする。そして、無謀な
スピードで駆け抜けようとすると腹を立てるかもしれない。そも
そも物理学者が、空間はただの空っぽじゃないとはじめて気づい
たきっかけは、この宇宙の制限速度を知ったからだったのだ。

　では、この制限速度についてはどんなことがわかっているんだ
ろう？　まず、その時点で急ブレーキがかかるわけじゃない。光
の速さより速く走ろうとしても、突然硬い壁にぶつかったり、銀
河警察に止められたりするわけじゃない。エンジンが突然爆発す
るわけでもない。スコットランド人エンジニア（君は上から目線で
「スコッティ」って呼んでる）が、「船が持ちこたえられそうにありま
せん」って叫び出すわけでもない。

　宇宙船に乗り込んでアクセルをべた踏みしたら、どんなことが
起こるんだろう？　そもそも、光の速さに近づくまでにものすご

く長い時間がかかる。トップクラスの戦闘機パイロットでも一瞬しか耐えられないような 10G（地球の重力の 10 倍、約 100m/s²）の加速度で加速しても、秒速 3 億メートルに多少近づくだけで何か月もかかるのだ。しかもそのあいだずっと座席に押しつけられていて、鼻を掻くこともトイレに行くこともできない。快適な旅行とは言えないな。

　いくら長い時間加速しても、光の速さより速くなることはない。絶対にだ。びっくりするようなことは何も起こらない。光の速さに絶対に到達できないだけだ。スピードをどんどん速くしていくと、どんどん加速しにくくなっていく。どんなに強く、どんなに長くアクセルを踏んでも、どんなに歯を食いしばっても、秒速 3 億メートルに到達したりそれを超えたりするのは無理だ。それをもっと数学的に表したのが次のページのグラフだ。

　このグラフが言っているのはこういうことだ。エンジンにどれだけエネルギーを注ぎ込んでも、スピードが少しずつしか上がらなくなってくるので、光の速さに到達することは絶対にできない。20 代の頃のほっそり体型に戻りたいと思うのに似ている。ものすごい時間とエネルギーをかけても絶対に戻れないのだ。

　この宇宙に制限速度があるなんて、本当に不思議だ。考えてみ

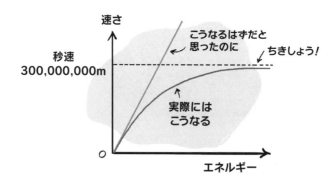

てほしい。もっと速く走ろうとすると、何にも力がかかっていないのに何かが邪魔をするのだ。この制限速度は空間と時間の枠組みそのものに組み込まれていて、速くなるにつれて徐々に効いてくる。それどころか、廊下を歩いたり車を走らせたりしているまさにいまも効いている（運転中は本を読まないでオーディオブックを聞くように）。

グラフを見て気づいたかもしれないけれど、遅いスピードでも効果が働いているのだ。気づきにくいし無視できるけれど、確かに働いている。だから相対性理論は、光の速さに近づいてはじめて働きはじめるものじゃない。つねに働いていて君の動きを邪魔し、光より速く進みたいなんて思わせないようにブレーキをかけているのだ。バスケットボールでスリーポイントシュートを決めたくないかい？　それなら少しだけ強くシュートしたほうがいい。空間そのものが外させようとするから。

宇宙の制限速度は、ただの最高速度じゃない。空間の中で速度がどういうふうに決まるのかを、僕らの直感と違うふうに変えてしまうのだ。空間と時間に組み込まれていて、あらゆる速度を不思議な方法で抑えてしまうのだ。

だからどうしたの？

そこで君はこう思ったかもしれない。「わかったわかった、光より速く動くことはできないんだな。でもだから何だっていうんだ？　時速100キロ（140キロのほうがいいかな）より速く飛ばすつもりなんて当分ないからね」

確かにそうだ。秒速3億メートルという宇宙の制限速度が、君の日常生活に影響することなんてないだろう。でもこの制限速度は、僕らの宇宙観を大きく変えてしまう。「時間とか物事が起こる順番とかは、どこにいる誰にとっても同じ」という考え方を捨てるしかなくなるのだ。

起こることは必ず起こるものだし、はっきりした証拠さえあれば、何が起こったかで意見が食い違うことなんてそうそうない。道理をわきまえたふつうの人ならそう思っているはずだ。でも、僕らが生まれたこの宇宙ではそうじゃない。出来事の起こる順番が1人1人で違うふうに見えて、それはほかならぬ宇宙の制限速度のせいなのだ。

宇宙の制限速度のせいで、どうして空間や出来事の順番にそんな変なことが起こるんだろう？　それをちゃんと理解するために、

すごくありふれたある場面を思い浮かべてみよう。君の飼っているハムスターに懐中電灯を持たせるのだ。でもせっかくだから、懐中電灯を2本持たせてみよう。

するとハムスターは、その2本を身体の左右に向けて同時にスイッチを入れる。ここですごく単純な疑問を考えてみよう。2本の懐中電灯から出てきた光子は、どのくらいの速さで飛んでいくだろうか？

簡単だよね？　答えは光の速さ c だ（光は光子でできているのだった。覚えているかい？）。光子は光の速さでそれぞれの方向へ飛んでいく。ハムスターが地面を基準にして光子の速さを測ったら、確かにそういう答えが出てくる（もちろん、ハムスターが実験物理学の学位を持っているのが前提だけれど）。

何も問題ないだろう？　ここまでは誰も反論できない。懐中電

灯を点けたら（光を出したら）、光の速さで光が進んでいく（名前の通り）。みんなうなずいてくれるはずだ。

では想像力を広げてほしい。実はこのハムスターは、地球という、空間を疾走する巨大な岩の塊の上に立っている。君のほうはというと、宇宙服を着て宇宙空間に浮かんでいる。そして君の目の前を、愛しいハムスターと2台の光子発射装置（別名、懐中電灯）をのせた地球が右に通り過ぎていく。

つまり君は、$V_{地球}$という速度で右へ動いている地球を眺めている。ではこういう疑問を考えてみよう。君（宇宙飛行士の読者）には、2個の光子がどんなスピードで飛んでいくように見えるだろうか？

その光子がバーサ（ちなみに君のハムスターの名前だ）に対して光の速さで進んでいて、バーサが君の前を動いているのだから、その2つの速度が足し合わされるんじゃないの？　直感ではそう思うはずだ。つまり、右に飛んでいく光子は$c + V_{地球}$という速度、左に飛んでいく光子は$c - V_{地球}$という速度だと考えられる。でもcは光の速さなのだから、君は、光よりも速く飛んでいく光

子と、光よりも遅く飛んでいく光子を目撃することになるんだろうか？

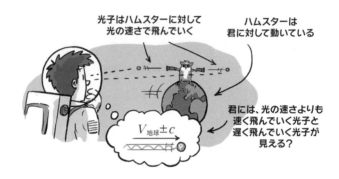

そんなことはない！ それはありえないよね？ どんなものも、たとえ光でさえも、光の速さより速く進むことはできないのだ（名前の通り）！ じゃあ実際にはどうなるんだろう？

まずは、地球と同じ方向（右）に飛んでいく光子について考えてみよう。直感で考えれば、この光子は光の速さより速く進んでいくはずだ。でも制限速度があるので、実際には（君に対して）ぴったり光の速さで進んでいくように君には見える。変だ。バーサが見ても、自分に対して光の速さで進んでいくように見えるのだ。君とバーサは違うスピードで動いているのに、どっちも、自分に対して同じスピードで光子が動いているのを目撃するのだ。

これでどうして論理が崩れないんだろう？ 実はここで崩れているのは、誰でも物事を同じふうに見るはずだという僕らの決めつけのほうだ。この不思議な宇宙では、直感に合わない現象が起こる。それは否定しようがない事実なのだ。

左に飛んでいく光子も同じく不思議だ。単純に考えると、右に動いている地球から左に飛び出してきたのだから、光の速さよりもゆっくり（$c - V_{地球}$で）進んでいくはずだろう。でも**質量がゼロの素粒子（光子など）には、真空中では必ず宇宙の最高速度で進んでいくという不思議な性質**がある。スピードを落とすことなんて絶対にないのだ。[70]

　このように、誰が測ろうが、その人がどんなスピードで動いていようが、光は必ず光の速さで進む。宇宙空間に浮かんでいる君の目の前を地球が通り過ぎていても、2個の光子は君に対してぴったり光の速さで動いていくように見える。そして地上のバーサ教授にとっても、その2個の光子は自分に対して光の速さで動いていくように見えるのだ。

　これが、宇宙の制限速度にまつわる驚きの事実の1つ。この

70　どうして質量ゼロの素粒子（光子など）は光の速さで動くのだろう？　不思議に思えるかもしれないけれど、もし減速できたとしたらますますおかしなことになる。質量ゼロの素粒子が最高速度よりも遅く動いていたら、質量のある素粒子はそれと同じスピードで動くことができるはずだ。するとどうなるだろうか？　質量ゼロの素粒子は運動エネルギー以外持っていない（質量はないから）。でもそれと同じスピードで動いたら、その素粒子は相対的に動いていないことになる。すると、運動もしていなければ質量も持っていないのだから、何もないことになってしまう。パッと消えちゃう。いくら不思議でも、光がつねに最高速度で動いているほうがまだ理屈が通るのだ。

制限速度は、絶対的な速度じゃなくて物体どうしの相対的な速度に適用されるのだ。

なぜかと言うと、この宇宙には絶対的な速度なんてものはないからだ。宇宙空間に浮かんでいる君は、自分は特別な存在で、物体の動くスピードを判断する権限があると思っているかもしれない。でも実際には、君も地球も何か別のもの（太陽とか、銀河系の中心とか、銀河団の中心とか）に対して動いている。たとえ宇宙に中心があったとしても（実際にはないけれど）、それに対する本当の速度なんて誰にもわからない。だから絶対的な速度なんて意味がないのだ。

宇宙に制限速度があるというのは、光の速さよりも速く動いているものを目撃することは絶対にないという意味だ。これだけでも不思議だけれど、ここからますます不思議なことになっていく。

もっと不思議になっていく

そう、ハムスターは君に対して動いているというのに、君もハムスターも、懐中電灯から出てきた光が同じ速さで進んでいくのを目撃する。すごく不思議だけれど、これからもっと不思議なこ

とになっていく。

ハムスターの左右に的を置いて、次のような質問を考えてみよう。懐中電灯から出た光は先にどっちの的に当たるだろうか？

縮尺は正しくない。

バーサに聞いたらこう答えるだろう。どっちの方向にも光子は同じ速さで進んでいくし、どっちの的も同じ距離にあるんだから、光子は両方の的に同時に当たる、と。

どっちの光子も同時に的に当たる

でも君が見ると違ってくるのだ。

君も懐中電灯から2個の光子が（君に対して）光の速さで出ていくのを目撃するけれど、バーサ（と的）も動いて見える。だから、光子が的に向かって進んでいる最中に、一方の的は光子に近づいていくし、もう一方の的は光子から遠ざかっていく。結果、一方の光子（左の光子）が的に当たってから、そのあとでもう一方の光子が的に当たるのを目撃することになる。

　つまり、君とバーサとでは、出来事の進み方がぜんぜん違うふうに見えるのだ！　バーサは両方の的に同時に光が当たるのを見るのに、君は一方の的に先に当たるのを目にする。そしておかしなことに、君もバーサもどっちも正しいのだ！

　さらに、もう1匹ペットを増やすとますます大変なことになる！[71]　君がハムスターと一緒にこの宇宙の不思議に気づいたその瞬間、君が飼っている猫（ラリーと呼ぶことにしよう）が宇宙船「またたび号」に乗って帰ってきたとしよう。ラリーは、君に対して地球が動いている方向と同じ方向（右）に、地球よりも速く飛んでいる。だからラリーが宇宙船の窓から外を見ると、バーサと地球は宇宙船に対して左に動いているように見える。

71　いつでもそうだけれど。

ラリーも、バーサの光子が光の速さで進んでいるのを目撃する。宇宙の速度制限が守られていないといけないからだ。でもラリーから見るとバーサは左に動いているので、右の光子が先に的に当たったとラリーは言うはずだ！

＊先に右の的に光が当たったぞ！

3人とも話が食い違ってしまった。バーサは両方の的に同時に当たったのを見る。君は先に一方の的に当たったのを見る。そして、君らが宇宙で物理実験をしているのにきっとびっくりしたラリーは、先にもう一方の的に当たったのを見る。しかも、3人とも正しいのだ！

宇宙に最高速度があることを受け入れないといけないだけじゃなくて、どこにいる誰にとっても出来事は同時に起こるのだという考え方も捨てないといけない。「この宇宙で起こっていることは誰が見ても同じように記録できる」、この考え方はすごく理屈に合っていそうだけれど、実はもう当てにならないのだ。どのペットに聞くかで違ってくるんだから！

ハムスターの二重懐中電灯実験の結果

誰が見るか	何をしているか	見た結果
君	宇宙空間で凍えている	左の光子が先に的に当たった
ハムスターのバーサ博士	物理学の学位を無駄遣いしてるんじゃないかと思っている	両方の光子が同時に的に当たった
宇宙を駆け抜ける猫ラリー	毛糸玉を買い足すために戻ってきた	右の光子が先に的に当たった

歴史は過去のもの

頭の中で変な声が響きはじめたと思う。何といっても、この宇宙では出来事の順番さえも絶対じゃないんだから。ちゃんとした人（とペット）の言うことが、全部食い違ってしまうのだ！

逆に言うと、動くスピードを変えれば出来事の順番を変えることができる。君とハムスターと猫がそれぞれ違う順番で出来事が起こるのを目撃したのは、それぞれ違う速さで動いていたからだ。直感的にはどう考えたっておかしい。この宇宙の歴史、つまり、

出来事を起こった順番に並べた究極のリストは、たった1つしかないはずだ。でもこの宇宙ではそんなものはありえない。全宇宙に共通する時計とか、全宇宙に共通する同時なんていう概念は成り立たない。それもこれも、光は誰が見ても同じ速さで進むから、もっと言うと、この宇宙には最高制限速度があるからなのだ。

因果律が崩れる

　出来事の順番はどこまで変えられるんだろう？　さっきの話でいちばん速く動いていたのは猫のラリーで、ラリーは右の光子が先に的に当たったのを見た。もしラリーの乗っている宇宙船が、この宇宙の制限速度を破ることができたとしたら？

　スピードを上げていくにつれて、右の光子が懐中電灯を出てから的に当たるまでの時間がどんどん短くなっていくようにラリーには見える。そしてある時点で、光子が懐中電灯から出てくる前に的に当たるのを目撃するようになるのだ！

＊光子が懐中電灯から出てくる前に的に当たった！？

でも、それは理屈が通らない。原因のあとに結果が起こるので
あって、その逆ではないという、いわゆる因果律が崩れてしまう
からだ。因果律が成り立たなかったら宇宙はめちゃくちゃだ。コ
ンロに火をつける前にお湯が沸いたり、まだないがしろになんて
していないのにペットにクローゼットに閉じ込められたりするの
だ。そんな変な宇宙では、いろんな出来事がどうして起こるのか
を理解するのはなかなか難しいし、筋の通った物理法則を考え出
すのも不可能かもしれない。

ちなみに、宇宙の速度制限が誰にでも同じように当てはまるこ
とがわかったのは、このことがきっかけだった。1887 年にマイ
ケルソンとモーレーという 2 人の科学者が、さっきのハムスタ
ー実験と似たような実験をおこなった（ハムスターは使わなかったけ
れど）。1 本の光線を互いに垂直な 2 つの方向に分けて、鏡で反射
させ、出発地点に同時に戻ってくるかどうか測ったのだ。すると
ハムスターのバーサと同じように、光はどっちの方向からも同じ
時間をかけて戻ってきた。でも地球は、スピードはわからないけ
れど宇宙全体に対して動いている。そこで 2 人はこういう結論
を出した。相対的な速度がどんなに速くても遅くても、光の速さ
はつねに変わらないと。

だから、光よりも速く動けるものは何ひとつないと言い切れる。
そうでないと因果律が崩れてしまうからだ（光子が懐中電灯から出
てくる前に的に当たったのをラリーが見たように）。そして因果律破り
は、たとえ初犯でも重罪だ。この宇宙はその犯罪をかなり重く受
け止めるのだ。

マイケルソン=モーレーの実験

局所性と因果性

じゃあ、どうして最高速度があるんだろう？ どうしてこの宇宙は、猫やハムスターの動くスピードを気にするんだろう？ 何のためなんだろう？

この制限速度を何かの第一原理から導いたり、何か理屈に合わせたりすることはできるんだろうか？ 簡単に答えるとこうなる。この宇宙に速度制限がある確かな理由はわかっていないけれど、きっとこうだからだろうというのはわかっている。速度制限は、宇宙が「局所的」で「因果的」であるために役に立っているのだ。

因果律についてはさっき話した。宇宙の条件として理にかなっていると思う。もう１つの「局所性」というのは、君に影響を与える物事の数が、君の近くにある物事よりも多くなることはないという意味だ。もしこの宇宙に速度制限がなかったら、どこか遠くで起こった出来事が瞬間的に地球に影響を与えるかもしれない。そんな宇宙だと、君が友達に送ったテキスト（とかチャット）をエイリアンの諜報機関がリアルタイムで傍受できたり、エイリアンの科学者がつくった兵器で地球人全員が一瞬で殺されたりし

かねない。でもこの宇宙では、あらゆるもの（光、力、重力、自撮り写真、エイリアンの殺人光線）の伝わる速さに制限がかかっているおかげで、君は近くにあるものからしか影響を受けなくて済むのだ。

　はるか遠くのエイリアンがつくった兵器で一瞬のうちに大量虐殺されるなんて勘弁だ。原因と結果の順番も大事にしたい。だとしたら、ちょっと変だと思う事柄、たとえば因果関係のない出来事の順番が君とペットで食い違うといったことも、受け入れるしかないのだ。

でもどうして この速さなの？

　いま言ったように、因果性と局所性が成り立つためには何か最高速度があったほうがいい。
　でも物理学ではよくあることだけれど、1つの疑問に答えが出ると、もっと深くて基本的な疑問がいくつも浮かんでくる。どうしてこの宇宙では因果関係が守られているんだろう？　人間の考

え方に合わせてこの宇宙が設計されたなんて思えない。どうして最高速度はこの値なんだろう？　別の値じゃないのはどうしてなんだろう？

どうしてこの宇宙では因果関係が成り立っているのかという疑問は、考えるだけでもすごく難しいし、満足のいく答えを出すのはなおさらだ。人間の思考パターンには因果関係が深く染み込んでしまっているので、それを無視して因果関係のない宇宙を思い浮かべるのは無理だ。理屈に沿った考え方ができないし論理も成り立っていない宇宙を、理屈と論理で考えるなんてできない。謎は深いし、科学は因果律と論理が前提になっているのだから、科学の力では答えられない疑問なのかもしれない。絶対に解けないのかもしれない。あるいは、人間の意識にまつわる厄介な疑問と深く結びついているのかもしれない。

もっと手に負えそうな疑問もある。どうして最高速度はこの値なんだろう？　いまのところどんな理論でも、ほかの値じゃなくてこの値が選ばれた理由はわからない。光の速さがもっと速かったら局所性はもっと緩かっただろうし、光の速さがもっと遅かったら局所性はもっときつかっただろう。それでも問題はないし、物理学では光の速さをどんな値に設定してもかまわない。この宇宙で測ったらたまたま秒速３億メートルだったというだけだ。人間が感じられるスピードに比べたらすごく速いけれど、星や銀河を渡り歩くにはすごく遅い。

いまのところ、制限速度がどうしてこの値なのかはぜんぜんわ

72　ただし因果律が成り立つ宇宙なら、知的生命体がそれを発見して、由来はわからなくても自分たちの論理体系に組み込むはずだとも言える。

宇宙の制限速度

星を見るには
ちょうどいいけど……

……星へ行くには
ちょっと遅い。

からない。でもいくつか考えられる説はある。

　もしかしたらこの値しか取りようがなくて、光の速さの値からは宇宙と時空の何か深い素性が明らかになるのかもしれない。たとえば時空は実は量子化されていて、時空の隣り合った節どうしでの情報の伝わり方で光の速さが決まっているのかもしれない。ギターの場合、弦の上を波が伝わる速さは、弦の太さと引っ張り具合で決まる。それに似たしくみで光の速さは決まっているのかもしれない。

　あるいはもしかしたら、いつか時空の統一理論が完成して、光や情報が決まった速さで伝わる理由が明らかになり、あらゆる疑問に答えが出るのかもしれない。でもいまのところ、君のペットがディナーをつくってくれるくらいありえそうにない。

　それとももしかしたら、この宇宙では光の速さはゼロから無限大までのどんな値でもかまわないのかもしれない。ただしゼロと無限大はありえない。ゼロだと何ひとつ作用のない宇宙になってしまうし、無限大だと局所性が成り立たない宇宙になってしまうからだ。制限速度がどんな値でもかまわないとしたら、どうしてこの値が選ばれたんだろう？　本当にぜんぜんわからない。わかると言い張っている人は、未来からやって来た物理学者か、そう

でなければとんでもなくうぬぼれた勘違い野郎だろう。どっちにしてもペットのお守りは頼まないほうがいい。

もしかしたら光の速さは、宇宙全体に通用するものじゃなくて、局所的な物理法則なのかもしれない。ビッグバンのあとに時空があちこちで違うふうに固まったせいで、宇宙のこのあたりでしか通用しないのかもしれない。もしかしたら宇宙のそれぞれの場所ごとに、量子力学のランダムなプロセスで光の速さが決まったのかもしれない。だとすると、宇宙の中には光の速さがぜんぜん違う場所があることになる。どの説も一人前とは言えないし、検証可能な科学的仮説にはほど遠い。でもあれこれ考えるのは楽しいものだ。

制限速度

過去と未来

光の速さがこの値である理由がわからないとしたら、未来に違う値に変わるかどうか、過去には違う値だったかどうかなんてわ

かるはずもない。

過去にタイムトラベルして実験することはできないけれど、宇宙は大昔の天体現象を美しいギャラリーに展示してくれている。夜空のことだ。

夜空を眺めると見えるのは、ちょうどいま起こっている出来事じゃなくて、過去に起こった出来事だ。遠くの天体ほど、光が地球にやって来るのに長い時間がかかって、昔の様子が見える。どんどん遠くの天体を見ていけば、まるで過去をのぞき込むことができるのだ。そして、夜空に見える天体の軌道や衝突や爆発に、光の速さなど現在の物理法則を当てはめてみても、宇宙の制限速度が破られている気配は１つも見つからないのだ。

未来を予測するのは難しい。140億年の歴史から推測することならできる。確かに確実な方法かもしれない。でもそれは、この宇宙が未来も過去と同じように振る舞いつづけるはずだと暗に決めつけてしまっている。それはただの決めつけでしかない。過去、宇宙はいくつもまったく違う時代をたどってきたことがわかっている（ビッグバン以前の時代、インフレーションの時代、現在の膨張時代）。だから、未来に宇宙は変わらないなんて考えるのはちょっと信じすぎだ。

あなたの未来には、スピード違反切符がたくさん見えます！

でもほかの星に行くことはできるかも

　光より速く飛べたら、と考えるとぞくぞくする。光子と競争して勝ちたいからじゃなくて、人間はもともと宇宙を探検したいからだ。どこかの惑星に着陸したり、遠くの恒星を訪れたり、エイリアンと会ってバカなペットと友達になったり。そんなチャンスがあったら逃す人なんているかな。

　ほかの星系を訪れたり近くの銀河を探検したりする初の宇宙船にどうしても乗り込みたいと思っている人にとって、この宇宙では秒速たったの3億メートルが最速だなんて残念な話だ。何しろ、太陽系にいちばん近い恒星でも40,000,000,000,000,000メートルも離れているんだから。

　でも、質問のしかたが間違っていたのかもしれない。「光より速く飛ぶことはできるか」と聞くんじゃなくて、「遠くの星にそこそこの時間で行くことはできるか」と聞いてみたら？　それだと答えはすごくおもしろくなる。「行けるかもしれないけどすごく高くつくよ」

　君が（そして僕も君の猫も）空間の中を動ける最速スピードは、光の速さなのだった。でも空間は、蛍光イエローの物差しでできたただの抽象的な背景じゃない。ダイナミックな物理的実体で、伸びたり縮んだりできるという奇妙な性質を持っているのだ。

　そこがすごく大事だ。もし、こことどこか遠くの場所のあいだの空間そのものを縮めることができたら、空間の中を猛スピードで進まなくてもそこそこの時間で向こうに着けるんじゃないの？それってできないの？　もしかしたらうまくいくかもしれない。

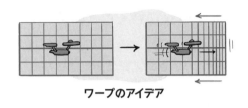

ワープのアイデア

時空の性質についてはまだまだわからないことがたくさんあるけれど、ゆがんだり縮んだりすることはわかっている。でも残念なことに、そのためにはものすごい量のエネルギーが必要だ。ハムスターのちっちゃくて丸っこい身体で、何億兆個もの回し車を全速力で回してもらわないといけない。ワープエンジンで宇宙船の前方の空間を縮めてどこか遠くへ行くには、想像もつかないような量のエネルギーがいると科学者は言っている。

ワームホールは?

光より速く飛ばずに旅の日程を切り詰めるもう1つの方法は、ワームホールを使うという方法だ。とはいっても、ペットのトカゲの餌にする小さな虫(ワーム)の入れ物のことじゃなくて、一般相対性理

論で予言されているもののことだ。条件が整うと、宇宙の中で遠く離れた2つの場所がワームホールで結ばれて、そのあいだを行き来できるようになるかもしれない。SFだと、ワームホールを通っている最中、光の筋が何本も走ってガタガタ大きい音がして、おしっこを漏らしてしまう。[73] でも実際どんな感じかは誰も知らないし、もしかしたら玄関をくぐるくらいのものかもしれない。

もし空間に4つ以上の次元があったら、3次元空間では遠く離れて見える場所が実は別の次元では隣り合っている、ということもありえる。この宇宙はトイレットペーパーのように丸まっていて、空間が何層もぐるぐる巻きになっているとイメージしてみよう。ふつう隣の場所だと思っているのは、同じ層の上にある場所だ。でも、層を突っ切っているワームホールを通れば、別の層に行けるかもしれない。

楽しい宇宙

ワームホールなんてファンタジーみたいだけれど、実は現在の物理法則には1つも矛盾していない。でも残念なことに、計算によるとすごく不安定で、ほぼ一瞬で縮んでしまうという。機内

73　作り話だ。でもワームホール旅行の話なんて全部作り話なんだからいいだろう？

232 Chapter 10

サービスのドリンクを飲み終わる前につぶれてしまうのだ。

　しかもワームホールのつくり方なんてぜんぜんわからないので、わざわざワームホールのところまで行ってどこにつながっているか確かめるしかない。マンハッタンをやみくもに歩き回って、誰か知らない人の車に乗せてもらって、ロサンゼルスに行ってくれないかなと期待するようなものだ。

夢をあきらめるな

　考えられないようなエネルギーが必要だとか、ワープドライブやワームホールをつくる技術がまだないとかいった現実的な問題は、このさい忘れてしまおう。ここまで、超光速旅行にケチをつけるようなことをいろいろ言ってきたし、君も真面目に読んでくれたと思うけれど、そんなこと気にしていたら恒星間旅行という壮大な夢なんて見られないからね。

　空間を縮めたりワームホールを通ったりするのはとてつもなく難しいけれど、安心してほしい。物理学者は、恒星間旅行を実現させるという問題を、「絶対に解決できない」から「ものすごく難しくてとんでもないお金がかかる」にまで前進させてきた。可能性ゼロに比べたらまだましだ。

　未来の技術の進歩にまつわる予測は、たまたま当たることもあれば、情けないくらい大外れになることもある。だからここでは予測は立てたくない。でも人類がこれまで歩んできた道筋を考えると、未来には驚きの技術が待っているんじゃないかとも思える。

しかも、恒星間旅行の実現を邪魔する基本的な物理法則なんてないんだから、希望はある。いつ実現するんだろうか？　それは、ぜんぜんわからない。

物理の警報・注意報

「絶対に不可能」
「すごく難しくて　とんでもない　お金がかかる」
「できるかもしれない」
「できる」
「そのための　アプリがある」

ミューオンはいつもやってる！

　物理学は細かいことをすごく気にする。どれか自然法則に1つでも小さい抜け穴があったら、平気でその法則を破る粒子がどこかに必ずあると言っていい。弁護士のような目で自然法則を読み返せば、宇宙の最高制限速度は真空中の光の速さだって気づくかもしれない。どうして「真空中の」なんて書いてあるんだろう？　光は何の中を通るかで速さが違ってくるからだ。空気中、ガラスの中、水の中、チキンスープの中での光の速さは、真空中での光の速さよりも遅い。チキンスープのわずらわしい粒子（「スープオン」と名づけよう）と光子が作用しあうのに時間がかかって、全体のスピードが遅くなるからだ。

そこで、「光の速さよりも速く動くことはできるか」という疑問の答えは、「正確に言うとできる」となる。「正確に」というのは、何か物質の中では光よりも速く動けるという意味だ。でもやっぱり、真空中での光の速さより速く動くことは絶対できない。たとえば高エネルギーのミューオンは、氷の塊の中では、氷の中での光の速さよりも速く進む。まるで法律の条文みたいでうっとうしいけれど、正確に言えば確かに「光より速く」進むのだ。

光なんてやっつけろ

だからといって、遠くの惑星に植民地を築いて、その恒星系の神としてみんなにちやほやしてもらうっていう夢の実現には役に立たない。

でも、ちょっといかしたことはやってくれる。スピードボートで湖の上を進んで、水面に立つ波よりも速いスピードを出すと、波がいくつも折り重なって航跡ができる。飛行機が音速より速く飛ぶと、ソニックブームという衝撃波が生まれる。では、氷の塊の中をミューオンが光よりも速く進むと何が起こるのだろう？ 光の衝撃波が生まれるのだ！ 別名チェレンコフ放射ともいう、青い微かな光のリングができる。ミューオンのような粒子を検出してスピードを測るのによく使われている現象だ。

だから、もし宇宙全体が突然チキンスープ（または氷）で満たされたら、正確には光よりも速く動けるようになって、君は新しい家に向かう途中ずっと青いキーリングを光らせることになるのだ。

まとめ

光よりも速く動くことはできるの？
答え：イエスだけどノー。ノーだけどイエス。

11
地球に超高速粒子を撃ち込んでるのは誰？

宇宙には小さい弾丸が飛び交っている

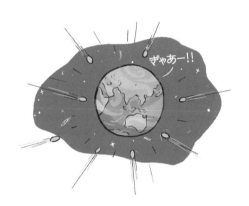

あ る朝、目が覚めたら、家に銃弾の雨が浴びせられていた。緊急事態と言っていいだろう。おちおちしてなんていられない。着替えるのもままならない。研究費の足りない科学者がいずれ何とかしてくれるだろうと期待して、いつものように過ごすわけにもいかない。

だけど、いまこの瞬間、君の身にもまさにそういうことが起こっている。ただし、地球を君の家に、宇宙線を銃弾にたとえたら

の話だけれど。地球の大気には毎日何百万個もの銃弾がぶつかっていて、そのエネルギーを足し合わせると核爆弾の爆発よりも大きくなるのだ。

そして困ったことに、何が（誰が）その銃弾を撃っているのかぜんぜんわからないのだ。

どこからやって来ているのかも正確にはわからないし、どうしてそんなに大量に来るのかもわからない。そんなに強力な攻撃を仕掛けられるのはいったいどんな自然現象なのか、それもわかっていない。エイリアンかもしれないし、まだ見たことのないまったく新しい現象かもしれない。いまのところ、想像力過剰な科学者にも答えは思いつかないのだ。

その謎の宇宙線とはどんなもので、どうしてものすごいエネルギーでぶつかってきているんだろう？　何かで身を守りながら読み進めていけば、この宇宙の謎についてもっとわかってくるはずだ。

宇宙線って何？

「宇宙線」っていう名前を聞くと、余計なことを想像してしまうかもしれない。でも単純に宇宙からやって来る粒子という意味だ。恒星などの天体は、光子や陽子や中性子、さらには重イオンをたえず四方八方に飛ばしている。

有名な「レイ」
レイ・チャールズ　レイ・ブラッドベリ　宇宙線　フレー！

たとえば太陽も、宇宙粒子を大量に出している。知ってもらうきっかけになった可視光だけじゃなくて、君の身体の奥深くに入ってがんを引き起こすかもしれない高エネルギーの光子（紫外線やガンマ線）も出している。

でも、太陽の核融合炉から飛び出してくるニュートリノには太刀打ちできない。太陽からやって来るニュートリノは、君の爪を毎秒1000億個も通過しているのだ。だけどニュートリノはほかの物質とめったに作用しあわないので、感じることもなければ心配する必要もない。1000億個のうち、君がいるのに気づいて親指の中の素粒子とぶつかるのは平均でたった1個だ。たいていのニュートリノは地球をそのまますり抜けてしまう。だから、大量のニュートリノから身を守ることはできないけれど、逆にニュートリノに傷つけられることも絶対にないのだ。

　精巧にできた人間の身体にとってもっとずっと危険なのは、陽子や原子核など、もっと重くて電荷を持った粒子だ。高エネルギーの陽子は人体を貫いて大けがを負わせることがある。宇宙飛行士は特別な対策を取ってつねに身を守っていないといけない。日焼け止めを厚塗りするだけじゃ済まないのだ。

　しかも太陽は、巨大な火の玉みたいに気まぐれだ。普段は何億度という温度で静かに燃えさかっているけれど、ときどき消化不良を起こして太陽フレアを吐き出す。そしてフレアからは宇宙空間にプラズマが帯のように伸びて、危険な粒子がますますたくさん出てくる。宇宙空間でしばらく過ごしたければ、太陽の天気を正確に予想して、フレアが発生したらすぐに予備のシールドの後ろに隠れないといけないのだ。

　要するに、地球にはつねに何億兆個もの宇宙粒子がぶつかってきている。そしてそれらの粒子は大量のエネルギーを持っているのだ。

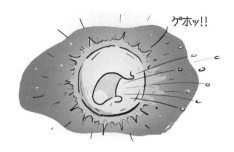

　でも幸いなことに、地上に住んでいる僕らは地球の大気でほぼ完全に守られている[74]。地球にぶつかってくる高エネルギー粒子のほとんどは、地表を覆っている空気や気体の分子にぶつかって壊れ、エネルギーの低い粒子をシャワーのように大量に発生させる。オーロラがどうして現れるのか、不思議に思ったことがあるかもしれない。地球の磁場で北極と南極に引き寄せられた宇宙線が輝いたもの、それがオーロラなのだ。

　でも、宇宙線から守られるのは地上にいるときだけだ。旅客機のキャビンアテンダントや密航者のように、上空で長い時間過ごす人は、ほかの人よりも宇宙線をたくさん浴びる。困ったことに、飛行機に日傘を取りつけても無駄だ。

　宇宙線の粒子は、どのくらいのスピードで飛んでくるんだろう？　地上でつくられた粒子のスピード世界記録は大型ハドロンコライダー（LHC）が持っていて、その加速のパワーは 10 テラ電子ボルト（10^{13}eV）近い［電子ボルト（eV）とはエネルギーの単位］。頭に「テラ」なんてついているとすごいみたいに聞こえるけれど、

74　国際宇宙ステーションでこの本を読んでる人がいたら、ぜひ写真を送ってきてほしい。

宇宙からやって来る粒子のエネルギーに比べたら何てことない。地球にぶつかってくる宇宙線なら、10テラ電子ボルトのエネルギーなんてざらだ。その程度のエネルギーの粒子は、1平方メートルあたり1秒間に1個くらいのペースで大気にぶつかっている。かなりのエネルギーに違いない。ゆっくり走っているスクールバスが、1平方メートルあたり1秒間に1台ぶつかってくるようなものなのだから。

でも地球にぶつかってくる宇宙線の中には、もっともっともっと高いエネルギーのものもある。それに比べたら、LHCで加速させた粒子なんて、ピーナッツバターの中をゆっくりはいはいする赤ちゃんみたいなもんだ。地球に衝突する粒子で観測されたことのあるエネルギーの最高記録は、10^{20}eV以上、LHCの最速粒子の200万倍近い。その記録破りの宇宙粒子に、物理学者は「オーマイゴッド」粒子なんてあだ名をつけた。目の下にクマのできた物理学者が、酔っ払ったティーンエイジャーみたいに見えてこないかい？

地球に超高速粒子を撃ち込んでるのは誰？　**243**

　こんなとんでもないエネルギーの粒子が、びっくりするほどしょっちゅう飛んできているのだ。その数は1年間で5億個近い。1日にすると100万個以上、1秒で十数個だ。この文を読んでいるちょうどいまも、1000個以上（そのエネルギーはゆっくり走るバス20億台分）が地球にぶつかっているのだ。

　でも、この高エネルギーの粒子について本当にびっくりするのはこの次だ。**こんなにエネルギーの高い粒子をつくれる現象は、宇宙のどこにも見つかっていないのだ。**

　そう、超高エネルギーの粒子が毎日何百万個もぶつかってきているのに、何がその粒子をつくったのかぜんぜんわからないのだ。天体物理学者にこう質問してみよう[75]。「いまの知識に基づいて、宇宙のどこかでいままでにつくることができた粒子の最高スピードはどのくらいですか？」　するとこういう答えが返ってくるだろう。(a)「いい質問だね」。(b)「超新星爆発の勢いで飛ばされるとか、ブラックホールでパチンコのようにはじき飛ばされるとかいった、とんでもない場面が思いつくな」。(c)「でもそれでも足りない」。宇宙について現在わかっていることを総動員しても、宇宙でつくれる粒子の最高エネルギーは10^{17}eVくらい、地球に毎日ぶつかっているエネルギーの1000分の1にもならないのだ。

　フェラーリのセールスマンは「時速400キロ出ますよ」と言っていたけど、走らせてみたら時速40万キロ出た。どう思うだろう？　世界一のフェラーリ専門家でも何も知らないんだな、と思うしかないね[76]。

75　著者の僕らも聞いてみた。
76　そう、天体物理学者をフェラーリのセールスマンにたとえているわけだ。

　宇宙線はまさにそんな感じなのだ。地球にぶつかっている宇宙線のエネルギーレベルは、宇宙で見つかっているどんなものでも説明がつかない。すると可能性はただ1つ。この宇宙には僕らの知らない新しい種類の天体があるはずなのだ。

　理屈の上では確かにその通りだけれど、やっぱり信じられない。宇宙についてはいろんなことがわかっているし（少なくとも5パーセントは）、何百年も前から星を観測したり、とんでもなく高精度な装置を開発してきたりしたのに、宇宙にはまだ見つかっていないものがあるのだ。こんなとんでもないエネルギーの宇宙線を生み出しているのは何なのか、それはまだ謎のままだ。でもラッキーなことに、その粒子がどこの何から生まれたのか、その手掛かりは粒子そのものが握っている。そのおかげで、疑問をはっきりさせて真っ正面から取り組むことができるのだ。

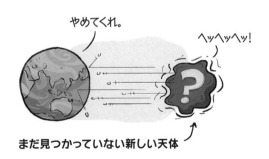

まだ見つかっていない新しい天体

地球に超高速粒子を撃ち込んでるのは誰？ **245**

どこからやって来ているの？

　誰かに超高エネルギーの何か（雪玉とかシリアルとか鼻くそとか）をぶつけられていたら、まずはあたりを見回してどこから飛んでくるのか確かめるだろう。例のとんでもなく高エネルギーの粒子は、何かある特別な種類の恒星からやって来ているんだろうか？　それとも超重ブラックホールから？　エイリアンの棲む惑星から？（1つじゃないかも！）　それともあらゆる方角から？

　ラッキーなことに、超高エネルギーの粒子は途中の磁場や重力場ではほとんど曲がらない。だからエネルギーの高い粒子ほど、発生源まで逆にたどっていくことができる。

　でもどこからやって来ているのかを突き止めるためには、何回か観測できないといけない。屋根の上から狙っているスナイパーみたいに、たくさん撃ってくれればくれるほど見つけやすいのだ。宇宙線の発生源を突き止めるのが難しいのは、地球という標的がかなり大きいせいだ。地球全体で見たら毎日何百万個もぶつかっているけれど、実際に検出器を設置してタイミングよく捕まえるのはなかなか難しい。さっき、地球には毎秒何百個もぶつかっていると言った。それはウソじゃない。でも地球はものすごく大きい。だから、一般的な検出施設の大きさ、だいたい数平方キロの範囲に宇宙線が何個ぶつかってくるか、その数のほうがここでは大事だ。

　LHCと同じエネルギー（10^{13}eV）の粒子は、1平方キロあたり毎秒1000個やって来ている。とんでもないエネルギー（10^{18}eV）の粒子はもっと少なくて、1平方キロあたり年間1個くらいだ。

お目当ての 10^{20}eV を超える粒子になると、ますます少ない。1 平方キロあたり $\overset{\bullet\bullet\bullet\bullet}{1000}$ 年に 1 個くらいしかやって来ないのだ。

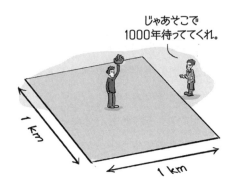

　だから、どこからやって来るのかを突き止めるのはすごく難しい。せっかく超大型の検出施設をつくっても、高エネルギーの粒子を捕まえられるチャンスはほとんどないんだから。いままでにつくられた宇宙線望遠鏡を全部合わせても、超高速粒子は片手で数えられるくらいしか見つかっていない。だからいまのところ、その恐ろしい宇宙の弾丸を撃ったのが誰なのか突き止めることはできないのだ。

　でも、その発生源についてはある重要なヒントがある。すごく遠くから来ていることはありえないのだ。可視光は散乱されたり減速したりせずに、何十億キロも進むことができる。とんでもなく遠くにある銀河でも見えるのはそのおかげだ。ロサンゼルス盆地の向こう側にある山並みを見るのと比べたら、宇宙空間でそんなに遠くを見られるなんてすごい[77]。でも、僕らには宇宙はすごく

77　しかもロサンゼルスは深呼吸したくなるような場所じゃない。

透明で空っぽのように見えるけれど、電荷を持った高エネルギーの粒子にしてみると、混雑した駅の中をかき分けて進んでいくようなものだ。宇宙の赤ん坊時代の写真、あの宇宙マイクロ波背景放射をつくっている光が、まるで霧のように宇宙に充満しているからだ。宇宙線はこの霧と作用しあってすぐに減速してしまう。10^{21}eV の粒子でも、たった数百万光年進んだところで減速して、エネルギーが 10^{19}eV 以下に下がってしまうのだ。

だから、例の高エネルギー粒子はわりと近い場所からやって来ているはずなのだ。そうでないと、光子の霧で減速してしまっているはずだから。もしかなり遠くからやって来ているとしたら、飛び出したときには本当にとんでもないエネルギーだったのでないといけない。本当にとんでもないことは考えないとしたら、発生源が何であれ[78]、この銀河系の近くにあるはずだと結論づけるしかない。このヒントで探索範囲が大幅に絞られるけれど、（科学的に言うと）まだとんでもない範囲が残っているからたいして役には立たない。

---

78 「誰であれ」かもしれない（ジャンジャンジャーン）。

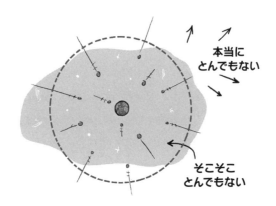

結局のところ、このヒントからは次のような驚きの事実が言えるのだ。

何か近くの天体がとんでもなく高エネルギーの粒子をぶつけてきているけれど、その天体が何なのか<u>ぜんぜんわからない。</u>

宇宙にはまだ見つかっていない新しいことがあるっていう何よりの証拠だ。

どうやって見つける？

大気圏のてっぺんに飛び込んできた超高エネルギー粒子は、(ありがたいことに) そのまま地上にやって来ることはなくて、た

くさんの空気や気体の分子と衝突する。10^{20}eV の粒子が大気中の分子にぶつかると、その半分のエネルギーを持った粒子 2 個に壊れる。その 2 個の粒子が別の分子にぶつかると、4 分の 1 のエネルギーの粒子が 4 個できる。それが次々に繰り返されて、最終的には、10^9eV のエネルギーを持った何兆個もの粒子が一瞬で地上に降り注ぐ。この粒子のシャワーは、おもに高エネルギーの光子（ガンマ線）、電子、陽電子、ミューオンからできていて、ふつう 1 キロから 2 キロの範囲に降る。そんなに広い範囲に強いシャワーが降れば、逆に超高エネルギーの粒子が地球にぶつかったのだとわかるのだ。

1、2 キロの範囲に降るシャワーをとらえるためには、すごく大きい望遠鏡が必要だ。でも、確かに大きくないといけないけれど、見渡す限りずっと望遠鏡でなくてもいい。直径 1 キロの粒子検出施設をつくる余裕がある人なんて誰もいないので、代わりに広

大な土地のあちこちに小さい粒子検出器を置いていくのだ。たとえば南アメリカにあるピエール・オージェ観測所では、広さ3000平方キロの敷地に1600台の粒子検出器と1万頭以上の牛がいる。[79]

　超高エネルギーの宇宙線で発生したシャワーをとらえるのにはすごくいい観測所だし、確かにものすごく広い。でも超高エネルギーの粒子は、1平方キロあたり1000年に1個しかやってこないのだった。だから3000平方キロをカバーしても年間数個しか見つからないかもしれない。数十年観測しても謎は解けないかもしれないのだ。

　ほかにはどんな方法があるだろう？　発生源を突き止めて宇宙線の由来を明らかにするためには、もっとたくさんの観測例が必要だ。でも、現在の技術でもっと大きい望遠鏡をつくろうとしたら、ものすごいお金がかかってしまう。オージェ観測所でも約1億ドルの費用がかかっている。

　1つすごく魅力的なアイデアが、何か別の目的でつくられた装

79　牛は科学の目的には使えない。そんなことわかってる。

置を見つけてきて宇宙線望遠鏡に改造するという手だ[80]。理想的な宇宙線望遠鏡の仕様を書き出すとしたら、こんな特長を盛り込みたいところだろう。

・地球全体をカバーする。
・費用は最小限。
・ものすごく高性能。
・すでに建設されて利用されている。

そんな仕様書あるかってバカにする前に、可能かどうかちょっと考えてみよう。世界中に散らばっていて1日のほとんどのあいだ使われていない、既存の粒子検出器のネットワークなんてあるんだろうか？ スマホでググったら、思ったより答えに近づけるはずだ。

実は、スマホに入っているデジタルカメラが粒子検出器になるのだ。ランチの寿司とか我が子のすごいパフォーマンス（確かに君の子供はすごい）とかの写真を撮るのと同じ技術で、高エネルギ

---

80 白状すると、このアイデアを思いついたのはこの本の著者の1人。いやいや、マンガを書いたほうじゃなくて、もう1人のほうだ。

一粒子が大気にぶつかって発生した粒子のシャワーを検知できるのだ。スマホはどこにでもあって、これを書いている時点で30億台以上使われている。しかも、プログラミングができてインターネットにつながり、GPSが使えて、一晩中使われていない。カメラを使って粒子を検出するアプリを走らせたら、クラウドソーシングで分散型の地球サイズの宇宙線望遠鏡をつくれるかもしれないのだ。

最近、何人かの科学者がこういうことを提案している。[81] 十分な人数（数千万人）の人が、スマホを使っていない夜間にそんなアプリを走らせれば、見逃していたかもしれない高エネルギーの宇宙線をもっとたくさん見つけられるだろうと。アプリを走らせる人が多ければ多いほど、ネットワークが大きくなって宇宙線をたくさん検出できる。君もだ！　君が天体物理学者になってみたいと思っているのは知ってるよ。このとんでもないアイデアが実現したら、宇宙最大の謎を解く取り組みに参加できるのだ。

考えられる正体は何だろう？

宇宙線の粒子がこんなにエネルギーが高いのを、天体物理学者は説明できない。つまり、知られている天体だけでは説明がつかないということだ。でも、こんなスピードの速い粒子を生み出すかもしれない新しい種類の天体を好き勝手にイメージしてもらっ

81　「何人か」っていうのはダニエルとその友人たちのこと。ウェブサイト http://crayfis.io でもっと情報を仕入れてほしい。

たら、いろいろおもしろいアイデアが出てくる。

　天体物理学者はクリエイティブな連中だし、宇宙探査の歴史から見ると宇宙はそれに輪をかけてクリエイティブだ。いまからいくつかアイデアを紹介するけれど、全部間違っている可能性が高いし、本当の正体はいかれた科学者でも思いつかないようなとんでもない代物かもしれない。

超重ブラックホール

　何年ものあいだすごく支持を集めていたのが、銀河の中心にあるとんでもなくパワフルなブラックホールで宇宙線の粒子が生まれるという説だ。そのようなブラックホールは、太陽の何千倍も何百万倍も重い。ブラックホールに飲み込まれてしまった物質のほかにも、大量のガスや塵がブラックホールのまわりを渦巻いて飲み込まれるのを待っている。そのような物質はものすごい力を受けていて、とんでもない強さの放射を発している様子が観測されている。でも、何十年かの観測で見つかっている数えるほどの

82　「ホール」なんて恐ろしい名前だけれど、実はすごく密度が高くて中身の詰まった天体のことだ。「ブラックマス」のほうがいい名前かもしれないけれど、今度は悪魔の儀式に聞こえてしまうかもしれない。

超高エネルギーの宇宙線は、活発に活動する銀河中心の場所からやって来ているようには見えない。だからこの説はどうも間違っているようで、ますます突拍子のない説を考えないといけない。

エイリアンの科学者

物質を小さい破片にばらばらにして調べようとしている知的生命は、本当に僕らだけなんだろうか？　科学者の中には疑っている人もいる。もしエイリアン、つまり地球外知的生命が、僕らのよりもずっと強力な粒子加速器をつくっていたら？　僕らが観測している超高エネルギー宇宙線は、その名残、つまりエイリアンの実験で出た汚染物質なのかもしれない。せっかくエイリアンのことを話しているんだから、ますます愉快でばかげた可能性も考えてみよう。もしその手の粒子が、たった1か所から、たとえば近くの恒星のまわりを回る生存可能な惑星から来ていることがわかったら？　すごい発見になるはずだ。

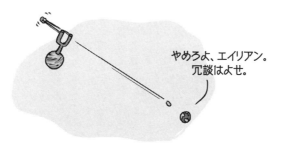

マトリックス

ますます突拍子もないアイデアだ。この宇宙は巨大コンピュー

タの中で走っているただのシミュレーションかもしれない、そう考えている科学者もいるのだ。もっと大きいメタ宇宙の住人が、僕らの宇宙を使って何か実験をしているのかもしれない。[83]どうしたらそれがわかるだろうか？　この宇宙を走らせているコンピュータには性能の限界があって、シミュレーションにちょっと問題があったとしたら？[84]　この宇宙を大きいキューブに切り分けて、それぞれのキューブの中で物理シミュレーションをしているとしたら、キューブを何個も高速で突き抜ける物体ではおかしな結果が出てくるかもしれない。だとしたら、超高エネルギーの宇宙線が飛んでくる方角のパターンから、この宇宙はシミュレーションだったと明らかになってしまうのかもしれないのだ。

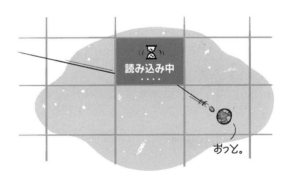

新しい力

物理学の道具箱に入っている天体とか力とかで問題の粒子を説

83　最初に思いついたのはもちろんダグラス・アダムズだけれど、正気な科学者も真剣に取り上げている。真剣にだ。
84　もしWindowsで走らせているとしたら、クラッシュしないように祈るしかない。

明できたら、それはそれでいい。でもこれだけ長いあいだ説明できていないのだから、わくわくするし、じれったい別の可能性も考えられる。もしかしたら問題の粒子は、まだ見つかっていない何か新しい力がつくり出しているのかもしれない。そんな力が存在していて、それが宇宙線を生み出しているのだとしたら、どうして別の場所ではその力の効果が見えないんだろう？　でも、宇宙の全エネルギーの68パーセントがダークエネルギーだと最近になってわかったくらいなんだから、宇宙をねじ曲げる未発見の力がまだまだあったとしても不思議じゃない。問題の粒子は、自然界のまったく新しい力が見つかる糸口になるかもしれないのだ。

昔ながらのふつうの物理

もちろん答えはもっと退屈で、宇宙の素性についてものすごいことがわかることなんてないのかもしれない。恒星の一生の中の、まだ知られていない新しい段階なのかもしれない。あるいは、星好きにはおもしろい天体だけれど、宇宙にまつわる何か深いことを教えてくれるようなものではないのかもしれない。でも夢は見つづけよう。

地球に超高速粒子を撃ち込んでるのは誰？　**257**

宇宙のメッセンジャー

　君はこれまで、自分が超高エネルギーの宇宙弾丸で撃たれつづけているなんて知らずに生きてきたかもしれない。不思議な何かがどこからか君を撃っているのに、それが何か（誰か）はぜんぜんわからないのだ。もしこの章を読んでいなかったら、そんなことにはいっさい気がつかずに君は幸せな人生を送っていたかもしれない。

　でももう手遅れだ。Chapter 8 でわかったように、時間をさかのぼることなんてできないんだから。でも知ってしまったからには、それを踏まえて夜空をもう少し眺め、この宇宙にまだたくさん残っているとんでもない謎に思いをめぐらせてみたらどうだろう。

　問題の宇宙線は、君を傷つける弾丸じゃなくて、何かを伝えてくれる使者なのかもしれない。考えてみてほしい。宇宙空間を何十億キロも旅して、僕らがいままで見たことも想像したこともないとんでもない代物のことを伝えてくれているのだ。とてつもないエネルギーと、もしかしたら新しい力が関係した何らかのプロ

セス、あるいは未知の宇宙的なメカニズム、あるいはエイリアンの証拠を伝えてくれる。そして驚きの事実を教えてくれるのだ。

そんな弾丸、絶対にかわしたくなんかない！

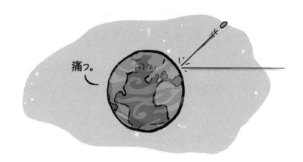

12

どうして僕らは 反物質じゃなくて 物質でできているの?

その答えは、尻すぼみの 反クライマックスな展開にはならない

数学と物理学はすごく深い関係にあって、長年のルームメイトみたいに普段はかなりうまくやっているけれど、ときにはどっちが残り物を食べちゃったのかと喧嘩になることもある。[85]

たとえば、物理学は数学に頼って、物理法則を $E = mc^2$ などと表現したり、「ルームメイトに気づかれずにケーキをどのくらい盗み食いできるか」といった大事な計算をしたりする。シェイクスピアが英語を使ったのと同じように、物理学は数学を言語として使っている。数学を知らなかったら、物理学の詩を読むのはすごくしんどいだろう。[86] でもたとえ数学を知っていても、物理学者が書いた詩は必ずしもうまいとは限らない。

逆に数学も物理学から、いろいろ役に立つことをしてもらって

---

85 数学が冷蔵庫の中においしいチョコレートケーキを何日も置きっぱなしにしていたからといって、それは物理学のせいじゃない。

86 「汝を夏の1日の無限和と比べてみよう」。アイザック・ニュートンの失われた詩より。

いる。もし物理学がなかったら、数学は、虚数とか多額の税金還付とかいった抽象的な概念だけになってしまう。さらに数学者は、物理学に背中を押されて新しい数学問題を見つける。たとえば、究極の物理理論と期待されている弦理論が発展したことで、数学にもいろんなひらめきがたくさん生まれたのだ。

ときには、物理世界を理解するのに人間の直感が邪魔になることがある。そんなときには数学に手を引っ張ってもらったほうがいい。たとえば、量子的粒子の不思議な振る舞いとか、わけのわからない所得税申告用紙とかを理解したい場合だ。そんな場合、数学の道案内についていく以外にない。計算が正しければ、直感よりも数学を信じたほうが現実を正確にとらえられる。還付金が1京2000兆ドルになったり、量子的粒子が高い壁の反対側に姿を現したりするなんて、理屈が通らないように思うかもしれないけれど、数学が正しければ実際に起こるのだ。

でもそうじゃないこともある。ときには数学から物理的に筋の

通らない予測が出てきて、取り下げるしかないこともあるのだ。

たとえば、お菓子メーカーを経営している君は、チョコレートケーキを空中に飛ばして配達する新システムのテストをしているとしよう。放物線軌道を描いてお客の玄関先に正確に着地させるためには、どのくらいの速さで撃ち出せばいいだろう？　それを計算するには、$y = ax^2 + bx + c$ みたいな方程式を解いて、チョコレートケーキ砲の発射スピードと打ち上げ角を求めないといけない。でもこの方程式には x^2 が含まれているので、ケーキが着地する場所としての解は2つ出てくる。

一方の解は物理的に正しくて、びっくりするほどおいしいチョコレートケーキが完璧に正確な場所に届く。でももう一方の解は意味が通らない。初速がマイナスと出てくるので、ケーキを地面めがけて後ろ側に撃ち出すことになってしまうのだ。

ケーキの配達

方法その1　　　　方法その2

数学的には正しい解だけれど、物理的には正しくない。こんな解が出てきたのは、物理的な条件を漏れなく考えに入れないで数学的モデルをつくってしまったからだ。たとえば、ケーキが硬い地中を突き抜けることはできないといった条件だ。それを言ったら、チョコレートケーキがたくさん空を飛び交うのが安全上どうなのかという心配も無視してしまっている。でもこの本では物理

のことだけを考えることにしよう。

すぐ失敗しそうなこのケーキ配達システムのように、一方の解は現実的で、もう一方の解は無視しないといけないことはよくある。物理学者はそんなケースに慣れていて、物理的でない解を、この宇宙のことは何も教えてくれない数学的なまやかしだとしてたいていは捨ててしまう。

でも、うぬぼれた物理学者（そしてケーキメーカーの経営者）は気をつけてほしい。ときにはそのまやかしが現実的に正しくて、ノーベル賞（そして営業利益）が待っていることもあるのだから。この章では、マイナスの解がどうして反粒子や反物質の発見につながったのかを話していくことにしよう。そして、ノーベル賞を取ったチョコレートケーキの最後のかけらが盗み食いされてから100年近く経っているのに、いまでも解けない、いろんな疑問を紹介していこう。

反物質の発見から、鏡粒子まで

反物質の話の発端は、ポール・ディラックという名前の物理学者が、超高速で動く電子の量子力学的性質を表す方程式を導こう

としたことだった。

　ゆっくり動くなまけ者の電子の量子力学的性質を表す方程式なら、もっと前に見つかっていた。それは20世紀のはじめ、衝撃的な量子力学革命のときで、現実の世界をおおもとから考えなおすことになった。量子力学の登場で、この世界についての深くて単純な前提を捨てるしかなくなったのだ。1つの物体が同時に2か所に存在することなんてありえないし、まったく同じ実験を二度繰り返したら必ず同じ結果が出るはずだ、という前提だ。ところが、ドッカーン、脳みそが吹っ飛んだんだ。

　でも20世紀はじめの物理学者は、僕らの無邪気な宇宙観を一度だけじゃなくて二度も吹き飛ばした。理屈の通らない量子力学に追い打ちをかけるように、相対性理論の革命が起こったのだ。相対性理論によると、この宇宙には制限速度がある（Chapter 10を見てほしい）。そしてそのせいで、昔から大事にされてきた考え方をいくつも捨てるしかない。時間は誰にとっても共通で、正直な人なら出来事の起こった順番はみんな一致するという、昔ながらの考え方だ。

　ディラックは、直感に合わないこのとんでもない2つの物理を正しく表現した、2つのとんでもない数学を見比べてこう思った。

両方くっつけたらどうなるんだろう？　ますますとんでもないことを期待していたとしたら、まさに思った通りになったのだ。

　ディラックは量子力学と相対性理論の両方を使って、高速で動く電子の振る舞いを表す方程式を導いた（ディラック方程式という想像力豊かな名前がついている）。美しくて単純な方程式で、正しそうに見えたけれど、1つ小さな問題点があった。[87]

　この方程式は、マイナスの電荷を持ったふつうの電子に正しく通用するだけじゃなくて、反対の電荷を持った電子にも通用する。そうディラックは気づいたのだ。[88] つまりこの方程式によると、プラスの電荷を持った電子も同じように物理法則に当てはまるのだ。その電子をディラックは反電子と名づけた。反電子はいろんな点で電子そっくり。質量も同じだし、同じ量子的性質で表される。でも電荷は反対だ。そんな粒子はそれまで見つかっていなかったので、みんな頭を抱えた。

　マイナスの解なんて数学的なまやかしだから捨てるしかないと思った人もいるかもしれない。でもディラックは興味津々だった。

87　ディラックが統一したのは、量子力学と特殊相対性理論、つまり、平らな空間の中を光の速さに近いスピードで動く粒子を表す理論だ。大きい質量でゆがんだ空間の中を動く粒子を表す、一般相対性理論を統一したわけではない。それはまだ実現していない。
88　ますますとんでもないことに、マイナスの電荷を持ったふつうの電子が時間をさかのぼったとしても、この方程式は通用してしまう。

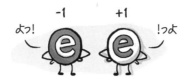

ただの数学的なまやかしじゃなくて、何か現実と関係があったら？　そもそも反電子の存在を禁じる物理法則なんてあるんだろうか？　そんなもの1つも思い当たらなかったのだ。

　それどころかディラックは、この方程式を見てますます大胆なことを言い出した。すべての粒子に、それに対応する反粒子が存在すると唱えたのだ。

　ディラックは新しい粒子を1種類予言しただけでは済まずに、まったく新しいタイプの粒子を一気に予言したことになる。大胆なアイデアだ。ちょっと考えただけだと、すべての粒子にその反対の性質の粒子があるなんてとんでもない話に聞こえる。まるで映画の中で善人に双子の悪人がいるようなものだ。反粒子は電荷

が違うだけじゃなくて、弱い核力と強い核力の「荷」も違う。映画にたとえれば、善人のほうは背が高くてがっしりで、黒髪でダークチョコレート好き、悪人のほうは背が低くてガリガリで、金髪でホワイトチョコレート好きだ（何て極悪だ！）。

　とんでもないアイデアだけれど、実は正しかった。いまでは反粒子はたくさん見つかっているのだ。ディラックがこのアイデアを唱えてからすぐに、反電子が検出された（このときに陽電子と名づけられた）。現在では、知られている荷電粒子のほとんどに反粒子が見つかっている。素粒子の衝突で簡単につくられるし、LHCのある CERN［ヨーロッパ原子核研究機構］では毎年数ピコグラム［1兆分の数グラム］生産されている。宇宙線にも反粒子が含まれていることがあるし、大気と衝突して寿命の短い反粒子がつくられることもある。

　最小スケールの物理には、いろんな対称性が見られる。反粒子はそのいい例だ。粒子と反粒子のペアは、別々の粒子じゃなくて1枚のコインの裏表だと考えることができる。しかも前に話したように、この宇宙にはそれと別の意味で似ている粒子がいくつもある。物質の素粒子にはそれぞれ、2種類のもっと重いとこがいるのだった。たとえば電子にはミューオンとタウがいて、量子的性質（電荷やスピン）は電子とほとんど同じだけれど、質量がもっと大きい。だから電子には、重いいとこと反粒子という、2通りのそっくりさんがいることになる。そしてその重いいとこにも、もちろん反粒子がある。

　でもそれだけじゃ終わらないかもしれないのだ！　超対称性理論という仮説によると、すべての素粒子にはまた別の鏡粒子があ

るのだという。その超対称性粒子は、もとの粒子に似ている（電荷は同じで、質量もたぶん同じだ）けれど、量子スピンが違う。この宇宙は、素粒子の姿をいろんな形に映したりゆがめたりする鏡張りのビックリハウスなのだ。

物理学とは基本的なことに
ビックリすること

でもこの手の新しい素粒子を見ると、ますます疑問が湧いてくる。どうしてふつうの素粒子に双子の悪人なんてのがいるんだろう？[89]　どうして普段はそれが飛び回っているのなんて見かけないんだろう？

反粒子の消滅

SFで大事な役割をする小道具はみんなそうだけれど、反物質についてもいろいろ誤解が広まっている。たとえば、粒子と反粒子が触れると爆発するって話、聞いたことがあると思う。バカな

89　テレビの視聴率を上げるためっていうのは置いておいて。

話だと思わないかい？
　でも実は本当なのだ。

　粒子が双子の反粒子と出合うと、ハグして楽しくおしゃべりするだけじゃ済まない。お互いを完全に破壊してしまうのだ。どっちも姿を消して、その質量は、光子やグルーオンなど、力を伝える高エネルギーの粒子に100パーセント変わってしまう。これを「対消滅」という。もとの粒子は跡形もなくなる。対消滅は電子と陽電子だけでなくて、クォークと反クォーク、ミューオンと反ミューオンが出合っても起こる。粒子とその双子の悪人を引き合わせると、いろんなドラマが起こってエネルギーがはじけるのだ。SFに登場する反粒子のとんでもない性質は、実は本当だったのだ！

　質量には大量のエネルギーが蓄えられているので、ちょっとやそっとのことじゃ済まない。アルベルト・アインシュタインは、質量とエネルギーが $E = mc^2$ という数式で結びついていることを明らかにした。この数式では、秒速3億メートルという、ただでさえ値の大きい光の速さ c がさらに2乗されているので、ほんのちょっとの質量で大量のエネルギーになる。2個の粒子が完全

に対消滅すると、蓄えられていた大量のエネルギーが放出されるのだ。具体的にはどのくらいだろう。反粒子たった1グラムとふつうの粒子1グラムが一緒になると、爆発力は40キロトン以上、第二次世界大戦でアメリカが落とした原子爆弾の2倍以上の威力だ。よくあるふつうのレーズンがだいたい1グラム。レーズン1粒と反レーズン1粒で、大量果実の乾燥兵器になるのだ。

果物はあぶない

何かの物体がものすごいエネルギーの閃光に変わるのなんてめったに見ないんだから、対消滅なんて奇妙なことに思えるかもしれない。2つの物体が対消滅するっていったいどういうことなんだろう？ 近づいていって触れた瞬間に、ドカーン、ただのエネルギーに変わってしまうんだろうか？

まず忘れちゃいけないのは、素粒子は小さなボールじゃなくて量子力学的な物体だということだ。素粒子の振る舞いを理解するのに、小さいボールのイメージで済むこともあれば、量子力学の波のイメージを使わないといけないこともある。でも、どっちもしっくりとはこないし、ふさわしくないこともある。年1回、家族のピクニックに顔を出してくるおじさんみたいなもんだ。ど

---

90 炎はまた別。蓄えられていたエネルギーが化学反応で光に変わるだけ。

のおじさんのことか、わかるよね？

2個の素粒子がすごく近づいても、素粒子に表面なんてものはないから、互いに触れることは実際ない。そこで代わりにこう考えればいい。それぞれの素粒子の量子力学的性質が1つになって、2個の素粒子が別の形のエネルギー（ほとんどの場合は光子）に変わるのだ。エネルギーの合計によっては、そのエネルギーから別の種類の素粒子が生まれることもある。大型ハドロンコライダーで素粒子どうしをぶつけて、ふつうのありふれた素粒子から新しい種類の素粒子をつくり出すときには、まさにそれを起こしているのだ。

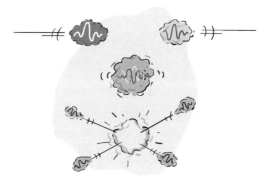

素粒子をぐちゃっと1つにする

つまり、どんな素粒子が作用しあっても、もともとの粒子は消滅して新しい粒子が生まれる。粒子と反粒子のペアが特別なのは、お互いが鏡粒子であって電荷が反対だというところだ。そのためお互い引き寄せあうので、ぐちゃっと1つになりやすい。しかも完璧な双子どうしなので、対消滅すると光子のような中性（電

荷ゼロ）の素粒子になる。

　もう1つ覚えておかないといけないことがある。素粒子どうしが作用しあう（ぐちゃっと1つになる）ときには、保存されるものがあるのだ。たとえば、何もないところから電荷が生まれたり、逆に電荷がぽっと消えたりすることなんて絶対にない。作用しあう前とあととで、電荷の合計は必ず同じだ。どうして？　わからない。そんな法則が当てはまる理由はわかっていない。実験でそうなるから理論に組み込んでいるだけなのだ。

　電子とその反粒子（陽電子）が近づくと、電荷が反対（−1と+1）なのでますます引き寄せあう。そして1つになると、反対の電荷どうしが完璧に打ち消しあって、両方の粒子が跡形もなく消え、光子だけになる。同じことを別の粒子、たとえば2個の電子でやろうとしても、マイナスの電荷どうしが反発しあってしまう。どうにかしてその反発力に打ち勝っても、1つになったあとで合計のマイナスの電荷（−2）が保存されないといけないので、完全に対消滅して中性の光子になることはない。

　しかも保存されるのは電荷だけじゃない。電荷が反対ならどんな組み合わせの粒子でも（たとえば電荷が−1の電子と電荷が+1の反ミューオンでも）対消滅するんじゃないの、と思ったかもしれない。でもそれはない。この宇宙では対消滅のもう1つのルールとして、「電子っぽさ」とか「ミューオンっぽさ」も必ず保存されるのだ。電子を電子でないもので破壊することはできない。反粒子である陽電子でないとだめなのだ。[91] 電子のいとこ、ミューオンと

91　または、電子っぽさを持っている電子ニュートリノ。電子と反電子ニュートリノが1つになるとWボソンができる。

272 Chapter 12

タウでも同じだ。

対消滅のときに保存される量

e 電子っぽさ

3クォークっぽさ

★ すごいっぽさ

ネッシーっぽさ^{ネス}

　まだ話は終わらない。保存される量はほかにもたくさんあるのだ（たとえば、3個のクォークからなる粒子の個数、「3クォークっぽさ」も保存される）。どういう粒子の相互作用が起こって、どういう相互作用が起こらないかをあれこれ観察した結果から、それぞれの保存量は導かれている。[92]　こうしたルールのせいで、完全に対消滅するのは粒子と反粒子の場合だけになっているようなのだ。

　どうしてこの宇宙にはそんな変なルールがあるんだろう？　わからない。もしかしたらいつか、それらのルールはもっと単純で基本的な素粒子理論から自然に出てくることが明らかになるかもしれない。とりあえずいまの時点でも、宇宙の基本法則を解き明かす大事な手掛かりを反粒子が握っていることは確かだろう。

反人間

　反粒子は粒子の得体の知れない双子で、両方が一緒になると、

92　クォーク3個からできている粒子（陽子や中性子など）をバリオンという。だから「3クォークっぽさ」はふつう「バリオン数」という。

まるで総合格闘技の小さな闘士たちが死の決闘をするかのように対消滅してしまう。でも、信じるかどうかは別としてまだまだおもしろいことがあるのだ。

反粒子もふつうの粒子と同じように集まって、中性子や陽子などもっと複雑な粒子の反バージョンをつくることができる。たとえば、反ダウンクォーク2個と反アップクォーク1個で反中性子ができる。できた反中性子は電荷がゼロ（中性子と同じ）だけれど、中身は反粒子でできている。反アップクォーク2個と反ダウンクォーク1個なら反陽子ができる。反陽子はふつうの陽子に似ているけれど、中身が反粒子でできているので電荷はマイナスだ。

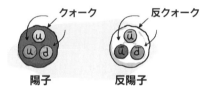

不思議なことはまだまだ続く。陽電子、反陽子、反中性子があれば、反原子をつくることもできるのだ！ プラスの電荷を持った陽電子と、マイナスの電荷を持った反陽子は、電荷が反対なこと以外はふつうの粒子と同じように振る舞う。陽電子と反陽子を一緒にすると、反陽子のまわりを陽電子が回って反水素ができる

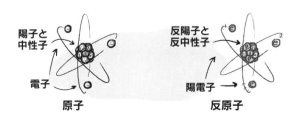

のだ！

　理屈の上では、反粒子をたくさん集めれば「反何でも」つくることができる。たとえば反水素原子2個と反酸素原子1個を組み合わせれば、反H_2O、つまり「反水」もつくれる。見た目も感じも振る舞いもふつうの水と同じだけれど、飲んだら君はまばゆい光を放って爆発し、きっと反リフレッシュできるだろう。

　まだまだ。反水をつくれるのなら、どんな原子や分子の反バージョンだってつくれるはずだ。反化学、反たんぱく質、反DNAさえつくれるかもしれない。

　もしかしたら、地球全体とか君とかにそっくりな、反物質でできた地球とか君とかがいるかもしれない。反誰かが反自動車を走らせて、反家に住んで、この本の反バージョンを読んでいるかもしれない。その本は反紙でできていて、本当におもしろいだじゃれが満載なのだ。[93]

　でも、僕らの知っている物質が「物質的」で、反物質が「反物質的」だともともと決まっているわけじゃない。もし立場が逆で、僕らが反粒子でできていたら、反物質のことを「物質」、ふつうの物質のことを「反物質」と呼んでいたは

93　しかも反脚注がマイナスの番号で並んでいる。

ずだ。別にどっちをどう呼んでもかまわない。僕らのほうこそ双子の悪人かもしれないのだ（ジャンジャンジャーン）！　究極のどんでん返しじゃないか？

　さて、ここまで反粒子とか反物質のことをあれこれ話してきたけれど、どうしてもこういう疑問が浮かんでくる。反物質なんていったいどこにあるの？

反物質の謎

　反粒子が存在することはわかっているし、高速で動いているときの振る舞いはディラック方程式で見事に説明できる。でも完全に理解できているかというと、そんなことはない。この奇妙な現象からはますますたくさん疑問が浮かび上がってくるのだ。

　たとえば、どうして反粒子なんてあるんだろう？　いまの素粒子理論では反粒子が欠かせないけれど、何か別の理論では、もっといろんな種類の変わった双子（あるいは三つ子とか、不埒な四つ子とか）もありえるんじゃないの？

ますます込み入った話になってきた

ほかにもいろいろ疑問は出てくる。反粒子はふつうの粒子と正確に逆の性質なんだろうか？ それとも、振る舞いとか手触りとか味とかチョコレートの好みとかに微妙な違いがあるんだろうか？ 反粒子は粒子と同じように重力を感じるんだろうか、それとも逆のふうに感じるんだろうか？

でもいちばん大きい疑問は単純。どうしてこの世界は反物質じゃなくて物質でできているんだろう？

ポジティブな君なら、ネガティブな気持ちを抑えてこの本を読み進めて、これらの謎をもっと探っていける。何てったって、電荷（チャージ）のお代はいらないんだから。

どうしてこの宇宙は反宇宙じゃなくて宇宙なの？

物質と反物質には、すごく大きくてすごく大事ですごく当たり前の違いが1つある。物質は至るところにあるのに、反物質はほとんど見つからないのだ。どうやらこの宇宙には、反物質よりも物質のほうがずっとたくさんあるらしいのだ。

もし物質と反物質がお互い正反対のバージョンだったら、ビッグバンのときに粒子と反粒子は同じ個数つくられたはずだ。でも、そこから少し劇を進めてみたらどうなるだろう？ ふつうの粒子1個

あたり反粒子が1個つくられたとしたら、いずれはすべての粒子が反粒子と出合って対消滅し、宇宙の物質は残らず光子に変わっていたはずだ。でも君は生きているし、この本を読んでいるし、君が光でできていないのはほとんど間違いないんだから、そんなことにならなかったのは確かだ。だから、反物質よりも物質のほうがなぜか選り好みされたのだと考えるしかないのだ。[94]

この差の理由として考えられるのが（少なくとも）2つある。

考えられる理由その1

ビッグバンのときに、反物質よりも物質のほうが少しだけたくさんつくられた。大部分の物質と反物質は対消滅して消えてしまった。でも、反物質が底をついてもほんの少し物質が残っていて、その物質から、いま存在している銀河や星、チョコレートケーキやダークマターがつくられた。

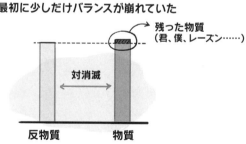

確かにそれでいまの宇宙の様子は説明できるけれど、話をはぐ

94　君は確かにすごいんだけれど、そこまでじゃない。

らかしているだけだ。「どうしていまの宇宙は反物質じゃなくて物質でできているの」という疑問が、「どうして宇宙の始まりには反物質よりも物質のほうが多かったの」という疑問に変わっただけだ。そして残念なことに、どっちの疑問の答えもぜんぜんわからない（しかも、初期の宇宙にまつわる現在の理論のほとんどは、最初に物質と反物質が違う量だけつくられたという事実とつじつまが合わない）。

考えられる理由その2

ビッグバンのときには物質と反物質は同じ量だけつくられたけれど、粒子の何かの性質のせいで、時間が経つにつれて物質が反物質よりも多くなっていった。

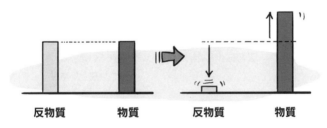

**理由その2：
最初は同じ量だったけれど、
時間が経つにつれて反物質は姿を消していった**

反物質　　物質　　　　反物質　　物質

物質よりも反物質のほうを速く壊したり、反物質よりも物質のほうを速くつくったりする物理反応がもし存在するとしたら、それもありえる話だ。粒子はつねにつくられては壊されているので、粒子と反粒子とで生成や破壊がほんのちょっと違っていただけだったとしても、その違いが積み重なれば大きいアンバランスになるかもしれない。[95]

この第２の説はなかなかよさそうだ。でもこの宇宙がそもそも、反物質よりも物質のほうを好んでつくったり取っておいたりするなんてありえるんだろうか？[96]　ほとんどの物理現象は完璧に対称的だ。わかっている限り、ふつうの物質にできることなら反物質でも同じようにできる。たとえば中性子は陽子と電子と反ニュートリノに崩壊する（核ベータ崩壊といってつねに起こっている）。それとまったく同じように、反中性子は反陽子と反電子とニュートリノに崩壊する。

　もしかしたら、宇宙の選り好みはほんのちょっとなのかもしれない。物理学者は素粒子の生成と破壊を調べて、粒子と反粒子のあいだで次々に姿を変える振動現象の様子のわずかなずれを探している。

　ちょっとしたずれの証拠は見つかっているけれど、残念ながら、いまの宇宙に見られるとてつもなく大きなバランスのずれはとうてい説明できない。

　だから、反物質よりも物質のほうが選り好みされた理由はほかにもあるはずだ。それがわかったら、そもそもどうして粒子と反粒子の２種類があるのか、その手掛かりが見つ

かるかもしれない。でもいまのところはぜんぜんわからない。

95　宇宙は一度も休みを取ったことがないから。
96　物質と反物質とで生成と破壊に違いがあったとしても奇妙だし、ビッグバンのときにつくられた物質と反物質の量に違いがあったとしても奇妙だ。そう思った君は鋭い。でも１つめのケースなら、いま検証して調べることができる。

でも反物質は
どこかにあるかもしれない。

　もしかしたら全部間違いかもしれない。実は宇宙には物質と反物質が同じ量あって、それぞれ違う場所に分かれているだけだったとしたら？　地球とその近くの星は間違いなく物質でできているけれど、どこかほかの場所には反物質でできている星があったとしたら？

　物質と反物質はすごく似ているので、遠くの星が物質でできているか反物質でできているかは、やって来る光を見ただけではわからない。どっちのタイプの恒星も同じ核反応を起こして、同じエネルギーの光子を同じように放っているはずだ。

　ならもっと近くに目を向けてみよう。地球は物質でできているから、もし反物質があったら爆発的に反応してしまうはずだ。だから、地球上にまとまった量の反物質がないことはわかりきっている。じゃあもう少し視野を広げよう。地球の近くの宇宙空間に、反物質でできた広大な領域があったりしないんだろうか？　この太陽系の中に反物質でできた惑星はないんだろうか？

絶対にない！　物質と反物質が一緒になるとどうなるか、思い出してほしい。親戚と政治談義をしたときよりも危険なことになるのだ。たとえば、もし月が反物質でできていたら、物質でできた隕石が衝突するたびにものすごい爆発が起こって明るい閃光が輝くはずだ。レーズンくらいの大きさの隕石でも、原爆と同じくらいのすごい爆発が起こる。地球と月には物質でできた大小さまざまな隕石がたえず衝突しているのだから、少なくとも月が反チーズでできていないのは確かだ。

火星など、この太陽系のほかの惑星も同じだ。もし火星が反物質でできていたら、爆発で発生した光子がしょっちゅう見えるはずだ。そもそも、物質でできた場所の近くに大量の反物質があったら、2つの場所の境目でつねに対消滅が起こって光子が発生しているのが見えるだろう。地球の近くでそんな現象は見つかっていないのだから、この太陽系は物質でできていると胸を張って言える。

しかも、地球からは物質でできたたくさんの物体（や人間）が太陽系の探査に出かけているけれど、一瞬の閃光で消滅してしまったことなんて一度もない。[97]

天文学者は探査の手を広げて、この銀河系の中に丸ごと反物質でできた恒星系を探している。でもいまのところ、物質の領域と反物質の領域の境目で発生するはずの明るい閃光が観測されたことなんて一度もない。銀河が1個丸ごと反物質でできているという可能性も考えられた。でももしそんな銀河があったとしたら、

97　いまのところはね！

**どこかで巨大爆発が起こった様子はないんだから、
反物質でできた広大な領域なんてどこにもない。**

物質でできた銀河と反物質でできた銀河からそれぞれ流れ出してきた粒子が対消滅して、そのあいだの宇宙空間が明るく輝いているはずだ。天文学者はこの理屈をどんどん広げていって、いまでは、僕らのいる銀河団全体が物質でできていると言い切っている。

現在、直接観測できるのはそのくらいが限界だ。それより遠くのことは断言できない。銀河団どうしのあいだのボイド［銀河がほとんどない空っぽの場所］がかなり広いので、もしどこかに物質と反物質の境目があったとしても、対消滅の光は弱すぎて見えないだろう。

とはいっても、この宇宙全体がやっぱりふつうの物質でできている可能性は高いだろう。物質でできた銀河団と反物質でできた銀河団が生まれるためには、赤ちゃん宇宙の中で物質と反物質がかなり離れて存在していないといけない。でもそうすると、また新しい疑問がたくさん出てきてしまうのだ。

まとめると、観測可能な宇宙のどこかに反物質の大きな塊が存在するという証拠は1つもない。物質だけがあって反物質がないのはどうしてなのか、その疑問はまだ解決していないのだ。

説明できないこと

反物質

男性の乳首

足の小指

猫

中性物質

どんな種類の粒子にも反粒子はあるんだろうか？ いまのところ、電荷を持っている粒子にはすべて、それ自体と別の反粒子がある。でも、電荷ゼロ（中性）の粒子については、いまのところ答えははっきりしていない。

たとえば光子（電荷はゼロ）には、それ自体と別の反粒子、つまり反光子というものはない。光子はそれ自体が反粒子だと言う人もいるようだけれど、それじゃあ問題をはぐらかしているみたいだ（自分自身がいちばんの親友だと言う人には、友達は1人もいないとでもいうんだろうか？） Zボソンやグルーオンも同じ。気づいたかもしれないけれど、この3種類とも力を伝える粒子だ。でも電荷を持っているW粒子は、力を伝える粒子なのに反粒子がある。どうして反粒子のあるものとないものがあるんだろう？ ぜんぜんわからない。

ニュートリノ（電荷はゼロ）には、弱い核力の「荷」（「ハイパーチャージ」という）がプラスマイナス反対の反粒子があるだろうと考えられている。でもニュートリノは謎が多くて調べるのが難しいので、自分自身が

俺は「反俺」さ。

光子は自分自身が
最大の敵。

284 Chapter 12

反粒子だという可能性もある。

どうしたら反物質を調べられるの？

　反粒子を使って反物体をつくれたらと考えるとぞくぞくする。すごくクールだし、役にも立つだろう。反物質とふつうの物質の違いがわかって、反物質が存在する理由も説明できるかもしれない。

　でも残念なことに、反物体（反粒子でできている）を使って実験するのはとんでもなく難しいのだ。

　ふつうの物質で物体をつくるのでさえ難しい（チョコレートケーキをつくるためには、10^{25} 個の陽子と 10^{25} 個の電子、そしてたっぷりの愛情がいる）。ましてや反物体となると、ふつうの物質の粒子が1個でも触れたらケーキは爆発してしまって台無しだ。

　反物質で言うと、実験室で反陽子と反電子をうまく組み合わせて反水素をつくるのに成功したのも最近のことだ。2010年、数百個つくって約20分間貯蔵することに成功した。[98] 技術的には大偉業だけれど、反物質にまつわる謎に残らず答えるのにはまだまだ足りない。数えるほどの水素原子を数分間しか見られないのだから、この宇宙のことなんてほとんどわかっていないも同然だ。

　かなり進歩はしているけれど、反物質のつくり方と安全な貯蔵のしかたをもっとずっと磨かないとたいしたことはわかってこな

98　大学の時間の単位で言えば 1.0 コーヒーブレイク。

いだろう。CERNではいまのところ、1年で数ピコグラムの反物質しかつくれない。反物質バージョンのレーズン半分をつくるだけで何百万年もかかる計算だ。しかも、電磁場などを使った非接触型の容器を何か発明しないといけない。

奇妙な物質

このように、反物質についてはある程度のことはわかっている。存在していて、物質と電荷がプラスマイナス反対で、物質と接触すると対消滅して光に変わることはわかっている。手掛かりがぜんぜんないわけじゃない。

でも、わかっていないことに比べたら、そんな手掛かりなんてたいしたことない。まず、どうして反物質があるのかがわかっていない。それがわかったら、物質の成り立ちを解く手掛かりになるんだろうか？　もっと別の種類の物質も存在するんだろうか？さらに、物質と反物質には対称的なところがたくさんあるけれど、この宇宙はなぜか物質のほうを選り好みしているのだ。

こうした疑問のことを考えていくと、反物質が怖くなってくる

かもしれない。もちろん触りたくはない。けれど、反物質からどんなクールなことが学べるか考えてみてほしい。

たとえば、とてつもない疑問が１つ残っている。反粒子は物質粒子と同じように重力を感じるのだろうか？

反物質があることはわかっているし、いまの理論によるとふつうの物質とまったく同じように重力を感じると予想されているけれど、実際に十分な量の反物質を観察してこの基本的な疑問に答えるのはまだ無理だ。重力はすごく弱いので、そうとうたくさん粒子を集めないと測れない。でも反物質はすごく少ないし不安定なので、重力の実験をするのはほとんど不可能だ。

反物質に何があった？

でももし、反物質とふつうの物質で重力の感じ方が違っていたら？ 反粒子の大きな特徴は、電磁気力と弱い核力と強い核力の「荷」がふつうの粒子とプラスマイナス反対なことだった。だとしたら、反粒子の「重力荷」も反対なんだろうか？ 反物質は重力を反対に感じるんだろうか？ もしそうだったとして、「反重力」の性質を持った反材料をつくって利用する方法が見つかったら、どうなるか想像してみてほしい。子供の頃に夢見た空飛ぶ車や反重力ブーツが現実のものになるのだ！

もしそうなったら、「反物質」っていう名前を「凄物質」って変えたくなるかもしれない。

反重力ブーツがあったら
数学なんていらない？

13
Chapter 13は
どうしたの？

ぜんぜんわからない。

14
ビッグバンのとき
何が起こったの？

で、それより前は？

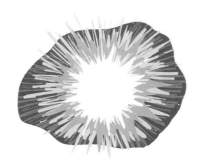

　もし誰かに「君がどんな境遇で生まれたか謎なんだ」なんて言われたら、興味が湧いてこないだろうか？　「地上に赤ん坊として突然姿を現したんだけど、試験管の中で育ったのか、工場で組み立てられたのか、それともエイリアンがつくったのか誰にもわからないんだ」なんて聞かされたら、ただ事じゃないって思うよね？

　自分がどこでどうやって生まれたのか、それは自分のアイデンティティーの1つだ。母親のおなかから生まれたとわかったら、

292 Chapter 14

ほっとするはずだ。自分がいまここにいるのはおかしなことじゃなくて、もっと長い歴史の一部なんだと安心できるから。

でも宇宙はそうじゃない。

この宇宙は約140億年前に生まれた（どうしてそれがわかったのかはあとで話そう）。でも、「どんな境遇で生まれたか謎」なんて言葉じゃ控えめすぎるかもしれない。宇宙誕生直後、ビッグバンというものすごい爆発が起こったことはわかっているつもりだけれど、ビッグバンを引き起こした実際の誕生の瞬間、そしてそれ以前（そんなものがあったとして）についてはほとんどわかっていないのだ。

この章では、このとてつもない出来事についてわかっていること、わかっていないことを話していこう。ネタバレ注意：試験管の中で育ったんじゃないらしい。

ビッグバンのことがどうしてわかるの？

こんなときには科学の限界を思い出すといい。科学はいろんな種類の疑問に答えるのに役に立つすごい道具だけれど、限界もある。科学理論からは、実験で**検証できるような予測**しか立てられないのだ。たとえば、君の飼っている猫の行動についての理論を何か立てたら、スポンジボールをぶつけて反応を見ればその理論を検証できる。

実験で検証できない理論なんて、哲学か宗教かただの思い込みだ。たとえば誰かが、銀河系とアンドロメダ銀河のあいだの宇宙

科学：何かの役には立つ。

空間にピンクの子猫のぬいぐるみが浮かんでいるという理論を唱えたとしよう。しっかりした物理理論ではあるけれど、いまの技術では検証不可能だ。いまのところ科学的な説じゃないので、深宇宙子猫理論を信じたければ宗教か何かに頼るしかない。

歴史上、非科学的な理論が境界線を越えて科学的な理論になったことは何度もある。物質が小さな原子でできているという説が生まれたのは、原子を見つけられる技術が登場するよりもずっと前のことだった。大きなパワーと能力を持った新しい道具ができることで、いろんな疑問が哲学から科学に変わってきたのだ。

**深宇宙の子猫ちゃんが
みんなを見ている。**

ビッグバンもそうだ。

最近まで、宇宙の最初の瞬間についてはただの思い込みで話すしかなかった。そもそも、約140億年前に起こった出来事なんてどうやって調べるんだろう？　それどころか、どんな実験をしたら理論を検証できるっていうんだろう？　科学の都合に合わせてビッグバンをやりなおすなんてわけにはいかないんだから。

僕らにとってはラッキーなことに、ビッグバンの大混乱の跡はいまでも残っている。いろんな手掛かりや破片が残っていて、それを詳しく調べることができるのだ。ここ50年で技術や数学や物理理論が進歩したおかげで、「ビッグバンのときに何が起こったのか」という疑問を科学に変えられるところまで来ている。ビッグバンにまつわる理論も、破片の中に見つかる事柄を予測できさえすれば検証しようがある。いくら大昔に起こった出来事でも、それは予測ととらえてかまわないのだ。

でもそれができたからといって、ビッグバンのこと、とくにそれ以前のことが何でもわかるわけじゃない。ビッグバンについては何がわかっていないのか、それを知る前にまずは、何がわかっているかの話をしよう。

ビッグバンについて何がわかっているの？

ビッグバン説が生まれたのは、20世紀はじめの頃だった。地球から見える銀河がどれも遠ざかりつづけていて、宇宙が膨張していることがわかったのだ。

宇宙論学者はこの観測結果を説明するために、空間と時間と重力のからくりを説明した新しい一般相対性理論の方程式をあれこれいじくった。すると、膨張する宇宙を簡単に説明できることに気づいた。でも、あるおかしなことにも気づいた。時間をさかのぼって宇宙の膨張をどんどん巻き戻していくと、人間の直感では想像もつかない結果が出てきてしまうのだ。ものすごい質量なのに体積がゼロで、密度も無限大、駐車場も満杯の、「特異点」というたった１点に宇宙全体が入っていたというのだ。

ちっぽけな種（たね）から現在の壮大な宇宙に成長した——それが、ビッグバンと呼ばれているこの宇宙の起源なのだ。

ビッグバンのことを聞いたことがある人は、たいてい爆弾の爆発みたいなものをイメージしていると思う。ビッグバンの前、宇宙のあらゆる物質がものすごく小さい体積の中にぎゅうぎゅう詰めになっていた。そして、そのすべての

物質が空間の中を四方八方に飛び散って、いまのような宇宙ができたと。

でも、いま存在しているあらゆるものが昔は無限に小さい１点に押し込められていて、それが四方八方に爆発したなんて、なかなか信じられない。そう思った人は鋭い。ビッグバンのときに起こった出来事はもっとずっと複雑で、いまのところ答えの出せ

ない謎に満ちあふれているのだ。どんな謎なのか、それをこれから紹介していこう。

大きな謎その1：量子重力

まずは宇宙誕生の瞬間のことから。この宇宙が昔は無限に小さい1点だったなんて、理屈に合うんだろうか？ いま存在している宇宙の中身が、かつては全部まったく同じ場所を占めていて、体積ゼロにつぶされていたなんて？ でも一般相対性理論では理屈に合うのだ。

でも、一般相対性理論が生まれて発展したあとから、この宇宙はごく小さいスケールでは何とも不思議な場所だというのがはっきりしてきた。直感に合わない奇妙な確率の法則に従う量子的物体に、この宇宙は支配されていたのだ。密度がかなり高くなって量子力学的な効果が効いてくると、一般相対性理論から導かれる予測は成り立たなくなるらしい。とんでもなく小さい空間に物質が押し込められていた宇宙の最初の瞬間は、まさにそういう状態だったのだ。

ビッグバンのとき何が起こったの？　**297**

　1つの理論から筋道を立てていっても、とことんまで突き詰めるのは無理なこともある。君の飼っている猫がいまどのくらいのスピードで成長しているかを測って、そこから時間をさかのぼって昔の身体の大きさを予測したとしよう。身体の大きさだけで言ったら、以前は無限に小さい「子猫特異点」だったという予測になってしまうかもしれない。あるいは物理的条件を無視したら、以前はマイナスのサイズだった、となるかもしれない。そんなことになったら大騒ぎだ（猫だけに）。

猫が物理をしないわけ

　一般相対性理論とビッグバン説もそれと同じだ。相対論的量子論がまだないので、生まれた直後の宇宙で何が起こったのかを計算したり予測したりするにはどうしたらいいか、本当のところはわからないのだ。だから、特異点からビッグバンが始まったとい

うイメージは正確じゃないかもしれない。宇宙誕生直後は量子重力の効果が幅を利かせていたけれど、それをどうやって表したらいいかは、ぜんぜんわからないのだ。

大きな謎その２：宇宙が大きすぎる

　小さい塊が爆発したのがビッグバンだというイメージには、もう１つ問題がある。宇宙が無限に小さい点から大きくなったにしても、量子の小さいしみから大きくなったにしても、実際の宇宙の様子とはぜんぜん合わないことがある。宇宙が大きすぎるのだ。

　どういうことだろう？　まず、僕らには宇宙がどのくらい見えるのか考えてみよう。手に持ったこの本、ひざの上の猫、窓の外の景色のことは忘れて、遠くの星のことを考えてほしい。遠くの星からせっせとやって来た光をとらえられる強力な望遠鏡があったら、どのくらい遠くまで見えるんだろう？　その答えは宇宙が何歳かで決まるのだ。

何かを見るというのは、見ようとしているその物体を出発して君の目（または望遠鏡）まではるばるやって来た光子を捕まえるということだ。でも光子が動ける速さには制限がある（光の速さでしか動けない）ので、すごく遠くにあるものを見る場合、光子が出てきた瞬間からあなたに捕まえられる瞬間までにだいぶ時間がかかってしまう。

だから、どのくらい遠くまで見えるかは、宇宙が生まれてからどのくらいの時間が経っているかで決まるのだ。

もしこの宇宙がいまから5分前に生まれたとしたら、最大限見える距離は（5分）×（光の速さ）で約9000万キロとなる。[99]すごく遠いように聞こえるけれど、だいたい水星の距離までしか見えないことになるのだ。

この範囲のことを「観測可能な宇宙」という。君の頭を中心として、宇宙誕生からいままでに光が進めた距離を半径とする球体の中に、君が見えるものは全部入っている。宇宙誕生の瞬間にこの球体の表面から出発した光子は、ちょうどいま君のところに到着しようとしている。僕らの視界の範囲はこうやって決まるのだ。

この球体の外側にある恒星や惑星や子猫から出た光は、まだ僕らのところには到着していないので、どんな望遠鏡を使ったって

---

99 これは空間が膨張していないとした場合の話。このあとすぐに説明するから。

絶対に見えない。超明るい超新星とか、惑星サイズの巨大なピンクの猫であっても、この球体の外側にあったら僕らには見えないのだ。おもしろいことにそう考えると、古代の宇宙観に逆戻りして、僕らは観測可能な宇宙の中心にいるんだってことになってしまう。ただし観測可能な宇宙の範囲は1人1人違っていて、それぞれ自分なりの観測可能な宇宙の中心にいるのだ！

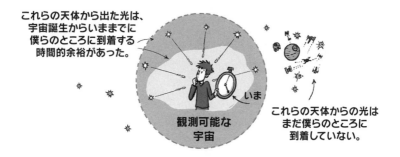

時間が経つにつれてこの球体は外側に広がって、僕らには宇宙のどんどん広い範囲が見えてくる。もっと遠くの天体からの光が届くようになるので、年ごとにどんどん遠くが見えるようになる。遠くの天体がどんな様子なのか、その情報は光の速さで届いてくるので、僕らの視界の限界も光の速さで広がっていくのだ。

でもそれと同時に、宇宙のあらゆるものが僕らから遠ざかりつづけているので、視界の限界と、望遠鏡で狙う天体は追いかけっこをしていることになる。その追いかけっこはどのくらいの接戦なんだろう？ 視界の限界は光の速さで広がりつづけているけれど、宇宙の中身は空間の中を光よりも速く動くことはできない（相対性理論のせい）。

もし宇宙のあらゆるものが、小さいけれど大きさのある量子的な点から始まって、ビッグバン以来、単純に空間の中を動いているだけだったとしたら、いったいどんなふうになるだろう？　もしそうだとしたら、宇宙の星や子猫よりも僕らの視界の限界（地平線）のほうが速く広がって、どんどん遠くまで見えてくるはずだ。そしてあっという間に、僕らにとっての地平線は宇宙全体よりも大きくなってしまうだろう。

そうなったらどんなふうに見えるだろうか？　地平線が宇宙よりも大きくなったら、「ここより先には星がない」（大昔の様子が見えるのだから「なかった」のほうが正しい）という地点の向こう側が見えてしまう。何もなかった場所、「星々が途切れた場所」が見えるのだ。

でもどの方角を見ても、そんな星々が途切れた場所なんて見えない。宇宙誕生から約140億年も経っているのに、この宇宙は僕らにとっての地平線よりもっと大きいのだ。宇宙のあらゆるものが小さな塊からスタートして、静止した空間の中をただ外側に

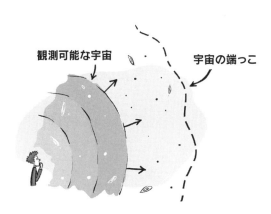

広がっているだけだという考え方は、絶対にどこかおかしいのだ。[100]

でももっと困ったことがある。

大きな謎その３：宇宙がなめらかすぎる！

ビッグバンで宇宙のあらゆるものが小さい点から外側に広がっていったという考え方には、ほかにも問題がある。宇宙がなめらかすぎるのだ。

宇宙はすごくめちゃくちゃに見えるかもしれないけれど、実は全体的に均一でのっぺりしている。そののっぺり具合は、Chapter 3で話した宇宙マイクロ波背景放射（CMB）を見ればわかる。

どういうことか説明するために、１つたとえを出そう。おなかが減った君は（物理の本を読むとカロリーを消費する。友達に教えてあげて）、電子レンジで蒸しパンを温めることにした。みんな知っている通り、数分チンすると中のほうは熱々になるけれど、外側はあんまり温まらない。

さて、君はこの蒸しパンの中にいて、チンされたまわりの生地

100　ただしそれは、この宇宙が有限だった場合の話。もしこの宇宙が無限だったら、僕らの見える範囲よりも宇宙のほうがつねに大きいはずだから、この問題は解決する。でもそうすると、無限の宇宙がどうやってできたんだろうという問題が出てきてしまう。

の温度を測っているとしよう。

蒸しパンのど真ん中にいたとしたら、どっちを向いても温度は同じだろう。

でももし、蒸しパンの中心からちょっとずれたところにいたら？中心に近いほうの温度を測ったらかなり熱いだろう。でも、反対を向いて外側に近いほうを測ったら、温度はもっと低いはずだ。

この宇宙でも、地球という小さな場所から同じ測定をすることができる。ある方角から地球にやって来たCMBの光子の温度を測って、反対側からやって来た光子の温度と比べるのだ。するとちょっと驚くようなことがわかる。どっちを向いても温度は同じ(約 2.73 K̊ [−270.42℃]) なのだ！

チンして温めなおした宇宙のど真ん中に僕らがいるなんてちょっとありえないのだから、宇宙全体が同じ温度だと考えるしかない。この宇宙はチンしたばかりの蒸しパンなんかじゃなくて、沸かしてからしばらくした気持ちいいお風呂みたいなものなのだ。

お風呂 vs. この宇宙

	お風呂	この宇宙
水がある	✔	✔
どこでも温度が同じ	✔	✔
おもちゃのアヒルがいる	✔	✔

これがどうして単純なビッグバン説を悩ませるのだろう？　それを知るにはまず、宇宙マイクロ波背景放射の光子が実は何なの

かを理解しないといけない。その光子は、赤ちゃん宇宙の最初の写真を届けてくれているのだ。

生まれたての宇宙は、いまよりずっと熱くて密度が高かった。あまりにも熱くて原子をつくることができず、すべての物質はイオンになってプラズマとして漂っていた。自由に飛び回る電子は、エネルギーがすごく高くて大はしゃぎしていたので、プラスの電荷を持ったどれか1個の原子核に身を預けることなんてできなかったのだ。

でも宇宙が冷えてくると、あっという間に状況が変わった。温度が下がって、電荷を持ったプラズマが中性のガスに変わり、電子が陽子のまわりを回るようになって原子や元素ができたのだ。このとき、不透明だった宇宙は透明になった。

以前のプラズマ状態だと、光子はちょっと進んだだけで、自由に動き回る電子やイオンとぶつかってしまっていた。でも電子と

宇宙マイクロ波背景放射

最初、宇宙は熱くて密度が高く、電荷を持った粒子が充満していた。

光子

電荷を持った粒子

宇宙が冷えると、電荷を持った粒子が集まって塊になり、光子が自由に飛び回れるようになった。

いぇーい!

原子

その光子はいまでも宇宙の背景として見えている。

陽子（そして中性子）が中性の原子をつくると、光子は原子とめったに作用しあわないので、光子はもっと自由に飛び回れるようになった。光子にとってみれば、もやのかかった宇宙が突然すっきり透明になったみたいなものだ。そして、それ以降も宇宙はどんどん冷えていったので、**この光子のほとんどはいまでもそのまま飛びつづけている。**

宇宙マイクロ波背景放射を測ると検出されるのがその光子だ。そしておもしろいことに、その光子の温度はどこでも同じらしいのだ。

どの方角を向いても同じエネルギーの光子が見える。宇宙マイクロ波背景放射はものすごく、ものすごくなめらかなのだ。長い時間かけて混ぜて均一にして、熱いところをならしたのであれば、確かにそうなるはずだ。たとえば、電子レンジから蒸しパンを出し忘れて冷えてしまったときのように。やがてはすべての分子がほとんど同じ温度になってしまうだろう。

でもCMBの光子はものすごく古いのだった。ビッグバンの少しあと、約140億年前につくられた光子だ。[101] 夜空のある方角を向くと、約140億年前にものすごく遠くで生まれた光子が見える。反対の方角を向けば、同じく遠い場所で生まれた光子が見える。

---

101 年齢の話はしたくないらしいので触れないように。

宇宙のそれぞれ反対端からやって来ているのに、どうしてエネルギーが同じなんだろう？　混ざりあってエネルギーを交換して、均一になるチャンスなんてあったんだろうか？　混ざりあって同じ温度になるためには、光の速さよりも速く意思を伝えあうしかないんじゃないの？

ご大層な解決法

ビッグバンのときに宇宙が小さい塊からスタートして、すべてのものが単純に空間の中を広がっていっただけにしては、この宇宙は大きすぎるしなめらかすぎる。もし30年前にこの本を書いていたら、それは大きな謎のままだったかもしれない。でもいまでは、説得力はあるけれどとんでもない話に聞こえる解決法が1つあるのだ。準備はOK？

もし宇宙誕生直後、約0.00000000000000000000000000000001秒のあいだに時空そのものが、光の速さより速いスピードで約10,000,000,000,000,000,000,000,000倍に膨らんだとしたら？[102]

102　光より速くといっても、新しい空間ができて、光の速さよりも速いスピードで距離が伸びたというだけだ。空間の中を物体が光よりも速く動いたわけじゃない。それはありえない。

バンッ！　問題解決だ。

何だって？　ほぼ一瞬のうちに時空そのものが光よりも速く25桁も大きくなったなんて、とんでもないこじつけ話じゃないの？　そう思った君、いかれた物理学者ではなさそうだね？

実はこの解決法は、この宇宙が大きすぎて温度が同じなのはどうしてかを説明するために、物理学者が考え出したものだ。この説を（ここでドラムロール）……「インフレーション」という。神々しい名前じゃないな。でもすごいことに、たぶん正しいのだ。

宇宙のインフレーション

まずは、宇宙が大きすぎるという謎がどう解決されるのかを話そう。

観測可能な宇宙の範囲は光の速さで広がっていて、実際の宇宙全体は光の速さよりもゆっくり広がっているというのに、いまだに観測可能な宇宙のほうが小さい。これが問題だった。インフレーション説によれば、ほんの短いあいだ、宇宙は光の速さよりも速く膨張したのだという。

宇宙の中にある物体はつねに制限速度を守っている（空間の中を光より速く動くことはない）。でもインフレーション説によれば、

空間そのものが膨張して、光が追いつけないようなスピードで新しい空間が増えていったのだという。[103]

　小さい点からスタートした宇宙は、このインフレーションのせいで、いまでは観測可能な宇宙よりもずっと大きくなっているのだ。インフレーションの最中、この宇宙は地平線なんてすっかり置き去りにして膨らんだ。そのときにはるか遠くに追いやられた物体から出た光は、まだ僕らのところには到着していないのだ。

　空間の膨らみ方はものすごかった。10^{-30} 秒以内に、この宇宙が 10^{25} 倍以上に大きくなったのだ。インフレーションが終わってからも宇宙は膨張しつづけた。最初はずっとゆっくりのスピードだったけれど、最近はダークエネルギーのせいで速くなっている。一方、観測可能な宇宙の範囲はいまでも光の速さで広がっているので、宇宙全体に追いつくチャンスは少しだけある。でも、観測可能な範囲の向こうにはまだどのくらい宇宙が広がっているんだろう？　ぜんぜんわからないけれど、それは次の章で話すことにしよう。

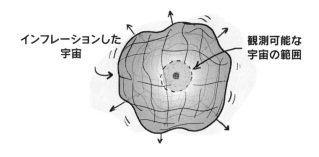

103　覚えているだろうか？　空間はただの背景じゃなくて実体のある存在だった。Chapter 7 を見てほしい。

次に、宇宙がなめらかすぎるという問題はインフレーションでどうやって解決するんだろうか？

光子の温度が均一だという問題を解決するためには、大昔の光子（宇宙のそれぞれ反対端からやって来た光子）が混ざりあって同じ温度になる方法を探さないといけない。そのためには、遠い過去にその光子どうしが、いまの宇宙膨張速度から予想されるよりもずっと近くにあったと考えるしかない。

インフレーション説によると、時空が急激に膨張するよりも前に、この光子どうしは確かに近くにあった。インフレーション以前にはこの宇宙はすごく小さかったので、すべての光子が知りあって、バランスを取って同じ温度になる時間的余裕があったのだ。

インフレーションが起こると、その光子は互いに引き離された。あまりにも遠くに引き離されたので、僕らには「同じ温度になるはずなんてないのに」と思えてしまうのだ。いまは遠すぎて話し合いなんてできなかったように見えるけれど、インフレーションより前には互いにものすごく近かったのだ。

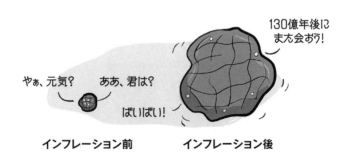

これで一件落着？

　ほぼ一瞬で起こったとんでもない膨張、インフレーションによって、全部つじつまが合う。

　そして驚くことに、それはいまでも起こりつづけている。バカみたいなスピードじゃないけれど、ダークエネルギーがいまも新しい空間をつくりつづけているのだ。

　最近になってインフレーション説は、数学だらけのとんでもない理論を卒業して、観測で実際に裏づけられるようになっている（まだ完全に証明されてはいないけれど[104]）。

　そこでこう思ったかもしれない。約140億年も前に起こったことをどうして確かめられるっていうんだ？　実はインフレーション理論によると、宇宙マイクロ波背景放射の小さなさざ波にそのはっきりした証拠が残るのだという。それはいまでも見えるはずだし、実際に観測でいくつか見つかっているらしい。もちろん、同じようなうねうねができると予想する理論はほかにもあるので、これでインフレーション説が正しいと言い切ることはできない。でも説得力は高まっている。

　それどころか、宇宙が約140億年前に生まれたっていうのも、このさざ波からわかったことなのだ。このさざ波から、宇宙にある物質とダークマターとダークエネルギーの割合を計算できて、それを組み合わせると宇宙の膨張スピードがわかる。そしてそこから宇宙の年齢がわかるのだ。

104　インフレーションで発生した重力波を観測できたら、もっと直接的な証拠になる。最近、その重力波が見つかったという話があったけれど、のちに間違いだったとわかった。

インフレーション説が気に入られているわけがもう1つある。Chapter 7 で、宇宙のエネルギーと物質の量に応じて空間が曲がるという話をした。そのとき、空間がほぼ平らになるのにちょうどいい量の物質とエネルギーがこの宇宙に存在するのは、奇妙な偶然じゃないかと話した。でも、インフレーション説だとそこまで奇妙ではなくなるのだ。小さい惑星よりも大きい惑星のほうが地表が平らに見えるのと同じように、空間も膨らめば膨らむほど平らに見えてくる。実を言うと、空間は平らであると実際に測定されるよりも前に、インフレーション説では空間は平らだと予想されていたのだ。

すごい！ ビッグバンの説明がついた。とんでもなくバカみたいな一瞬の時空の膨張を考え出さないといけなかったけれど、観測によると（たぶん）実際にそれが起こったらしいのだ。

でも1つ問題がある。**何がインフレーションを引き起こしたのか**わかっていないのだ。

小さい宇宙の時空が突然バカみたいに 25 桁も膨らんだ原因としては、どんなものが考えられるだろう？ わからない。インフレーションの謎はいまだにすごく深くて、何を問題にしたらいいのかがやっとわかりはじめたところなのだ。

誰がこの謎を膨らませたんだ？

注意：ここから先は哲学みたいな話

　ここで、地に足のついた科学理論とは別れを告げて、もっともやもやした哲学とか形而上学の世界に飛び込まないといけない。

　いまのところ、さっきの疑問にまつわる説のほとんどは、検証しようのないとんでもない（それでもわくわくする）アイデアでしかない。もしかしたら、未来の賢い科学者が検証のしかたを考え出して、インフレーションとビッグバンの原因にまつわる、驚くような不思議な真実を解き明かしてくれるかもしれない。

何がインフレーションを引き起こしたの？

　インフレーションの原因は本当にさっぱりわからないんだろうか？

　実は物理学者はいくつかアイデアを持っている。そしてうれしいことに、その中のあるアイデアによると、何も新しい宇宙規模のパワフルな力なんか考え出す必要はなくて、**まったく新しい種類の物質さえあればいい**。たいしたことじゃないのだ。

　そのアイデアとはこういうものだ。赤ちゃん宇宙には新しい種類の不安定な物質が充満していて、それが時空をものすごいスピ

ードで膨張させたのだとしたら？

どう、簡単でしょ？　答えないといけないのは単純な疑問が2つだけ。

1. その新しい種類の物質がどうやって時空を膨張させたのだろう？
2. その新しい物質が存在していたとしたら、いまはどこに行ってしまったのだろう？

一般相対性理論と重力を考えてみよう。ふつうの物質が時空を曲げたりゆがめたりするのと同じように、別の種類の物質が時空を広げるというのは、理屈の上ではありえる話だ。

でもどういうしくみだろう？　重力はほとんどの場合、質量のあるものどうしを引き寄せる引力として働く。でも質量やエネルギーの中には、時空を膨張させて、ものを引っ張るんじゃなくて遠くに押しやる性質のものもあるかもしれない。一般相対性理論の但し書きみたいなものだ。その性質のことを、物質のエネルギー・運動量テンソルの圧力成分という。小難しく聞こえるけれど、ある条件（圧力がマイナス）なら物体が空間を膨張させることもありえるという意味だ。

そうだとすると当然、そのインフレーション物質はどこに行ってしまって、どうしてインフレーションは止まったのだろうと不思議になる。その答えは、インフレーション物質は不安定だったからだ。崩壊して最終的にふつうの物質になってしまったのだ。

だからこんな感じの理論になる。たぶん、赤ちゃん宇宙はマイ

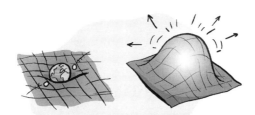

質量とエネルギーは
空間をゆがめて
ものを引っ張る

マイナスの「圧力」が
インフレーションを
引き起こす？

ナスの圧力を持つ何かで充満していて、そのマイナスの圧力が時空を猛スピードで膨張させた。その仮想的なインフレーション物質はやがてもっとおなじみの物質に変化して、とてつもない膨張は終わり、ふつうの物質でぎゅうぎゅう詰めになったとてつもなく熱い宇宙ができたのだ。

　とんでもない説に聞こえるけれど、インフレーションがどうして起こったのかは説明できる。それを言うならインフレーション理論自体も、宇宙の最初の瞬間についてわからないことをいろいろ解決してくれるまでは、とんでもない理論だと思われていたのだ。

　もちろん、マイナスの圧力を持つこの不思議な物質の正体はぜんぜんわからないけれど、考え方自体はそこまでバカげてはいない（物理学の基準で言えば）。ここ数十年でダークエネルギーが見つかったことで、宇宙をとてつもなく押し広げる強力な反発力なんてのもそれほどバカげた話じゃなくなってきたのだ。ダークエネルギーがこの宇宙をどんどん膨張させていることはわかっているけれど（Chapter 3 を見てほしい）、インフレーションを引き起こしたかもしれないマイナスの圧力の物質と同じように、その正体は

わかっていない。この 2 つは関係があるんだろうか？ それもぜんぜんわからない。

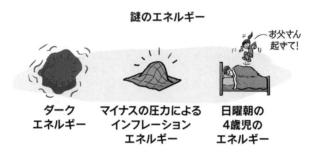

ビッグバンの前には何が起こったの？

　ビッグバンのときに何が起こったのかも謎だけれど、それより以前のことはますます謎だ。何がビッグバンを引き起こしたんだろう？ ビッグバンの前には何があったんだろう？

　これは意味のある疑問なんだろうか？ ビッグバンの瞬間、宇宙は小さな点で、時計の針は全部 $t=0$ を指していて、そこからあらゆるものが爆発とともに始まったと考えられていた頃なら、確かに意味のある疑問だった。

　でもいまでは、宇宙の始まりは小さい点じゃなくてぼんやりした量子的な塊（小さいかもしれないし無限に大きいかもしれない）だったとされているし、ただの爆発じゃなくてインフレーションが起こったとされているし、ダークエネルギーによって膨張の勢いは増しているとされている。だからさっきの疑問はまだ意味があるけれど、まずは新しい考え方に合わせて言いなおさないといけな

い。ビッグバンの前には何があったのかと聞くんじゃなくて、「インフレーションを起こしたこの量子的な塊はどこから生まれたのか」と聞かないといけないのだ。

その塊からは絶対にいまのような宇宙が生まれるしかなかったんだろうか？　それとも違う宇宙が生まれた可能性もあったんだろうか？　もう一度その塊が生まれることはありえるんだろうか？　前にも生まれたことはあったんだろうか？　その答えは、やっぱりぜんぜんわからない。

でもわくわくすることに、これらの疑問にはきっと答えがあるだろうし、道具さえあれば僕らの知識で証拠を見つけられるかもしれない。ここから先、宇宙の起源にまつわるいくつかの説を紹介していこう。かなり単純な説もあれば、SF好きの人でさえ突拍子もないと思ってしまう理論もある。

1.「答えがない」っていうのが答え？

設定がちゃんとした疑問じゃないと、満足できる答えは出てこない。「君は死んだらどうなるの」という疑問もそうかもしれない。「君」が死んだあとも「君」が存在するかどうかで、話が変わってきてしまうのだから。「どうしてうちの猫は僕のことが好きじゃないの」という疑問も、設定がちゃんとしていないかもしれない。猫が人を好きになるかどうかなんてわからないんだから。

明快な数学的疑問でさえそういうことがある。スティーブン・ホーキングによれば、「ビッグバンの以前には何があったのか」と聞くのは「北極点の北には何があるのか」と聞くようなものだという。北極点ではどっちに歩いていっても南に向かうのだから、

北極点より北なんてない。地球の幾何学的性質がそうなっているからだ。ビッグバンの瞬間に時空がつくられたのだとしたら、時空の幾何学的性質から言って、「ビッグバンの以前には何があったのか」なんて疑問には満足できる答えはない（つまり「以前」なんてない）かもしれないのだ。

北極点の北に何かあるか、子供ならみんな知ってる。

　わかっている限りこの宇宙は物理法則に従っているらしいので、ビッグバンがどうして起こったのかも物理法則で説明できるはずだ。でも僕らは時空の中から見ているので、ビッグバン以前のことは知りようがないのかもしれない。ビッグバンみたいな大異変でそれ以前の情報は全部消えてしまって、手掛かりは１つも残っていないかもしれない。すごく困った話だけれど、科学では満足できる答えが必ず出てくるなんて決まりはないのだ。

2. ブラックホールがずっと連なっているのかもしれない

　インフレーション説を受け入れるとして、いちばんの疑問は、信じられないほど密度が高くてぎゅっと詰まったインフレーショ

ン物質がどうやってできたのかだ。超高密度な物質の塊をつくれそうなものをこの宇宙の中で探したら、もちろんブラックホールが候補として出てくる。ブラックホールの内側では、ものすごい重力で物質が押しつぶされている。そこで、インフレーションを引き起こした奇妙なマイナスの圧力は、重いブラックホールの中で生じたのかもしれないと考えている物理学者がいる。

それどころかさらに一歩進んで、この宇宙全体が、何かおおもとのブラックホールの中にあるんじゃないかと考えることもできる。さらに、この宇宙に存在するブラックホールの中には、それぞれミニ宇宙が入っているのかもしれない。この説を検証するのはいまのところ無理だ。でもすごくよさそうに聞こえる。

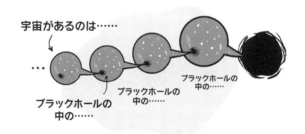

3. 繰り返しのサイクルがあるのかもしれない

この宇宙をつくったビッグバンが、何度も起こるビッグバンのうちの1回だったとしたら？　もしかしたら遠い未来、ダークエネルギーとインフレーションが逆転して宇宙がつぶれ、ビッグクランチが起こるかもしれない。恒星や惑星、ダークマターや猫がすべて、小さくて密度の高い塊の中に押し込められて、そこか

ら新しいビッグバンが起こるのだ。このサイクルは永遠に続くのかもしれない。クランチ、バン、クランチ、バン、クランチ……と。ただし、この説には理論上の問題点がいくつかある。たとえば、つぶれている宇宙ではエントロピーが小さくなってしまうのだ。でも時間の進む方向のことはほとんどわかっていないのだから、どうしてもとんでもない説を考えたいのならきっと解決法を思いつけるはずだ。

　もちろん、発想力豊かなただの思い込みから、検証可能な科学的仮説に持っていくのはなかなか難しい。ビッグバンのときに以前の証拠はきっと消えてしまうだろうから、次のビッグクランチがやって来てみんな押しつぶされてしまうまで、答えはわからないのかもしれない。

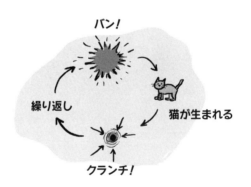

4．宇宙はたくさんあるのかもしれない

　もう1つの説。マイナスの圧力を持った不思議な物質はものすごい勢いで膨張して、膨張すればするほどその不思議な物質がどんどんつくられていくということも考えられる。その不思議な

物質はふつうの物質に変わっていくけれど、そのスピードはそんなに速くないかもしれない。

　この不思議な物質がふつうの物質に変わるスピードよりも、新しくつくられるスピードのほうが速かったら、宇宙は永遠にインフレーションしつづけることになる。その不思議な物質のどこか一部分はふつうの物質に変わるけれど、新しくインフレーション物質がつくられるほうが圧倒的に速い。この説が正しければ、いまもインフレーションは続いていることになるのだ。

　ふつうの物質に変わった場所では、それぞれ何が起こるのだろう？　それぞれの場所の空間ではビッグバンが終わって、ふつうの物質でできた宇宙がゆっくり膨張しはじめるのだ。

　その場所1つ1つが、僕らのいる宇宙に似た「ポケット宇宙」をつくっている。インフレーションは永遠に続くので、たくさんの宇宙がつねに生まれつづける。インフレーションによって光よりも速いスピードで空間がつくられつづけるとしたら、ポケット宇宙のあいだのインフレーション物質はものすごい勢いで広がっていくので、ポケット宇宙どうしが出合うことは絶対にない。

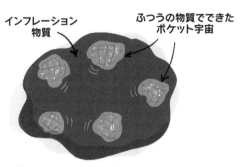

ポケット宇宙：ぜんぶゲットしなきゃ。

この宇宙以外のポケット宇宙はどんな感じなんだろう？　もちろんぜんぜんわからない。どれもこの宇宙に似ているのかもしれない。物理法則は同じだけれど、最初の条件が偶然少しだけ違っていて、この宇宙に近い構造になっているのかもしれない。インフレーションが永遠に続くとしたら、ポケット宇宙は無限個あるのかもしれない。

　無限っていうのはすごくパワフルだ。どんなに起こりにくい出来事でも起こってしまうのだから。それどころか、どんなに起こりそうもない出来事でも、確率がゼロじゃない限り、無限個の宇宙の中で無限回起こる。もしこの説が正しければ、ほかの宇宙にはこの地球とほぼそっくりのコピーがたくさんあるかもしれないのだ。大きな小惑星が衝突せずに恐竜が絶滅していない地球とか、バイキングが北アメリカに植民して、君がこの本をデンマーク語で読んでいる地球とかもあるかもしれない。あるいは、ペットの猫が本当に君のことを好いてくれる地球もあるかもしれない。

ビッグフィニッシュ

　そもそも、ビッグバンの物理について何か手掛かりがあること自体、本当に驚きだ。君が生まれたときに知り合いが1人も立ち会っていなかったり、生まれたのが約140億年前だったりしたら、はたして自分が生まれたときの様子を再現できるだろうか？

　このタイムスケールで見たら、地球上での人間の時代なんてまばたきしているくらいの一瞬だ。でもそのまばたきのあいだに、

人間は宇宙を見渡して証拠を見つけた。時間の始まりまでさかのぼって、観測可能な宇宙の果てに手を伸ばすための証拠を。

人間の時代がこのまばたきより長くなっていったら、ほかにどんなことがわかってくるんだろう？　インフレーションの原因がわかって、そのついでに新しい種類の物質や、それまでわかっていなかった新しい性質が見つかるかもしれない。

もっとわくわくすることに、いつか僕らの知恵が宇宙の最初の瞬間を突き破って、ビッグバンより前に何が起こったのかがわかるようになるかもしれない。その先には何が見つかるんだろう？ インフレーション物質の広大な海に浮かんだ別の宇宙だろうか？ それとも、ビッグクランチに向かっていくこの宇宙だろうか？

いまは哲学めいた疑問だけれど、いつかは科学的な疑問になって、僕らの子孫とそのペットの猫が答えを知るようになるかもしれない。

今日の哲学めいた疑問は、明日には正確な科学実験に変わるのだ。

**ビッグバンの向こうには何が潜んでいる？
何でもありニャ。**

15
宇宙はどのくらい大きいの？

そしてどうしてこんなに空っぽなの？

晴れた日に遠出して山に登ったら、素晴らしい景色が待っている。山頂にまだスターバックスができていなければ、何キロも先まで遮るもののない光景を独り占めだ。

　そういう景色に感動するのはどうしてだろう？　ペントハウスに住んでいる大金持ちでもない限り、朝のコーヒーを飲みながら窓の外に見える景色は、何キロどころかせいぜい何メートルだからだ。もしかしたら隣の家とあまりにも近くて、隣人の背中越しにこの本を読めるくらいかもしれない。

口コミには頼れないな。

でも夜空の星を見上げれば、もっと壮大な景色を毎晩でも見ることができる。宇宙空間を何十億キロも先まで見ることができるのだ。1個1個の星を、宇宙という3次元の海に浮かんだ島だと思ってみよう。広い空を見渡せば、宇宙に無数の島が浮かんだ目もくらむような絶景を満喫できる。宇宙という広い海にぽつんとある、地球という名前のちっぽけな岩礁のてっぺんに君は立っている。それを思ったらめまいでクラクラするかもしれない。

こんな絶景が見られるのは、宇宙が信じられないほど広くてほとんど空っぽだからだ。

もし星と星がもっと近かったら、夜空はもっとずっと明るくて、夜もなかなか眠れなかっただろう。もし星と星がもっとずっと離れていたら、夜空はいやになるほど真っ暗で、宇宙のことなんてほとんどわかっていなかっただろう。

もっと悪いケースとして、もし宇宙がこんなに透明じゃなかったら、この絶景はもっとガスっていて、宇宙の中で自分がどこにいるのか見当もついていなかっただろう。でもラッキーなことに、太陽が放つ、僕らの目でよく見える種類の光は、星間空間のガスや塵をほとんどそのまま通過するのだ（可視光よりも赤外線とかもっ

と波長の長い光のほうが通過しやすいけれど)。

　だから僕らはみんな（超大金持ちじゃなくても）、宇宙の奥深くまで見ることができる。でも見たからといって理解できるわけじゃない。祖先たちも同じ景色を眺めていたけれど、ぜんぜん正しくない理解をしていた。先史時代にはどんなに豊かな人でも、せっかく押し寄せてくるすごい情報をほとんどつかむことができなかったのだ。でもいまでは、望遠鏡と現代物理学のおかげで、遠くの宇宙を見て、僕らがどんな場所にいるのか、星や銀河がどんなふうに散らばっているのかを理解することができる。

　でももっと広い宇宙の様子については、僕らも古代の祖先たちと同じようにまだ手掛かりをつかめていないようだ。そして疑問ばっかり浮かんでくる。星は見えているよりももっとたくさんあるんだろうか？　宇宙はどのくらい大きいんだろう？　そんなに遠くでもおいしいラテは買えるんだろうか？

　この章では、人類最大のテーマに挑戦しよう。**宇宙の大きさと構造だ。**

　何かにつかまったほうがいいかも。

宇宙での僕らの住所

　君はこの本を地球上のどこかで読んでいる。いまから壮大な視野で見ていくので、そこが正確にどこかはどうでもいい。ソファーに座ってペットのハムスターを撫でているのかもしれないし、アルバ島のリゾートでハンモックに揺られているのかもしれない。どこかのスターバックスのトイレで読んでいるのかもしれない。たとえ君が超超大金持ちで、地球上空の自家用宇宙ステーションで空中に浮かんでいたとしても、広大な宇宙のスケールで言ったら何も違いはない。

　この第三惑星と７つの兄弟惑星[105]は、太陽につき従いながら銀河系の中心のまわりを回っている。銀河系は巨大な渦巻円盤で、明るい中心部から腕が何本も伸びている。僕らは、この天の川銀河の１本の腕の真ん中あたりに住んでいる。太陽は銀河系にある約1000億個の恒星の１つで、古いほうでも若いほうでもないし、大きいほうでも小さいほうでもない。ゴルディロックスでも「ちょうどいい」って言うだろう［童話『３びきのくま』。好みのうるさい女の子ゴルディロックスは、くまの家で「ちょうどいい」スープや「ちょうどいい」ベッドを探し回ったあげく、帰ってきたくまに襲われてしまう］。夜空に見える星のほとんどは、僕らがいる銀河渦巻腕の中にあって、宇宙スケールで言ったら近所みたいなものだ。コーヒーチェーン店の光害から遠く離れていて空が晴れていれば、もっと遠くまで見えて銀河系の円盤全体までわかる。ものすごい数

105　冥王星の野郎！

の微かな星が帯のようにびっしり広がっていて、まるで誰かが夜空にミルクを流したようだ(だから「ミルキーウェイ」(天の川)という)。夜空に見えるほとんどの星は、銀河系の中にある近くの明るい天体だ。

ホーム・スイート・ホーム

その先の宇宙には、ほとんど銀河が点々としているだけだ。銀河と銀河の間にひとりぼっちの星が浮かんでいるなんて証拠はない。それはわりと最近わかったことで、たった100年前まで、宇宙には星が均等に散らばっていると考えられていた。銀河が星の集まりだなんて、ぜんぜんわかっていなかったのだ。でも強力な望遠鏡ができて、ぼんやりした遠くの天体の正体が明らかになった。思ってもいなかった発見だったはずだ。それまでは、僕らの住む銀河系が宇宙全体だと思っていたのに、実は宇宙に見える何十億個もの銀河の1つでしかなかったのだ。それ以前にも、地球は宇宙でたった1つの惑星じゃなかったとか、太陽は無数の恒星の1つでしかなかったといった発見があった。そのたびに、僕らのちっぽけさがどんどん度を増していったのだ。

だいぶ最近のことだけれど、銀河自体も宇宙に均等に散らばっ

てはいないことがわかった。銀河が何となく集まって銀河群とか銀河団をつくり、それがさらに数十個集まって超銀河団をつくっているのだ。僕らのいる超銀河団の質量は、太陽の約 10^{15} 倍。何て重いんだ。[106]

　超銀河団のスケールまで、宇宙の構造はすごく階層的だ。衛星が惑星のまわりを回り、惑星が恒星のまわりを回り、恒星が銀河の中心のまわりを回り、銀河が銀河団の中心のまわりを回り、銀河団が超銀河団の中心のまわりを回っている。でもおかしなことにその先はなくて、超銀河団が超超銀河団、超超超銀河団、超超超超銀河団をつくっていることなんてない。代わりにもっとずっと驚くことがある。長さ数億光年、厚さ数千万光年のシートやフィラメントをつくっているのだ。超銀河団がつくるそのシートは信じられないほど大きい。しかも、丸まって不規則な泡や撚った糸のような形をつくり、巨大な空っぽの空間（ボイド）を取り囲んでいる。そのボイドの中には超銀河団や銀河は１つもないし、恒星や衛星や超超超大金持ちもほとんどいない。

106　僕らがいるのは「局部銀河群」という名前。うまい呼び名だ。

宇宙の構造

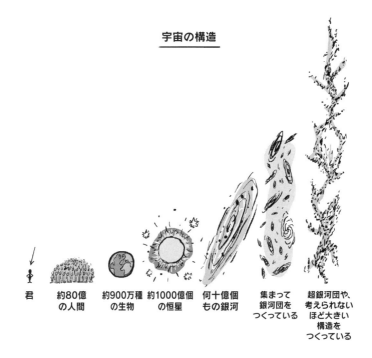

　超銀河団のつくるこの構造が、知られている中で宇宙最大の構造だ。もっとズームアウトしていくと、あらゆるところで恒星＝銀河＝銀河団＝超銀河団＝シートという同じ基本的パターンが繰り返されているけれど、それ以上大きい構造はない。超銀河団のシートの泡がおもしろい複雑なメガ構造をつくっているなんてことはない。レゴブロックを床にばらまいたみたいに、宇宙全体に均等に散らばっているのだ。どうしてこのスケールまでしか構造がないんだろう？　超銀河団の泡はどうやってできたんだろう？どうしてこのスケールでは宇宙は均一なんだろう？

　はっきりしていることが1つある。このスケールで見ると僕

超銀河団を踏まないように

らなんて本当にちっぽけだ。宇宙の中でどこか特別な場所にいるわけじゃない。僕らが住んでいるのは重要な中心地なんかじゃない。マンハッタンみたいなところじゃないのだ。[107]約1000億個の恒星からできた何千億個もの銀河があるこの宇宙では、僕らが生きて知性を持っていることさえ、特別なことなのかどうかまだわからないのだ。

どうしてこういう構造になったの？

君みたいに教養のあるイケメン読者なら、宇宙での僕らの居場所なんて前から知っていた話かもしれない。[108]でも、そこからすごくおもしろいこんな疑問が湧いてくる。そもそもどうしてこんな構造になっているんだろう？

実際と違う構造の宇宙も簡単にイメージできる。たとえば、すべての恒星が集まって1個の巨大銀河をつくっているっていう

107　僕らが住んでいるのはせいぜいポキプシー［ハドソン川沿いの人口3万人の町］だ。
108　ちょっと痩せたかい？　かっこいいよ！

のはどうだろう？　あるいは、1個の銀河に恒星が1個しかなくて、そのまわりをとんでもない数の惑星がまわっているっていうのはどうだろう？　古い部屋に漂っているほこりみたいに、星が均等に散らばっている宇宙っていうのはどうだろう？

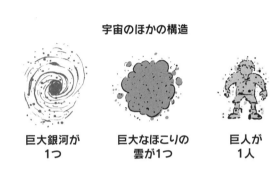

宇宙のほかの構造

巨大銀河が1つ　　巨大なほこりの雲が1つ　　巨人が1人

そもそもどうして構造があるんだろう？　宇宙は誕生の瞬間、完全に均一で対称的で、どの方角のどの場所でも粒子の密度が同じだったとしてみよう。するとどんな宇宙ができるだろうか？　もし宇宙が無限に広くてなめらかだったら、すべての粒子があらゆる方向から同じ重力で引っ張られて、どの方向にも動けないはずだ。すると粒子が塊になることなんてなくて、宇宙はピクリともしない。また、もし宇宙が有限でなめらかだったら、すべての

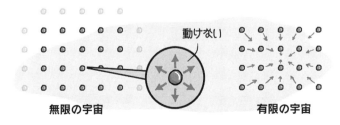

無限の宇宙　　　　　　　　　　　　　　　有限の宇宙

粒子が宇宙の重心という 1 点に引き寄せられてしまう。[109]

　どっちにしても、ところどころに塊ができたり構造がつくられたりすることなんて絶対にない。何も起こらないのっぺりした宇宙か、田舎のさびれたカフェのように 1 か所に入り浸りの宇宙のどっちかだ。

　実は物理学者は、構造にあふれた刺激的な宇宙がつくられるような、かなりいいストーリーを考えついている。それは次のような理論だ。赤ちゃん宇宙にあった小さな量子ゆらぎが、時空の猛スピードの膨張（インフレーション）で引き伸ばされて、無数の巨大なしわができた。そのしわが種となって、またダークマターの助けを借りて、重力で星や銀河がつくられた。そしてどこかの時点で、ダークエネルギーが宇宙空間をさらに引き伸ばしはじめた。

　ひゃあ。いいストーリーとは言ったけど、簡単なストーリーだとは言ってないからね。

　成長した現在の宇宙が何か構造を持っているためには、未成年のときにあちこちに何か塊がないといけない。[110] ほかの場所よりも質量が大きいちっぽけな塊さえできれば、重力の強い場所が生まれてまわりの重力に打ち勝ち、そこに原子がどんどん引き寄せられていくのだ。

　たとえば、スターバックスが互いに同じ距離で均等に散らばっている都市をイメージしてほしい。コーヒー好きの人はいちばん近い店から漂ってくる香りを感じるけれど、同じ距離に何軒もあ

109　空間が曲がっていれば、有限なのに中心のない宇宙というのもありえる。有限の大きさの球面には中心はない。それと同じだ。
110　宇宙は最初は手に負えなかった。未成年だからね。

るので、どの店に行くかいつまで経っても決められずにその場から動けない。でもコーヒーを入れる手順にほんのちょっと違いがあって、1軒だけ香りが強かったら、その店にはお客が大勢集まる。すると向かいにもう1軒スターバックスがオープンして、ますますお客が集まり、また1軒スターバックスがオープンして……。このサイクルが次々に起こって、スターバックスの中にスターバックスができ、スターバックスの特異点がつくられてしまう。でも最初に人気のスポット(ホット)がなかったら、そんなことは起こらない。スターバックス宇宙で星や銀河が現在のような構造をつくるためには、赤ちゃん宇宙が完璧に均一な状態からずれていることが絶対に必要なのだ。

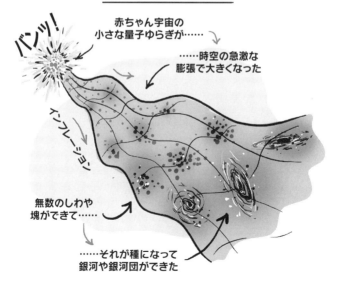

量子ゆらぎから宇宙の構造ができたしくみ

バンッ！

赤ちゃん宇宙の小さな量子ゆらぎが……

……時空の急激な膨張で大きくなった

インフレーション

無数のしわや塊ができて……

……それが種になって銀河や銀河団ができた

では、この宇宙が赤ちゃんだったとき、どうやって均一な状態からずれたんだろうか？ それができるようなメカニズムとして知られているのは1つだけ、量子力学のランダムさだ。

それは単なる思いつきじゃなくて、実際に観測されている。宇宙マイクロ波背景放射による赤ちゃん宇宙の写真を覚えているだろうか？ その写真には、電荷を持った熱いプラズマが冷えて中性のガスになった瞬間の宇宙の様子が写っている。それを見ると、宇宙は確かに均一だったけれど完璧に均一だったわけじゃないことがわかる。赤ちゃん宇宙の量子ゆらぎに相当する小さなでこぼこがあるのだ。

ビッグバンのとき、インフレーションによって空間がものすごく引き伸ばされて、この小さなでこぼこが膨らみ、時空の巨大なしわになった。その時空のしわが物質の塊をつくり、重力のホットスポットができて、それがのちに複雑な構造になったのだ。

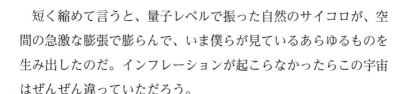

物理学者はお世辞が得意

短く縮めて言うと、量子レベルで振った自然のサイコロが、空間の急激な膨張で膨らんで、いま僕らが見ているあらゆるものを生み出したのだ。インフレーションが起こらなかったらこの宇宙はぜんぜん違っていただろう。

超銀河団のシートや泡よりも大きい構造がないのは、重力で物

質が引き寄せられてさらに構造をつくる時間がなかったからだろうと、物理学者はにらんでいる。重力の作用も光の速さを超えられないので、遠く離れた場所どうしはやっといまになってお互いの重力を感じはじめたところなのだ。

これから先はどうなるんだろう？　もしダークエネルギーが宇宙を膨張させていなかったとしたら、重力によって物質が塊になりつづけて、どんどん大きな構造がつくられていったはずだ。でもダークエネルギーを無視することはできない。だからいまは2つの作用が競いあっている。重力によって塊ができて大きな構造ができるだけの時間は経ったけれど、ダークエネルギーがそれを引き裂くだけの時間はまだ経っていないのだ。いまはどうやらこの2つの作用のバランスがぴったり合っていて、宇宙にいちばん大きい構造が見えている最高の時代らしいのだ。

本当なんだろうか？　古代エジプトのラムセス2世の時代のように、いまが宇宙のバブル時代なのはただの偶然なんだろうか？　僕らは特別な場所に住んでいるんだ（地球が宇宙の中心だ）と

111　「強き者たちよ、この大スケールの超銀河団を見ろ。そして絶望せよ！」

か、いまは特別な時代なんだ（天地創造から6000年後だ）とか信じていい気にならないように、よくよく注意しなきゃだめだ。

現在の知識から言うと、僕らは確かに特別な時代に生きているようだ。でもダークエネルギーのこれからを確実に予測することはできないので、本当のところはわからない。もしダークエネルギーが宇宙を押し広げつづけるとしたら、銀河や超銀河団が集まってさらにおもしろい構造ができるような時代は来ないだろう。でももしダークエネルギーの働きが変わったら、重力が物質を引き寄せて、まだ名前さえついていない新しい種類の構造が生まれるチャンスが出てくるのだ！　50億年後、どうなったかチェックしてほしい。

重力 vs. 圧力

だから、宇宙が完璧に均一じゃなくてそもそも構造を持っているのは、量子ゆらぎで最初のしわができて、それがインフレーションでそのまま膨らんで、現在の宇宙の種になったからだ。でもその種がどうやって、いまあるような惑星や恒星や銀河になったんだろう？　その答えは、重力と圧力という2つのパワフルな

作用のせめぎあいのおかげだ。

ビッグバンから約40万年後、宇宙は中性の熱いガスの大きな塊で、しわが少しだけ入っていた。すると重力が好き勝手なことを始めた。

すべて中性だった（電荷を持っていなかった）というのがものすごく大事だ。このとき、重力以外の力はどれもほとんど打ち消しあっていたのだ。強い核力はクォークどうしをくっつけて陽子や中性子をつくった。電磁気力は陽子と電子を引き寄せて中性の原子をつくった。でも重力は、打ち消しあってゼロになることは絶対にない。しかもすごく辛抱強い。何百万年も何十億年もかけてしわを集め、だんだんと密度の高い塊をつくっていったのだ。

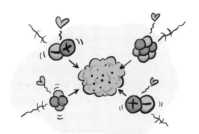

**ほかの力が打ち消しあって、
重力が働きはじめた。**

でも宇宙はすごく古いのに、どうしてあらゆる物質が重力で1つに集まって、重い星とか巨大ブラックホールとかメガ銀河のような大きな塊になっていないんだろう？　実はこの宇宙の物質とエネルギーの量は、重力で空間が曲がってあらゆる物質が引き寄せられるのには足りない。重力で空間が「平ら」になるのにぴっ

たりの量なのだ。しかもダークエネルギーが空間そのものを押し広げているから、両方考えあわせると、大きいスケールでは物質は互いにどんどん離れていっているのだ。

でも重力は、この宇宙レベルの綱引きでは勝てないけれど、ところどころでは小さな勝利を収めた。もともとのしわからできたガスと塵の小さな塊がどんどん引き寄せあって、次々に大きい塊になっていったのだ。でもその塊は宇宙全体では均等に散らばっていた。

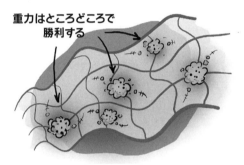

重力でガスと塵の塊が集まると何が起こるのだろう？ それは塊の大きさによって違う。

小さな塊だと重力が弱くて、小惑星とか大きな岩みたいなものができるだけだ。フラペチーノもできるかもしれない。そんな岩とかグランデサイズのフラペチーノが重力でつぶれて小さな点に縮まらないのは、重力以外の力による何らかの内部圧力があるからだ。岩をつくっている原子は、あんまりぎゅうぎゅうに押しつぶされるのがいやで抵抗する（石を押しつぶしてダイヤモンドをつくろうとしたことある？ 簡単じゃないよ）。そして最後には、重力による押しつぶす力と、岩の内部圧力が釣り合うのだ。

宇宙はどのくらい大きいの？ **341**

　もっと質量が大きくて、たとえば地球サイズの惑星ができるくらいだと、重力で中心部の岩や金属が強く圧縮されて溶岩になる。地球の中心部が熱い液体になっているのは、ひとえに重力のせいだ。重力なんて弱いじゃないかとバカにしたくなったら、自分が岩を押しつぶして熱い溶岩にできるかどうか考えてみてほしい。

　僕もさっきはバカにしてたんだけどね。

　かなり大きい塊だと、重力で熱いプラズマができて恒星に変わる。恒星とは要するに、爆発しつづけている核融合爆弾のことで、それを1つに閉じ込めているのは重力だけだ。重力は確かに弱いかもしれないけれど、十分な質量が集まると、爆発しつづける核爆弾を何十億年も閉じ込めておけるのだ。恒星がすぐ

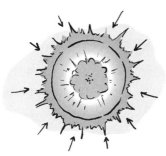

太陽の陽気な見た目の裏には、激しい性格が隠されている。

につぶれてもっと密度の高い天体になってしまわないのは、圧力のおかげだ。燃料を燃やし尽くして、容赦ない重力に抵抗する圧力を生み出せなくなった恒星は、つぶれてブラックホールになることもある。

　この重力と圧力のバランスは、ただの岩から、中心部が溶岩になった惑星、そして、核融合で輝いてかろうじて1つに閉じ込められている恒星まで成り立っている。また、恒星やブラックホールが宇宙全体にばらばらに散らばっていなくて、集まって銀河をつくっているのも、このバランスで説明できるのだ。

　覚えているだろうか？　宇宙の物質のほとんどは、惑星や恒星やコーヒー豆をつくっているものとは違うのだった。質量の約80パーセント（全エネルギーの27パーセント）はダークマターだ。ダークマターは、僕らが知らないような方法で作用しあっているのかどうかはわからないけれど、その質量が重力の作用をおよぼしているのは間違いない。でも電磁気力や強い核力はおよぼさないので、重力に抵抗するような圧力は持っていない。だから、ふつうの物質と同じように集まってくると、どんどん集まりつづけ

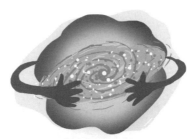

**ダークマターは
キラキラしたものがほしいだけ。**

て巨大なハロー［球形の塊］をつくる。そしてダークマターがハローをつくった場所には、その強い重力でふつうの物質が引き寄せられる。宇宙の初期に銀河がつくられたのはダークマターのおかげだったと、いまでは考えられている。もしダークマターがなかったら、何十億年も経たないと最初の銀河はできなかっただろう。でも実際には、ダークマターの重力という「見えざる手」のおかげで、ビッグバンからたった数億年で銀河ができたのだ。

　銀河も重力でつぶれようとしているけれど、完全につぶれて1個の巨大ブラックホールになることはない。いろんな種類の圧力で抵抗していて、どんな圧力が働いているかは銀河によって違う。渦巻銀河がつぶれないのは、ものすごいスピードで自転していて、その遠心力で星どうしが近づけないからだ。ダークマターがつぶれてもっと密度の高い塊にならないのも同じ理由。ダークマター粒子も速度と遠心力を持っているので、そう簡単に重力で引き寄せられることはないのだ。

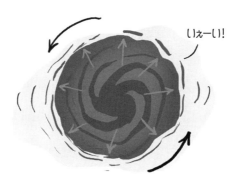

　こうして、超銀河団からなる巨大なシートや泡構造に満ちた宇宙ができた。超銀河団は銀河でできていて、銀河は、塵やガスや

惑星を従えてブラックホールのまわりを回る数千億の恒星でできている。そしてその惑星の少なくとも1つに人類がいて、星を眺めてあれこれ考えているのだ。

でもこの構造はどこまで広がっているんだろう？

巨大サイズのシートや泡は果てしなく続いているんだろうか？それとも、宇宙のすべての物質には島や大陸のように端っこがあって、その先には何もないんだろうか？

宇宙はどのくらい大きいんだろう？

宇宙の大きさ

8倍サイズのエスプレッソを飲み干して、無限の速さで宇宙を飛び回ることができたらなぁ。宇宙がどういう構造になっているか、どこまで広がっているかわかるのに。

でも残念なことに、ほとんどのコーヒーショップでは大きくても4倍サイズまでしか買えないし、写真を撮りながら宇宙を飛[112]

---

112 4倍サイズを2杯注文したら変な顔をされる。

び回れるスピードにも厳しい制限がある。だからワープドライブが開発されるまでは、宇宙から地球に届いてくるデータを使って答えを出すしかない。

　光はビューンと飛んできて、宇宙の不思議な姿を写したきれいな写真を運んできてくれているけれど、それが始まったのはたったの138億年前だ。だから、138億光年より遠くの天体は僕らには見えない。もしかしたら視界の向こうに、火を吹きながら跳ね回る銀河サイズの青いドラゴンがいるかもしれないけれど、僕らにはぜんぜんわからない。もちろんそんなドラゴンがいるなんて証拠は1つもないけれど、視界の端より向こう側がこのあたりとまったく同じ様子だなんてことがありえるだろうか？　自然界には奇妙な驚きの事実があふれているんだから。

　僕らにとっての地平線、つまり視界の端まで広がっている球体のことを、「観測可能な宇宙」というのだった。観測可能な宇宙はすごく大きい。この球体の外側は見えないけれど、観測可能な宇宙が正確にどのくらい大きいのかは考えることができる。いくつか考えられるケースを挙げてみよう。

a. 光の速さより速く進めるものは1つもないんだから、観測可能な宇宙の大きさは、(宇宙の年齢)×(光の速さ)、つまり138億光年のはずだ。

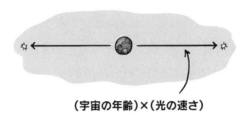

(宇宙の年齢)×(光の速さ)

b. 空間自体は光の速さより速く膨張できる(実際に膨張している)ので、昔は地平線の内側にあったけれどいまでは外側になってしまった天体も見ることができて、観測可能な宇宙の大きさは約465億光年である。

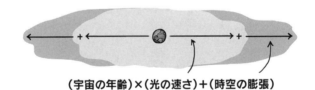

(宇宙の年齢)×(光の速さ)+(時空の膨張)

c. 観測可能な宇宙の大きさは、いちばん離れているスターバックスどうしの距離に等しいけれど、次々に新しい店ができているのでいまの科学では知りようがない。

正解は（b）だ。空間が膨張しているおかげで、かつていまより近かった天体でも見ることができる。だから観測可能な宇宙は、（宇宙の年齢）×（光の速さ）よりもずっと大きいのだ。その範囲の宇宙をいま僕らは見ることができるのだ。

うれしいことに僕らは、何十億個もの銀河の、10^{21}個もの恒星の中にある、約10^{80}個から10^{90}個もの素粒子を見ることができる。もう1つうれしいことに、観測可能な宇宙、つまり僕らにとっての地平線は、こっちで何もしなくても毎年少なくとも1光年は広がりつづけている。[113] しかも数学のパワーのおかげで、観測可能な宇宙の体積はますます速く増えつづけている。1年間で増える体積は去年よりも今年のほうが大きいからだ。絶対行けないような美しい山脈のある銀河の数が、想像もできないくらいに増えていくのだ。

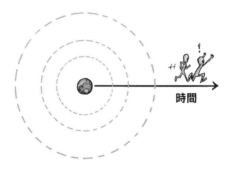

でもそんなに単純な話じゃない。天体が空間の中を動いて地球から遠ざかっているのと同時に、空間そのものも膨張している。

113　空間の膨張スピードによって変わる。いまはそのスピードはゼロより大きい。

天体の中には、あまりにも速く遠ざかっていて、**そこから出た光が絶対に地球に届かないようなもの**もあるのだ。つまり、観測可能な宇宙が実際の宇宙全体に追いつくことは絶対にないかもしれない。僕らがあらゆるものを残らず見るなんてできないかもしれないのだ。

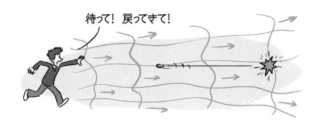

残念なことに、宇宙がどれだけ遠くまで広がっているのか、確かなところはわからない。絶対にわからないのかもしれない。宇宙の地図をつくりたいと思っている人にとってはますます残念な話だ。

推測してみよう

宇宙全体の大きさは？ 考えられるケースをいくつか挙げてみよう。

無限の空間の中に有限の宇宙がある場合

1つ考えられるのが、宇宙の大きさは有限だけれど、空間が膨

張したことで地平線の向こうまで大きくなったというケースだ。この考え方に従って宇宙の大きさを見積もろうとした科学者もいる。そのときには、理屈に合っていそうな次のような事柄を仮定した。

・インフレーションより前、空間はまだ引き伸ばされていなかったので、宇宙の大きさは（宇宙の年齢）×（光の速さ）にだいたい等しかった。
・宇宙にある素粒子の数はものすごく多い。
・実際に 10^{20} より大きい数について考えられる人なんていないので、好き勝手なことを言ってかまわない。

これらの仮定を踏まえたうえで、ビッグバンのときに空間がどれだけ引き伸ばされたか、ダークエネルギーによって現在どれだけ引き伸ばされているか、それについていまの時点でわかっていることを組み合わせると、宇宙全体のサイズを見積もることができる。

でも仮定の置き方によって、その答えは 10^{20} 倍以上も食い違ってしまう。ぜんぜん決着してないじゃないかと思った人、正解。誰かが「君の家の広さは 200 平米から 100,000,000,000,000,000,000,000 平米のあいだだね」なんて言ってきたら、その人は当てずっぽうで言っているだけだと思って間違いない。宇宙の物質の量は有限であるという根拠のない仮定を受け入れたとしても、宇宙がどのくらい大きいかはぜんぜんわからないのだ。

こんなに当てにならない一方で、宇宙の大きさを言い当てられ

そうなケースもいくつかある。

有限の空間の中に有限の宇宙がある場合

　もし宇宙が曲がった形をしていたら、空間は球面のような、ただし3次元(以上)の形になっているのかもしれない。その場合、空間そのものは有限だ。ぐるっと1周していて、同じ方向に進みつづけるとやがてスタート地点に戻ってきてしまう。びっくりするだろうけれど、とりあえず宇宙が無限でなくて有限であることはわかる。

「厳密に言うと無限は有限である」。
物理学者はそう言っている。

　でも、頭をひねってしまうようなこのシナリオでは、光も宇宙を1周して地球を2回以上通り過ぎるかもしれない(1周がかなり小さければだけれど)。それなら実際に見えるはずだ！　光が1

周するたびに、夜空に同じ天体がいくつも見えるだろう。科学者はそういう現象を銀河の構造の中や宇宙マイクロ波背景放射の中で探しているけれど、そんな証拠は1つも見つかっていない。だから、もし宇宙が有限でぐるっと1周していたとしても、僕らに見える範囲よりも大きいのは間違いない。[114]

無限の宇宙

もう1つありえるのが、空間は無限で、そこに無限の量の物質とエネルギーが満ちているというケースだ。無限というのは奇妙な概念で、頭がクラクラする。起こる可能性のあるどんな出来事も（確率がゼロでない限りどんなに起こりにくいことでも）、宇宙のどこかで必ず起こるのだ。無限の宇宙では、君にそっくりな誰かが、水玉模様の帆布に印刷されたこの本を読んでいる。ある惑星では、全部サミュエルという名前の青いドラゴンたちがしょっちゅう交じりあっている。起こりそうもない出来事だと思った君、その通りだ。でも無限の宇宙では、起こりえることはすべて必ず起こる。

114　重力レンズのせいで夜空に同じ天体がいくつも見えることはあるけれど、その場合には天体の像がゆがんでしまう。いまの話では天体の像はゆがまない。

無限の宇宙で何回起こるのかを計算したければ、その確率と無限を掛け算すればいい。確率がゼロでない限り、必ず起こる。しかもただ起こるだけじゃなくて、無限回起こるのだ。とち狂った青いドラゴンの棲む惑星も無限個ある。頭がクラクラする。

でも、無限の宇宙という考え方は、僕らが見ている宇宙とつじつまが合っているんだろうか？ 無限なのにビッグバンから膨張したなんてありえるだろうか？ ありえるけれど、ただしビッグバンが1点から始まったとするわけにはいかない。**同時にあらゆる場所でビッグバンが起こった**とイメージするのだ。読んでいる君の脳みそを隣の人にぶちまけでもしない限りイメージするのは難しいけれど、僕らが見ている宇宙とは完全につじつまが合っている。そんな宇宙では、**ビッグバンはあらゆる場所で同時に起こる**のだ。

超ビッグバン

この3つのケース（無限の空間に有限の物質がある、有限の空間に有限の物質がある、無限の空間に無限の物質がある）のどれが本当なんだろう？　ぜんぜんわからない。

どうして宇宙はこんなに空っぽなの？

宇宙の構造にまつわるもう1つの大きな謎。どうして宇宙はこんなに空っぽなんだろう？　星や銀河どうしがもっと近すぎたり遠すぎたりしないのはなぜだろう？

どのくらい空っぽなのか、イメージをつかんでもらおう。太陽系の大きさは約90億キロだけれど、いちばん近い恒星は約40兆キロも離れている。銀河系の大きさは約10万光年だけれど、いちばん近い銀河、アンドロメダ銀河は約250万光年も離れている。

空間がどんなに広くてどんな形をしていたとしても、天体どうしはもっと近くてもよかったんじゃないの？　車の後部座席で恒星や銀河たちが口喧嘩を始めたから、親が1人ずつ別々にしたわけでもないのに。

空っぽかどうかは見方の問題で、この疑問は次の2つに分けて考えることができる。

どうして光の速さより速く動けないの？

どうしてビッグバンのときに空間は膨張して、どうしていまも膨張しつづけているの？

宇宙の中で「近い」か「遠い」かは、光の速さを物差しにすれば決められる。もし光の速さがもっとずっと速かったら、もっと遠くまで見えるし、僕らももっと速く動けるので、遠くの天体もそんなに遠くには感じなかっただろう。逆にもし光の速さがもっとずっと遅かったら、隣の恒星を訪れたりメッセージを送ったりするのはますます難しいように思えただろう。[115]

でも、ぜんぶ光の速さのせいにするわけにはいかない。ビッグバンから1秒も経たないあいだに空間があんなにとてつもなく引き伸ばされていなかったら、現在どんな天体ももっとずっと近

---

115 携帯電話料金もとんでもないことになっていただろう。
116 気にくわないダークエネルギー。ほんとにいやなやつだ。

くにあっただろう。もし現在、ダークエネルギーがあらゆるものをどんどん遠くに押しやっていなかったら、1分ごとに星間旅行がどんどん難しくなっていくなんてことはなかっただろう。インフレーションが 10^{32} 倍なんてとんでもない勢いじゃなくて、自制してもっとほどほどの割合で宇宙を膨らませたなんてケースも考えられるのだ。[116]

　だからこの宇宙が空っぽなのは、距離のスケールを決める光の速さと、あらゆるものを引き離す空間の膨張の勢いという、2つの値の兼ね合いのせいなのだ。どうしてそれぞれいまのような値になっているのかはわからないけれど、値を変えたらいまとはぜんぜん違う宇宙になってしまう。ほかのいろんな大きな謎もそうだけれど、僕らが調べられる宇宙は1つしかない。だから、宇宙はこの形にしかなりようがなかったのか、それとも別の宇宙では膨張の勢いがすごく弱くて、みんなもっと身を寄せあっているのかなんて、僕らにはわからないのだ。

サイズアップ

　お気に入りのカフェイン飲料をちびちび飲みながら、夜空を見上げてじっと考えてみよう。宇宙の大きさや構造について僕らが知っていることはすべて、地球から見えるものに基づいている。もちろんほかの惑星に探査機を送ったり、宇宙空間に望遠鏡を打ち上げたり、人間が月に行ったりはしたけれど、宇宙レベルで見たらどこにも出かけてなんかいない。宇宙について僕らが知っていることなんて、この宇宙の片隅から見上げた景色に基づいて推測しただけなのだ。

　こんな目立たない場所からでも、僕らは昔からの疑問(「星って何?」「どうして動いているの?」)に答えて、長年の誤解(「地球が宇宙の中心だ」)を解くことができたのだ。

　でも、宇宙はどこまで広がっているんだろう? この宇宙は有限なのか無限なのか? これから数十億年で宇宙の構造はどうなるんだろう? こうした疑問に答えられたら、僕ら自身と宇宙の中での僕らの居場所に対する見方がものすごく変わるはずだ。

16
万物理論はあるの？

宇宙をいちばん単純に説明するには？

まわりの世界のことがかなりはっきりとわかってきたのは、人類の歴史の中でも最近のことだ。

　科学が発展したここ数百年より以前は、ありふれたものや出来事に戸惑うなんてごくふつうのことだった。古代人は稲妻を何だと思っただろう？　星は？　病気は？　磁気は？　ヒヒは？　この世には、人間の理解を超えた謎のもの、パワフルな力、奇妙な動物があふれていると思っていたはずだ。

**オスのヒヒは磁石のように
メスを惹きつける、これも謎だ**

　最近になるとそういう感覚はなくなって、科学を何となく信頼するようになった。人間にも見つけられる理屈に合った法則を使って、まわりの世界を説明できるんだという感覚が芽生えたのだ。

そんな経験は人間の歴史の中でもかなり新しい。君が、日常生活の中でまったく謎の出来事に遭遇するなんてそうそうない。ぎょっとしたり説明できなかったりするものなんてほとんど目にしない。稲妻、星、病気、磁気、そして謎めいたヒヒも、自然現象としてほとんど説明できる。畏れ多いし美しいけれど、結局は物理法則にしばられている。逆に、ぜんぜん説明がつかないことなんてめったにない新鮮な経験だから、僕らはわざわざお金を払ってまでそういう経験をしたがる。マジックショーがあんなに楽しいのはだからだ。

僕らはただ理解するだけじゃなくて、身の回りのものすごく細かいことまで通じている。400トンの飛行機を定期的に海の向こうまで飛ばしたり、1個のコンピュータチップに詰め込んだ数十億個のトランジスターの量子力学的性質を操ったり、人の身体を切って別の人の一部分を中に入れたり、興奮したヒヒの交尾行動を予測したりする。まさに驚異の時代だ。

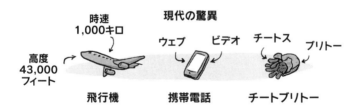

でも、身の回りの世界の大きな傾向や細かい事柄をうまく説明できたからといって、何でもかんでも明らかにしたことになるんだろうか？ 人間の理論で「万物」を説明できるんだろうか？

最初のほうの章を読み飛ばさなかった人なら、その答えはもち

ろんノーだとわかっていると思う。宇宙は何で満たされているのか（ダークマター）、宇宙を支配するいちばんパワフルな力（ダークエネルギー、量子重力）はどうやって説明したらいいのか、それについてはほとんど手掛かりさえない。僕らが知り尽くしているのは宇宙のほんの一角だけで、そのまわりには未知の広大な海が広がっているのだ。

　身の回りの世界は理解しているのに、宇宙がどういうしくみなのかはほとんど手掛かりがない。この2つの事実はどうやって折り合いをつけたらいいんだろう？　究極の理論、つまり万物理論の発見にはどこまで近づいているんだろう？　そもそもそんな理論があるんだろうか？　それで宇宙の謎は全部解決するんだろうか？

　いまから宇宙の万物理論（Theory of Everything：ToE）と、爪先どうしを合わせて向きあっていこう。

万物理論って何？

　時間をかけて話をする前に、「万物理論」とはどういう意味なのかをはっきりさせておこう。ぶっきらぼうに言うと、**「空間と**

時間、宇宙のすべての物質と力を、いちばん深いレベルでできるだけ単純に数学的に説明したもの」**だ。

少しずつ読みほどいていこう。

「物質」という言葉が入っているのは、宇宙をつくっているすべてのものをこの理論で説明できないといけないからだ。そして「力」という言葉が入っているのは、何も起こらない物質の塊を説明するだけでは済まないからだ。物質がどうやって作用しあって、どんなことができるのかを知りたいのだから。

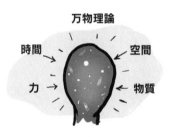

「空間」と「時間」という言葉が入っているのは、どっちもある程度伸び縮みして、宇宙の物質と力に影響を与える（そして影響を受ける）からだ。

いちばん大事なのは「できるだけ単純」で「いちばん深い」というところで、万物理論ではこの宇宙をできるだけ基本的な形で説明できるようにしたい。「できるだけ単純」ということは、それ以上単純にできなくて必要最小限でないといけない（つまり、変数や説明できない定数ができるだけ少なくないといけない）。そして「いちばん深いレベル」ということは、宇宙をできるだけ小さいスケールで説明できないといけない。あらゆるものをつくってい

る、それ以上細かくできない最小のレゴブロックを見つけて、それをつなぎあわせるいちばん基本的なしくみを知りたいのだ。

厳密に言うと、
レゴには爪先(toe)が2つある。

僕らが住んでいる宇宙はたまねぎに似ている。切ると涙が出たり、おいしいスープには欠かせない材料だったりするからじゃなくて、何層もの「創発現象」(集団的振る舞い)でできているからだ。

たとえばこの原子のモデルを考えてみよう。

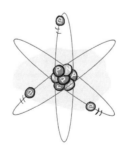

この図が表しているのは、陽子と中性子からできた原子核のまわりを電子が回って原子がつくられているという理論だ。科学でいちばん有名な図じゃないかな。この図を考えついたのがすごいことだったのは、ただのPRのためだったからじゃない。原子が

物質の基本部品だという考え方を乗り越えて、原子はさらに小さい部品でできているという、もっと深くて基本的な考えにたどり着いたからだ。

でもまだ話は終わっていなかった。この小さい部品のいくつかは、さらに小さい部品からできていたのだ（陽子と中性子はクォークからできている）。しかもこのようなスケールでは、物質は僕らが思っているのとぜんぜん違う振る舞いをする。これ以上ありえないというくらい違うのだ。電子や陽子や中性子は、寄り集まったりお互いのまわりを回ったりする小さくて硬いボールみたいなものじゃない。波によって表されて、不確かさと確率に支配された、ぼんやりした量子的粒子なのだ。

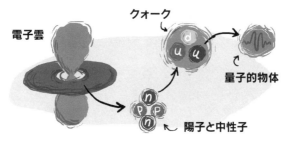

原子、リターンズ

でも、どの考え方もある程度のところまでしか通用しない。原子を小さなビリヤードの球だとイメージすれば、気体の原子が容器の中で跳ね回る様子を説明できる。また原子を、中で電子が飛び回っている小さな塊だとイメージすれば、周期表のすべての元素を説明できる。そして新しい量子的なイメージでは、あらゆる自然現象をかなりうまく説明できる。

本当　　　　本当　　　　本当
(ある程度は)　(ある程度は)　(ある程度は?)

　大事なポイントとして、この宇宙では、もっと小さいスケールで起こっていることを完全に無視しても完璧な理論をつくることができる。つまり、小さい部品の振る舞いがぜんぜんわからなくても（あるいはその小さい部品が存在するかどうかがわからなくても）、その小さい部品が集まったときの集団的振る舞いは正確に予測できるのだ。

　たとえば、経済は1人1人の心理が集まって起こる創発現象で、ほとんど数学的に説明できる（人々が内なるヒヒを抑えて理性的に行動するとしたらの話だけれど）。それぞれ品物を売ったり買ったりする大勢の消費者や商人の行動が、大きなスケールで価格を変動させていて、それは片手で数えられるほどの単純な方程式で説明できる。1人1人の選り好みや動機がわからなくても、大集団の経済を調べて説明することができるのだ。

　物理学にもそういう例はたくさんある。たとえば、物質のいちばん基本的な部品が見つかっていなくても、また重力の働き方が量子論ではぜんぜんわかっていなくても、サルが屋根からプールに飛び

込んだらどうなるかはかなり精確に予測できる。サルの放物運動

をすごく有効に予測できる理論もあるし、跳ねる水しぶきを説明できる流体力学の理論もあるし、サルのにおいがするプールに入りたくない理由を説明する行動理論もある。

この宇宙では、それぞれ違うレベルの創発現象を説明するこうした理論が、いくつも層のように積み重なっている。進化論が生まれたのは DNA が見つかる前だったし、人間が月に立ったのも、ヒッグスボソンなど、いまではよく知られている何種類もの素粒子のことがわかるようになるずっと前だったのだ。

これは大事なことだ。物理学者が白衣を脱いで、マイクを床にたたきつけて両手を大きく広げ、「これでおしまい!」と言って出ていく (そしてきっと職を失う) ことになる「究極の理論」は、自然界のいちばん基本的な部分を説明することになる。究極の理論は、宇宙の本当の構成部品から生まれる何らかの創発現象を説明するものじゃない。宇宙の本当の構成部品と、それがどうやって組み合わさるかを説明するものなのだ。

ラッパー、ノトーリアスT.O.E.

それだから万物理論は一筋縄じゃいかない。いつまで経っても、万物理論にたどり着いたなんて 100 パーセント確信できないかもしれないからだ。基本的な理論にたどり着いたと思っても、実

は、宇宙のたまねぎのもう1つ下の層に隠れたミクロなヒヒの集団行動を表しているだけかもしれないのだ。その違いなんて見分けられるんだろうか？

もっと悪いことに、もしこの宇宙にたまねぎの層が無限にあったら？　究極の理論なんてそもそもありえなかったら？　ずっとヒヒしかいなかったら？

ずっとヒヒばっか

万物理論とは何なのかはこれではっきりした。そこで次に、サルをプールから追い出すのに必要かどうかは別として、自然界をいちばん深いレベルで理解するためにいままでどういうふうに進んできたか、それを見ていくことにしよう。

1つ考えられる疑問が、この宇宙にはいちばん短い長さというものがあるのかどうかだ。長さは無限に分割できる、つまり長さを0.0000・・・00001と書いて、"・・・"は0が無限個続くという意味だと言ってかまわないと、僕らはずっと考えてきた。でももしそうじゃなかったら？　コンピュータ画面のピクセルみたいに、これより小さい長さは役に立たないし無意味だという長さがあったとしたら？　もしそんな長さがあったとして、そのスケールでの物体や相互作用を説明する理論が手に入ったとしたら？それより小さいものはありえないのだから、それは基本的な理論だとかなり胸を張って言える。でももしそんな長さがなかったら？　物体を無限に小さくしたり、無限に短い距離だけ移動させ

られたりできるとしたら？ そうだったら、もうこれ以上何も隠されていないと言い切るのは絶対に無理かもしれない。

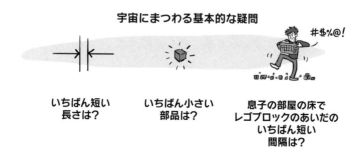

もう1つの考え方として、「いまの理論で説明できている部品は本当に基本的なんだろうか、それとももっと小さいレゴブロックでできているんだろうか」と問いかけることもできる。いままでに見つかっている電子やクォークなどの素粒子は、この宇宙の物質のいちばん小さい部品なんだろうか？ それとももっと小さい粒子があるんだろうか？

最後に、そうした部品がどうやって作用しあうかも考えないといけない。作用のしかたは何通りもある（つまり何種類もの力がある）んだろうか？ それとも1種類だけで、それがいろんな形で現れているだけなんだろうか？ 宇宙の力をいちばん基本的な形で説明するにはどうしたらいいんだろうか？

まずは、いちばん短い長さについてから始めよう。

いちばん短い長さ

いちばん短い長さ、つまりこの宇宙の基本的な解像度というのがあるんだろうか？　現実の世界は細かいピクセルに分かれていて、そのスケールより小さいものは表せないんだろうか？　現実の世界がピクセルに分かれているかもしれないという考え方がどんなに奇妙なのか、少し考えてみよう。

量子力学によると、粒子の位置を無限の精度で知ることはできない。もともとランダムな性質を持った量子場がぼんやり波立ったもの、それが量子力学的な物体だからだ。それどころか、量子力学によると**粒子の正確な位置は決まっていなくて**、ある長さ以下の位置情報なんて存在しないのだ。それを考えると、この宇宙には意味のあるいちばん短い長さというものがあるんじゃないかと思えてくる。長さは量子化されていて、ピクセルに分かれていると考えられるのだ。

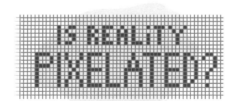

現実の世界はピクセルに分かれている？

もし現実の世界がピクセルに分かれているとしたら、そのピクセルはどのくらい小さいんだろう？　ぜんぜんわからないけれど、

368 Chapter 16

物理学者はあたりを見回して、宇宙の根本的な性質を教えてくれるいくつかの基本定数を組み合わせることで、かなりおおざっぱな大きさを推測している。そんな基本定数の1つめが、量子力学に登場するプランク定数 h だ。これはすごく大事な数で、基本的なエネルギーの量子と関係している。言ってみればエネルギーのピクセルみたいなものだ。

たとえばメートルで長さの値を導き出すためには、このプランク定数とほかに2つの定数を掛け合わせる。その定数とは、宇宙の最高スピード（光の速さ c）と重力の強さ（G）だ。これらの定数をうまく組み合わせると、長さの単位を持った数が出てくる。[117]その数はものすごくものすごく小さくて、10^{-35} メートル、つまり 0.00000000000000000000000000000000001 メートルだ。

この値をプランク長さという。どういう意味があるんだろう？本当のところはわからないけれど、この宇宙での空間のピクセルの一般的な大きさにだいたい近いかもしれないのだ。さっきの基本定数を組み合わせた理由は本当はない。でも、量子レベルで起こっているであろう物理現象の基本要素をそれぞれ表しているので、組み合わせれば宇宙の基本的なスケールの手掛かりになるかもしれないのだ。

それは確かめられるのだろうか？　いまのところは無理だ。小さいスケールを調べるための道具は、光の波長（約 10^{-7} メートル）くらいの物体を調べられる光学顕微鏡から、10^{-10} メートルの物体を調べられる電子顕微鏡へと進歩してきた。さらに、粒子コラ

117　プランク長さは $(hG/2\pi c^3)^{1/2} = 1.616×10^{-35}$m。$h$ はプランク定数、G は重力定数、c は光の速さ。

イダーで高エネルギーの衝突を起こして、陽子の内部を約 10^{-20} メートルのスケールで調べることもできるようになった。

でも残念なことに、プランク長さの世界を調べるためには15桁も足りない。ということは、僕らは細かいことをまだたくさん見落としているのかもしれない。どのくらいたくさん？　君が持っているいちばん短い物差しとか、君の目で見えるいちばん小さなものが、1,000,000,000,000,000（10^{15}）メートルだったと想像してみてほしい。太陽系の大きさの100倍だ。もしそうだとしたら、いろいろすごいことが起こっていても君には見当もつかない。15桁もあったらいろんなことを見落としているかもしれないのだ。

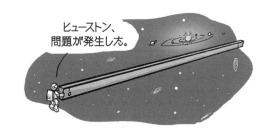

プランク長さの世界を調べられる見込みはあるんだろうか？ここ100年か200年の技術の進歩で 10^{-7}（光学顕微鏡）から 10^{-20} まで進んできたのだから、未来の科学者がもっと細かい世界の姿を見るためにどんな仕掛けを発明するか、予測するのは簡単じゃない。でも粒子コライダーの方法を推し進めていくとしたら、プランク長さのものを見るためにはいまの 10^{15} 倍のエネルギーを出せる加速器が必要だ。すると大きさも 10^{15} 倍じゃないといけないので、費用も 10^{15} 倍かかって、僕らが出せる予算の

10^{15} 倍くらいになってしまう。

だから、宇宙が細かいピクセルに分かれているという確実な証拠はないけれど、量子力学とこれまで測定されてきた普遍定数から言って、そういうピクセルはあるかもしれないし、しかもとんでもなく小さいとしか思えないのだ。

いちばん小さい粒子

電子やクォークなどこれまでに見つかっている「素粒子」は、この宇宙でいちばん基本的な粒子なんだろうか？　もしかしたらそうじゃないかもしれない。

電子やクォーク、そしてそのいとこ粒子たちが、実は何かが集まった創発現象でしかないというのは、かなりありえそうな話だ。もしかしたらもっと小さくて基本的な素粒子からできているのかもしれない。

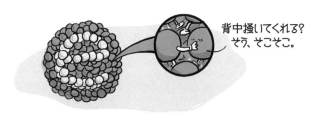

どうしてそう考えられるのかというと、これまで見つかっている素粒子がどれも、周期表そっくりの表にうまく収まっているか

らだ。Chapter 4 でそう話したのを覚えているだろうか？　これまでに見つかっているいちばん小さい粒子は、次のような表に並べることができる。

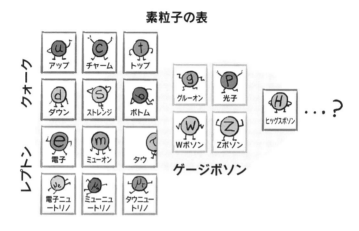

このきれいな並び方とパターンを見ると、何かあるんじゃないかと思えてくる。元素（酸素や炭素など）の周期表が手掛かりになって、すべての元素は電子と陽子と中性子がそれぞれ違うふうに組み合わさっているのだとわかった。それと同じように、この表を見て物理学者はこう思っている。いままで見つかっている素粒子は、もっと小さい何種類かの粒子からできているんじゃないか？　あるいは、1種類のもっと小さい粒子と、そのいろんなバージョンをつくり出す未発見の法則が組み合わさってできているんじゃないか？　どっちにしても手掛かりはこの表にあるのだ。

　電子やクォークの中を探るためにはどうしたらいいんだろう？　どんどんばらばらにしていかないといけないのだ。

ある粒子が実は複合粒子（もっと小さい粒子からできている）だったら、そのもっと小さい粒子は自分の結合エネルギーでくっつきあっているはずだ。たとえば水素原子は、実は陽子と電子が電磁気力の引力で結びついている。それと同じように、陽子も実は3個のクォークが強い核力で結びついてできている。

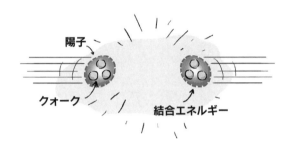

　複合粒子をばらばらにしたくても、小さい粒子のあいだの結合エネルギーよりも低いエネルギーだったら、1個の硬い粒子みたいにしかならない。たとえばヒヒが君の車に野球のボールをそっと投げたら、ボールは跳ね返って、君もヒヒも「この車は1個の巨大な粒子なんだ」と決めつけてしまうかもしれない。でもヒヒがものすごい勢いでボールを投げて、車の部品をつなぎ止めているエネルギーよりもボールのエネルギーのほうが大きかったら、車はばらばらに壊れてしまう。そして、「この車は小さい部品が組み合わさってできていたんだ、そしてきっとアメリカ製なんだ」とわかるのだ。

　だから、電子やクォークがもっと小さい粒子からできているかどうかを確かめる1つの方法は、どんどん高いエネルギーでばらばらにしていくことだ。電子やクォークを1つにまとめてい

るエネルギーよりも高くなったら、電子やクォークはばらばらに壊れて、もっと小さい部品からできていたんだとわかるかもしれない。

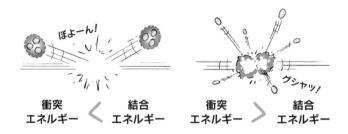

でも、電子やクォークがもっと小さい部品からできているかどうか本当のところはわかっていないし、もしもっと小さい部品からできていたとしても、それをばらばらにするのにどのくらいのエネルギーが必要なのかもぜんぜんわからない。いまのところ、ジュネーブにある大きくてお金のかかるコライダーでさえ、電子やクォークやそのいとこたちをつくっている部品を見つけるのにはエネルギーが足りないのだ。

素粒子の周期表にパターンを見つけ出せるかもしれないもう1つの方法は、この表に当てはまる新しい粒子を探すという方法だ。電子やクォークのいとこがもっと見つかったら、表のパターンが何を意味しているのかを推定して、そのおおもとの構造の手掛かりがつかめるかもしれない。そしてそのおおもとの構造から、現在知られている素粒子の中にはもっと小さい部品が隠れているのかどうかがわかるかもしれない。

いちばん基本的な力

　万物理論を導くための最後のピースは、この宇宙の基本的な力の説明だ。

　物質の粒子がいろんな方法で作用しあうことはわかっているけれど、では力は何種類あるんだろう？　どれも同じ1つの現象の一部なんだろうか？

　この宇宙の力をいちばん基本的な形で説明するといっても、大きさの話じゃない（つまり「いちばん小さい」力を見つけるということじゃない）。知られている力のうちどれとどれが、実は同じものの一部分なのかという話だ。

　たとえば先史時代の洞窟人科学者ウークとグルーグに、この宇宙の力を全部リストアップしてほしいと言ったら、次のような表をつくってくるかもしれない。

　このリストには、お互いに関係のなさそうな現象がもっとたくさん並んでいるかもしれない。でも長年のあいだに科学者は、その力の多くが実はお互いに関係していて、少しの種類の力で説明できることを明らかにした。たとえば、君をラマから落とす力は、空に輝いている球（太陽）を見た目動かしているのと同じ力、つ

宇宙に存在する力
by ウークとグルーグ

- 君をラマから落とす力
- 空に輝いている球を動かす力
- 風の力
- 棒を折るのに必要な力
- マストドンが僕の爪先を踏む力
- ヒヒを洞窟のプールから追い出す力
- などなど……

まり重力だとわかっている。また、お互いに接していたり押しあっていたりする物体（風、棒、マストドン）のあいだに働いているいろんな力も、実はたった1種類の力、つまり接近している原子のあいだの電磁気力だとわかっている。

もっと言うと、電気力と磁力が実は1種類の力（電磁気力）だという考え方が出てきたのは、わりと最近、19世紀のことだ。電流が磁場をつくったり、磁石を動かすと電流が発生したりすることに、ジェイムズ・マクスウェルが気づいた。そして、電気と磁気について当時知られていた公式（アンペールの法則、ファラデーの法則、ガウスの法則）を全部書き出して、そこに完璧な対称性があることに気づき、電気と磁気を1つの概念で扱えるように書きなおしたのだ。電気と磁気は別々のものじゃなくて、同じコインの表と裏みたいなものだったのだ。

もっと時代が進むと、弱い核力と電磁気力でも同じことが起こった。ぜんぜん違うこの2種類の力も、同じコインの表と裏みたいなものだったとわかったのだ。つまり、同じような数学の仕

掛けを使って、1種類の力(「電弱力」というクリエイティブな名前がついている)としてすごく単純に表すことができたのだ。みんながよく知っている光子は、実はもっと深い力の一面でしかなくて、その力は弱い核力を伝えるWボソンとZボソンもつくり出していたのだ。

ウークとグルーグが挙げたこの宇宙の力の長いリストが、少しずつ短くなっていって、4種類、そしていまではたった3種類にまでなっているのだ。

力	力を伝える粒子
電弱力	光子、Wボソン、Zボソン
強い核力	グルーオン
重力	重力子 (理論上)

力の種類はどこまで減らせるんだろう? これらの力が全部、実は同じ力の一部分だということはありえるんだろうか?

この宇宙にはたった1種類の力しかないのだろうか? ぜんぜんわからない。

万物理論はあるの？　**377**

万物理論にたどり着くまで
あとどのくらい？

　万物理論は、この宇宙に存在するすべてのものをできるだけ単純に、できるだけ基本的な形で説明できないといけない。だから、宇宙のいちばん小さい長さまで通用しないといけない（宇宙のピクセルがあるとしたら）。また、宇宙のいちばん小さいレゴブロックを全部リストアップしていないといけない。そして、レゴブロックどうしで起こりうる相互作用をすべて、できるだけ統一した形で説明できないといけない。

　いまのところ、宇宙のいちばん小さい長さがどのくらいなのか、そのある程度のヒントやアイデアはある（プランク長さ）。また、いまのところそれ以上壊せない12種類の物質粒子は、かなりうまくリストアップできている（標準モデル）。そして、その粒子が作用しあう3通りの方法のリストもできている（電弱力、強い核力、重力）。

　万物理論まではあとどのくらい離れているんだろう？　ぜんぜんわからない。でも大胆に予測するのはかまわないだろう。

　いままでの流れで行くと、**この宇宙の物質と力と空間をいちばん単純に説明できるのは、きっと1種類の粒子と1種類の力だろう**。そしてそれに基づいて、空間のいちばん細かい分解能を説明できるか、またはそんなものはないと確かめられるだろう。

　このたった1つの理論では、この宇宙のあらゆるもの（物体、振る舞い、ヒヒ）をすべての層の創発現象を通じてさかのぼっていって、この1種類の粒子と1種類の力の動きや振る舞いで説明

できないといけない。

　だからまだまだ道は遠いと思う。しかも忘れちゃいけない。ここまで話してきた理論はどれも、宇宙のたった5パーセントしかカバーしていないことを！　いまわかっていることをどうやって宇宙の残り95パーセントに拡張したらいいか、まだぜんぜんわからないのだ。まさに爪先(toe)にやっと触れたかどうかくらいなのだ。

重力理論と量子力学を結びつける

　万物理論を考え出すために越えないといけない大きなハードルの1つが、重力理論と量子力学を結びつけることだ。いまからその話をしよう。

　いまのところ、この宇宙を理解するための理論（というより理論的枠組み）は2つある。量子力学と一般相対性理論だ。量子力学によると、力を含めこの宇宙のあらゆるものは量子的粒子である。[118]

118　量子力学をもっと現代的にもっとパワフルに説明したのが、「場の量子論」だ。場の量子論では、あらゆるところに広がっている場が宇宙の基本要素であって、素粒子はその場が励起した場所だと考える。でもその話はこの本の範囲を超えている。

量子的粒子は現実世界の小さなゆらぎのようなもので、波のような性質を持っていて、もともと不確かさがある。そのゆらぎが、不動の宇宙の中を動き回っている。お互いに作用しあう（互いに遠くへ押しやったり引き寄せたりする）ときには、さらに別の種類の波のような粒子を交換しあう。強い核力と電弱力には量子論があるけれど、重力の量子論はない。

もう一方の一般相対性理論は、量子力学よりも前に考え出された古典理論である。この世界が量子化されているとか、物質と情報まで量子化されているとかいったことは考えられていない。でも一般相対性理論には１つ、重力のモデルであるという長所がある。一般相対性理論で言う重力とは、質量を持った物体どうしが引き寄せあう力ではなくて、空間のゆがみだ。質量を持っている物体は、まわりの空間と時間をゆがめる。そしてそのゆがみによって、近くにあるあらゆるものがその物体のほうに曲がって進んでくるのだ。

このように、基本的な力のほとんどをカバーする見事な素粒子理論（量子力学）もあるし、もう１つの基本的な力である重力の見事な理論（一般相対性理論）もある。でも１つ問題がある。この２つの理論は互いにほとんど相容れないのだ。

何とかしてこの2つの理論を合体できたらすごいことだ。万物理論をつくるための共通の理論的枠組みになるのだから。でもまだそれはかなっていない。挑戦していないわけじゃないんだけれど。

　量子力学と一般相対性理論を合体させようとすると、大きな問題が2つ出てくる。

　第1に、量子力学はゆがんでいないただの平らな空間でしか通用しないらしい。曲がってゆがんだ空間で重力に量子力学を当てはめようとすると、いろいろとおかしなことが起こってくるのだ。

　そもそも量子力学をうまく働かせるためには、「繰り込み」という特別な数学的トリックを使わないといけない。それを使うと、点粒子である電子が無限の電荷密度を持っているとか、電子が超低エネルギーの光子を無限個放出するとかいった、奇妙な無限を量子力学で扱えるようになる。繰り込みを使えば、この手の無限をカーペットの下に隠してしまって、死体なんてないよというふりができるのだ。

　でも困ったことに、ゆがんだ空間に基づく量子重力理論に繰り込みを使おうとしてもうまくいかない。無限を1つ片づけたと

思ったら、別の無限が出てきてしまうのだ。いくら隠そうとしても、無限が無限個出てきてしまう。だからいまのところどんな量子重力理論も、無限がからんだおかしな予測ばかり出てきて検証しようがないのだ。

　その理由としていまのところみんなが考えているのは、重力がいわばフィードバックを起こすからだ。空間がゆがめばゆがむほど重力が強くなって、そこに質量がたくさん引き寄せられてしまう。だから、電弱力や強い核力を量子的に説明するときと違って、重力には手に負えないフィードバックが働くらしいのだ。

　一般相対性理論と量子力学を１つにしようとすると悩まされる２つめの問題は、この２つの理論が重力という力をすごく違うふうにとらえていることだ。重力を量子力学的な力として組み込もうとしたら、それを伝える量子的粒子がないといけないけれど、そんなものはまだ見つかっていない。実を言うと最近までそんな粒子（Chapter 6で紹介した重力子）を検出する技術がなかったからなのだけれど、いまになってもまだ見つかっていないのだ。

　だから、宇宙のしくみを説明するこの２つの理論を合体させるのは難しいし、そもそも合体させられるかどうかもわかっていない。重力子がどんなものかもぜんぜんわからないし、合体させた量子重力理論でどんな予測をしても、無限が出てきてしまって理屈に合わないのだ。

　この２つの理論を合体させるのにちょうどいい数学がまだないのかもしれないし、合体させる方

法が間違っているのかもしれない。どっちかのせいかもしれない
し、両方のせいかもしれないのだ！　量子力学で力を計算する方
法はわかっているけれど、その方法を使って空間のゆがみを計算
するにはどうしたらいいかはわからないのだ。

万物理論ができたかどうか
どうしたらわかるの？

　ある日、太陽系サイズの粒子加速器が完成したとしよう
（RLHC、「バカみたいに大型のハドロンコライダー」って名前だ）。そして、
このとんでもなく高エネルギーのコライダーで得られたデータか
ら、意味のあるいちばん短い長さの単位、プランク長さでの物質
の基本部品が見つかったとしよう。

　さらに、この基本部品どうしの相互作用と、それがどうやって
組み合わさってもっと大きいスケールでの創発現象が生じるのか
が説明できるようになったとしよう。

　それで全部決着だろうか？

　オッカムのウィリアム[119]以来、科学者や哲学者は、長ったらしく
て複雑な説明よりも単純でコンパクトな説明のほうが好きだ。た
とえばある日、家に帰ったらプールがヒヒ臭かったとしよう。あ
る国際犯罪組織が、ジャスティン・ビーバーと３人のプロバスケッ
トボールプレーヤーがからんだ込み入った犯罪計画の一環と

119　14世紀にウィリアムは、「オッカムのかみそり」という画期的なひげそりテクノロジーを発明して、単純な説明のほうが好ましいという考え方をはじめて示した。

して、君の家のプールにヒヒの香水を垂らしたんだろうか？　それとも単純に、君が飼っているヒヒがしつけを破って、プールに飛び込んで涼んだんだろうか？

同じデータを説明できる理論が2つあったら、単純な理論のほうが正しい可能性が高い（君がヒヒを飼っているとしたらの話だけれど）。物理学者はこれまですごくラッキーだった。雷鳴と稲妻みたいに互いに違う現象が実は同じコインの表と裏だったと気づいて、いろんな理論をうまく単純にしてきたのだ。

でも、「いちばん小さい粒子はあるか」という疑問と同じように、「いちばん単純な理論はあるか」という疑問も出てきてしまう。この宇宙にはいちばん短い長さとかいちばん小さい粒子があることは証明できるかもしれないけれど、いちばん単純な理論が完成したかどうかなんて証明できるんだろうか？　どこで終わりなのかわかるんだろうか？　これで終わりだと思っていたのに、もっと単純な物理理論を持ったエイリアンと出会ってしまうかもしれないのだから。

最初に考えないといけないのは、理論がどのくらい単純なのかをどうやって測るかだ。どれだけコンパクトに書き出せるかで測るんだろうか？　方程式がどれだけ対称的で美しいかで測るんだ

384 Chapter 16

ろうか？　Ｔシャツに書けるかどうかだろうか？

　１つ大事な基準は、その理論に具体的な数がいくつ入っている
かだ。たとえば君がある万物理論を思いついて、その方程式には
数が１つ入っていたとしよう。その数はどんな値でもかまわな
いのだけれど、たとえばいちばん基本的な粒子「ちっぽけ粒子
（タイニーオン）」の質量のように大事な数だったとしよう。そして、
この理論を使う（たとえばラマから落ちるのに何秒かかるかを予測した
りする）ためには、その数の値がわからないといけないとしよう。
もちろん君は、コライダーを使ってタイニーオンの質量を測り、
その値を理論に放り込む。するとどうだ、理論は完成。オンボロ
車に乗って、ノーベル委員会が次の受賞者を発表するのを待つだ
けだ。

　ところが別の人も同じ研究をしていて、その人も万物理論を考
え出したと名乗り出てきた。その人の理論はちょっと違っていた。
タイニーオンの質量の正確な値がもともと組み込まれていて、そ
れがある決まった値のときにだけ理論が成り立つのだ。だからわ
ざわざコライダーで測らなくても、どんな値でないといけないか
がわかる。好き勝手に決められる変数が君の理論よりも１つ少
ないのだ。

　君の方程式のほうが広く通用しそうだけれど、実際にはもう１
人の理論のほうがこの宇宙のことをたくさん教えてくれる。タイ
ニーオンがどうしてこの質量でないといけない（そうでないと理論
が成り立たない）のかがわかるからだ。具体的な数が少なくてもっ
と単純だから、より基本的だ。さよなら、ノーベル賞。

　大事なポイントとして、究極の万物理論にたどり着いたかどう

かを判断する1つの方法は、好き勝手に決められる数がいくつ入っているかを数えることだ。そういう数が少なければ少ないほど、たまねぎの芯に近づいているはずだ。

もしかしたら、たまねぎの芯には具体的な数は1つもないのかもしれない。宇宙の球根の中心には不思議な数学があるだけで、僕らが知っているいろんな数値（重力定数とかプランク長さとか、マストドンが君の足を踏んだ回数とか）は全部その数学から簡単に導けるのかもしれない。

いまのところ、標準モデルには好き勝手に決められるパラメータがたくさん入っている（このあと、そのうちの21個を挙げておこう）。しかも標準モデルでは、重力やダークマターやダークエネルギーを説明できそうにないのだ。

・12種類のクォークとレプトンの質量
・クォークがどうやって変身するかを決める4つの混合角[120]

120　ニュートリノも変身できることが最近わかって、パラメータがさらに4つ増えた。

- 電弱力と強い核力の強さを決める 3 つのパラメータ
- ヒッグス理論のための 2 つのパラメータ
- 梨の木に隠れている 1 羽のうずら（理論上）

　正直言って、最終理論かどうかを見分ける方法はぜんぜんわからない。もしかしたら、この宇宙には好き勝手に決められる数は 1 つもないのかもしれない。あるいはそういう数は存在していて、深い意味を持っているのかもしれない。最終理論かもしれないものが見つかって、そこに 4 つの数が入っていたら、その 4 つの数は何か深くて重要なものなんだろうか？

　あるいは、そういう基本的な数は宇宙誕生の瞬間にでたらめに決まっただけで、ほかのポケット宇宙では違う値なのかもしれない。Chapter 14 でそんな多宇宙（マルチバース）について話したけれど、そうした考え方のほとんどは検証可能な科学的な仮説とはほど遠くて、確かめようのない哲学理論にどっぷり浸かっている。

万物理論に近づく

　プランク長さを調べるにしても 15 桁も足りないし、宇宙のたった 5 パーセントを説明できる統一理論を見つけるのにも四苦八苦しているのだから、何か別のアプローチを試すときかもしれない。

　たまねぎの層を 1 枚 1 枚剥いでいくんじゃなくて、いきなり芯からスタートしてみたらどうだろう？

いまのところたまねぎの芯にはまだまだ遠いんだから、芯の世界がどんなものか自由気ままに想像してもかまわないだろう。

たまねぎ宇宙のレシピ

オニオンスープ　　オニオンディップ　　オニオンリング

もしかしたらこの宇宙は、1種類の小さな粒子、あるいはオードブルの小さなウインナー、あるいはミニチュアのヒヒでできているのかもしれない。

いま存在している粒子や力を予測できる限り、君が勝手に想像した万物理論を否定することなんて、誰にもできない。ルールもなしに頭の中で自由気ままにこの宇宙の性質をいじくり回せるのか、と思ったかもしれない。哲学者や数学者なら確かにそのとおりだ。でも科学的に考えたければ（物理学者はよく聞いておくこと）、いくらミニチュアヒヒ理論でも、電子が「ヒヒトリノ」でできていると説明しただけじゃ済まない。検証しようのある予測を導いて、タイニーオンやウインナーオンの理論とどっちが正しいかを調べられるようにしないといけないのだ。

弦理論

最近の理論物理学でいちばん人気があって、いちばん論争を呼んでいるのが、この宇宙には10個か11個の次元があるとする弦理論だろう。その新しい次元の多くは、ものすごく小さく丸ま

っていて僕らには見えない（わけのわからない作り話じゃない。詳しくは Chapter 9 を）。そしてそこには小さい弦がたくさんあるのだ。

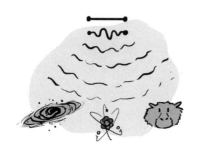

その弦は振動していて、その振動の様子によって、いままでに見つかっているどんな粒子にも見える。重力子などまだ見つかっていない粒子も説明できる。もっといいことに、弦理論は数学的に美しくて理論的に魅力がある。すべての力を統一して、現実の世界をいちばん基本的なレベルで説明してくれるので、真の万物理論と呼べるのだ。でも弦理論教に入信する前に、いくつか細かいことに気をつけないといけない。問題点と言ってもかまわないだろう。心配と言うべきかな。というより、大問題かもしれない。

1つめの問題として、弦理論はこの宇宙全体を説明できるかもしれないけれど、実際にはまだ説明できていない。弦理論が万物理論ではありえないなんて理由はまだ見つかっていないけれど、理論が完成しているとはとうてい言えない。弦理論の数学はまだ未完成で、完全に説明できる理論と言えるようになるにはピースがいくつか足りないのだ。

さらに2つめの問題が浮かび上がってくる。まだ弦理論は説

明に使える理論でしかなくて、検証できるような予測を出すことはできないのだ。いくら矛盾がなくて数学的に魅力のある理論でも、科学的に有効な仮説かどうかはまた別の話なのだ。

　この宇宙のいちばん小さい部品がタイニーオンなのか振動する弦なのかを知るためには、それぞれの理論から検証可能な予測を導かないといけない。でも、弦理論はいまのところプランク長さの物体しか扱えないので、まだ科学的に検証することはできない。深宇宙子猫理論と同じように、正しいかもしれないし間違っているかもしれない。実験で確かめられてもいないのに信じてしまうのは、物理学でなくて哲学、数学、あるいは宗教だ。

弦理論は実は猫のひげ理論だ。

　いつか実験技術がものすごく進歩するか、または頭の切れる理論家が、弦理論でしか予測できない（検証できない）宇宙の性質を、実験可能なスケールで見つけてくれることはもちろんありえる。でもいまはまだだ。

　弦理論の最後の問題点は、パラメータの問題だ。弦理論からどんな力学が予測されるかは、時空の次元がいくつあるかとその次元の形で決まる。その次元の選び方がたくさんあるのだ。たくさ

390 Chapter 16

んどころか 10^{500} 通りもある。この宇宙に存在する素粒子の個数の 10^{410} 倍だし、フェイスブックの君の友達の人数の 10^{497} 倍だ。新しい弦理論ができたら選択肢の数は減るかもしれないけれど、パラメータの数で理論の完成度を判断するとしたら、まだまだ先は長いと言うしかないのだ。

ループ、ループ

それとぜんぜん違うアプローチが、いちばん小さいレベルでは空間は量子化されているというアイデアだ。この理論では、空間はループというそれ以上分けられない小さい部品からできていて、その大きさはプランク長さ、つまり 10^{-35} メートルだという。このループがたくさんつながることで、すべての空間や物質ができているのかもしれないのだ。

ループ量子重力理論と呼ばれているこの理論は、重力とそれ以外の力を統一して、宇宙の性質をいちばん小さいレベルまで説明できる。でも残念なことに弦理論と同じ問題を抱えている。検証する方法がないから科学理論には昇格できないのだ。ただし具体的な予測が1つある。ビッグバンはビッグバウンスというサイクルの一部で、宇宙は膨張と収縮を繰り返すというのだ。検証しようと思えばできるかもしれないけれど、次のビッグバウンスが起こる何十億年も先まで待たないと、「ノーベル賞がほしい」なんて言い出せないのだ。[121]

これらのアイデアは、とりあえず最初の何歩かを踏み出してみ

121　ノーベル賞は死んでからじゃもらえない。だから、自分の理論を証明している最中に死んでしまったら踏んだり蹴ったりだ。

万物理論の虹色の刺繍

たくらいでしかない。誰か物理学者が、それを踏まえて、あるいはそれをヒントにして、あるいは物思いにふけるヒヒに囲まれておかしな瞑想にふける中で、すべてを説明できて検証可能な予測を出せる万物理論をつくってくれないだろうか。

役に立つの？

ありふれたものにまつわる疑問に答えるのに、万物理論はどのくらい役に立つんだろう？

実際にはたいして役に立たないのだ。

万物理論でこの宇宙のいちばん基本的なしくみが明らかになったとしても、プールを覆うサルよけのネットをつくるといった現実の問題にはあんまり役に立たないだろう。

この宇宙が創発現象からなる何層ものたまねぎだという考え方のおもしろいところは、各レベルにそれぞれ違う理論があって、それが同時に全部正しいことだ。たとえば弾むボールの動きを説明したいとしよう。ボール全体を重力に引っ張られる１個の物

体として扱って、ニュートン物理学（高校で習うやつ）を使えば説明できる。この場合、単純な放物運動になって、たった 1 行の数式で書くことができる。

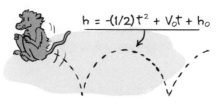

こんなふうに弾むヒヒのほうが
おもしろい絵になるかな。

　また別の方法として、弾むボールを場の量子論を使って説明することもやろうと思えばできる。ボールの中にある 10^{25} 個くらいの粒子 1 個 1 個の量子力学的振る舞いをモデル化して、それがお互いに作用しあうと、またまわりのものと作用しあうとどうなるかを、1 つ 1 つ追いかけていくのだ。実際にやろうとしても絶対に無理だけれど、原理的には可能だ。理屈の上ではさっきと同じ結果が出てくるはずだけれど、実際にはほぼ絶対にできない。
　いちばん根本レベルの現実世界の正しい理論ができたら、理屈の上ではその理論から銀河の形成や流体力学や有機化学を導けるはずだ。でも実際にはそんなのバカらしいし、科学として役には立たない。
　この宇宙をいろんなレベルで理解して説明できるというのは、すごく驚きだ。有機化学を研究したり、どうしてヒヒのことが頭から離れないのかを理解したりするのに、いちばん下のレベルから始める必要なんてない。そんなことしたらしんどすぎるよね？

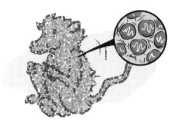

サーファーがボードの上に立つために、弦理論をマスターして波の中の 10^{30} 個の粒子の運動を計算しろなんて誰も言わない。ケーキを焼くときにも、クォークと電子のことを書いたレシピなんてほしくない。[122]

誰もほしがらない正確なレシピ本

人類がこれから進歩していこうというときに、もし史上最初の科学者たちがいちばんの基本原理からスタートしていたら、ぜんぜん前になんか進めなかったはずだ。

---

122 近所のスーパーにはクォークと電子がたくさん売っているけれど、1 個 1 個袋詰めにはなっていない。

何が何でもToE？

　万物理論を見つけるというのは、この宇宙のいちばん深くていちばん基本的な真理を明らかにするという、科学でもいままでやったことのない挑戦だ。

　いままで人類は、まわりの世界を役に立つ形で説明するのにかなり成功してきた。化学から経済学、サルの心理学まで、いろんな理論で生活をよくして、社会をつくり、病気を治し、インターネットを速くしてきた。そうした理論は基本的ではなくて、創発現象を説明しているだけだけれど、だからといって役に立たないとか正しくないとかいうことはない。

　でもこうした理論に欠けているのは、この宇宙の本当のしくみを明らかにしたという満足感だ。

　人間はいちばん深い真実を知りたい。ヒヒの問題行動を何とかしたり、ネットフリックスを一気見したりするのに役に立つからじゃなくて、宇宙での自分たちの立ち位置を理解できるからだ。

自分の居場所を見つけてね。

　でも、この宇宙にまつわる大問題はたいていそうだけれど、困ったことに万物理論がどんなものかもぜんぜんわかっていない。

いまのところ知られているいちばん小さい粒子（電子とかクォークとか）は、宇宙の基本部品より 10^{15} 倍も大きいかもしれない。銀河と同じ大きさになった君が、星1個を宇宙でいちばん小さい物体だと考えていると想像してみてほしい。真の万物理論からはそれと同じくらいかけ離れているのかもしれないのだ。

しかも、すべての力をたった1つの理論で説明するのにもまだ成功していない。100年間も深く考えたりアニマルセラピーを受けたりしてきたのに、重力はいまだに量子力学とうまくやっていけないのだ。しかも、この宇宙に万物理論があるという保証さえもないのだ。

でもだからといって、万物理論探しをあきらめちゃいけない。現実世界の層を1枚剥いで、宇宙のたまねぎの芯に一歩近づくたびに、新しい奇妙な構造が見つかって、自分たちの生き方に対する見方も変わってくるのだ。

**注意：物理をやると
息がたまねぎ臭くなるかも。**

17
宇宙で僕らは
ひとりぼっちなの？

どうしてまだ誰も来てくれないの？

外国に旅行したら、その土地の生活スタイルが自分といろいろ違うとわかっておもしろい。

　コーヒーは量が多くて薄い？　それとも少なくて頭がズキズキするほど濃い？　トイレには個室があって、誰にも見られないように扉がついている？　それとも薄い仕切りしかなくて、食あたりになったのがバレバレ？　首を縦に振るのはイエス？　ノー？　それとも、スムージーに目玉と触手を足してほしいっていう合図？　食事のときに使うのはフォーク？　お箸？　自分の手？　それとも調教したチョウチョ？　車は左側通行？　右側通行？

見知らぬ仕切りの向こうに見知らぬ人

それとも両方 OK？[123] もっと大事な違い。生きるのはお金を貯めるため？ 恋人を見つけるため？ それとも親戚を困らせるため？

その一方で、自分の国に似ているところもたくさんある。よその国の人も食べて寝てお話をする。朝食のお皿にこっちを見つめる目玉が入っていたり、靴に入った薄いコーヒーを飲んだりすることはあるかもしれないけれど、結局は君と同じように食べたり飲んだりする。

ほかの文化を訪ねるとわかってくる。自分の文化のいろんな側面のうち、人類共通で人間の基本的欲求（食べる、寝る、カフェインを取るなど）から来ているのはどれか。土地ごとにばらばらで、自分ではあたりまえのことだと思っていても（トイレの仕切り、家庭用品、朝食に入っている触手など）、実は違っていてもおかしくなかったのはどれか。人類共通だと思っていた風習が、実は自分の地元だけの習慣だった。ほかの文化を見ればそれがいちばんよくわかるのだ。

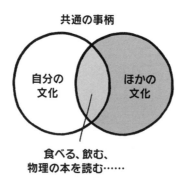

---

123 イタリアのことだよ。

朝食の食材に言えるのと同じことが、科学にも当てはまる。この宇宙にまつわる考え違いの多くは、ほんの身の回りの経験をどこでも共通だと決めつけてしまったせいだ。たとえば何千年ものあいだ人類は、自分たちが宇宙の中心だとか、もっと悪いことに、自分たちの世界が宇宙全体であって、星や太陽は自分たちのためにあるんだなんて思ってきた。身の回りの経験を踏まえればもっともな考え方だ。

　5000年後に振り返ったら、いまの僕らの考え方なんて恥ずかしくなるほど幼稚だったと思ってしまうかもしれない。天文学から苦労して学んできたように、僕らなんて、巨大な宇宙のありふれた片隅にある小さなかけらの上に住むちっぽけな人間だ。その1か所からしか宇宙を見ていないせいで、僕らはほかにどんな考え違いをしているんだろう？　近所でしか通用しないのに宇宙共通だと決めつけてしまっていることは何だろう？　アルファ・ケンタウリの近くなら、夜中の3時にじっくり煮込んだ目玉を食べに行けるんだろうか？

でも、僕らの経験が宇宙共通かどうか、それにまつわる疑問の中でもいちばん大事なのは、生命そのものに関する疑問かもしれない。この宇宙で生命はありふれた存在なんだろうか？　それとも珍しいんだろうか？

　この宇宙は生命であふれているんだろうか？　それともここにいる僕らだけなんだろうか？　地球とそのすぐ近くを探検しただけだと、僕らが宇宙でひとりぼっちかどうかはなかなかわからない。僕らはジャングルの奥に住んでいる原始的な部族のようなもので、まわりの広い文明のことをぜんぜん知らないだけなんだろうか？　それとも、何も棲めない広い砂漠の中にぽつんとあるオアシスみたいなものなんだろうか？　困ったことに、近場での経験はどっちにも当てはまってしまって区別できないのだ。

　もしも、もしもどこかに知的生命がいたとしたら、2つめの疑問が浮かんでくる。どうしてまだ出会ったことがないんだろう？　どうしてメッセージとか手紙とか、誕生日パーティーの招待状とかが来ないんだろう？　この宇宙で目を覚ましているのは僕らだけなんだろうか？　ほかの文明が遠すぎるだけなんだろうか？　それとも、僕らを銀河ドッジボール大会に参加させたくなくてわざと無視しているんだろうか？

最後に、もし高度な技術を持った知的生命が接触してきたら、彼らから何を教わることができるんだろう？　僕らがまだ知らないどんなことを知っているんだろう？　僕らはいままで、自分の目で見ることのできる電磁波（つまり光）ばかりを使って宇宙を探索してきた。もしかしたらエイリアンは、この宇宙が何か別の形の情報（ニュートリノとか、僕らがまだ知らない粒子とか）であふれていることを知っていて、万物のしくみをぜんぜん違うふうにとらえているのかもしれない。もしかしたら目すら持っていないかもしれない！　ずいぶん大胆な思い込みだけれど、どれもありえるかもしれない。そして、どのシナリオがこの宇宙に当てはまるのかは、ぜんぜんわからないのだ。

　エイリアンからいろんなことを教わろうという発想さえ、生命がどういう感覚を持っているかをずいぶん勝手に決めつけてしまっている。エイリアンも本を書くんだろうか？　それとも脳を直接つないで情報を送るんだろうか？　エイリアンも数学を持っているんだろうか？　それとも数学は人間がつくったものなんだろうか？　科学をするんだろうか？　僕らはほんの最近まで科学なんかやっていなかった。いまでも、ほとんどコーヒーばかり飲ん

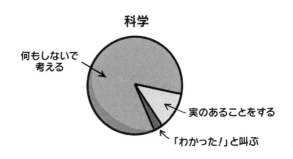

でいて、ときどき何かひらめいたり、たまに午後に研究が進んだりするだけだ。

この章では、生命にまつわるいちばん深い疑問について現在わかっていること、わかっていないことを説明しよう。僕らはひとりぼっちなんだろうか？　ひとりぼっちでないとしたら、どうして誰も接触してこないんだろう？　こっちから接触したいだろうか？　もし接触してきたら、生命、宇宙、万物についてどんなことを教えてもらえるんだろう[124]？

どこかにいるのかな？

もし宇宙全体で生命が僕らだけだったとしたら、僕らの経験していること、そしてこの地球は、ものすごく奇妙なものだということになる。こんなに広大な宇宙でひとりぼっちだとしたら、生命はとんでもなく稀なものだということだ。もし宇宙が無限だったら、生命の例がたった1つしかないなんて、稀なことどころか実際にはありえない。無限の宇宙では、どんなに確率の小さい

---

124 『銀河ヒッチハイクガイド』のコンピュータが出した答え、「42」以外に。

出来事でも必ず起こる。それどころか、確率がゼロでない出来事は無限回起こる。一度しか起こらないなんて、確率が無限に小さい出来事だけだ。

　逆にもし僕らがひとりぼっちじゃなかったとしたら、生命とか知性とか文明のある地球はけっして宇宙で特別な場所じゃないという気持ちが、もっと強くなる。そして、この宇宙そのものの深くておもしろい真実は、人間の経験からではほとんどわからないということになる。プライドを傷つけられる話だし、わくわくする話でもある。

　どっちが正しいんだろう？　僕らは特別なんだろうか？　それともつまんない存在なんだろうか？

　困ったことに、この 1 個の惑星上での経験だけから、もっと一般的なことを推測するのはとてつもなく難しい。考えられるのは次の 2 つで、僕らにはどっちか見極めることはできない。(1) 僕らは宇宙で唯一の生命だ。(2) 宇宙には生命があふれているけれど、いままで見つかっていないのは、あまりにも遠すぎるか、またはあまりにも違っていて気づかないからだ。

　君は小学生だったとしよう。ある日、いつもの算数のテストに

なんと答えの紙がまぎれ込んでいた！　最初は大喜びしたけれど、だんだん不安になってきた。答えの紙が入っていたのは自分だけなんだろうか？　ただの練習問題だってのを聞き漏らしただけなのかもしれない。あるいは、答えの紙をもらった子はほかにもいるけれど、内緒にしているのかもしれない。自分だけラッキーだったのか、それともみんな答えの紙をもらっているのか、見当もつかない。ほかに答えの紙をもらっている子が1人もいなかったら、誰も知らないんだから先生に言うはずない。自分が答えの紙をもらったからといって、自分が特別かどうかはぜんぜんわからない。自分の経験だけからもっと広い様子を何から何まで知ることなんてできないのだ。

　生命についてはもう少しわかっているけれど、たいしたことはわかっていない。たとえば、地球上を見回せばいろんな生命がいることがわかる。生命ごとに大きく違う特徴（たとえば皮膚の色とか、好きなアイスのフレーバーとか）があったら、その特徴は生命に不可欠でも基本的でもなくて、ほかの惑星に棲む生命がいたらきっとぜんぜん違うだろうと胸を張って言える（惑星ズリブロッシアではガーリックアイスが大流行かもしれない）。逆に、地球上のどんな

生命でも変わらない特徴（たとえばエネルギー源と水を必要とすると
か）があったら、それはどこにいる生命にとっても共通の特徴か
もしれないと推測できる。それどころか、かなり確実にそうだと
言い切れる。というのも、生命に共通のいろんな器官は何度も
別々に進化したことがわかっているからだ。たとえば目玉とか
（ジョークじゃないからね！）。

　この手の問題は、数学の問題として書き出して細かく切り分け
てしまうといいかもしれない。たとえば近所に何人の人が住んで
いるか知りたかったら、1軒1軒しらみつぶしに調査してもいい
し、単純に近所の家の戸数と一般的な家の平均人数を掛け算して
もいい。

　それと同じように、僕らが話しかけられそうな知的生命の数
（N）を推測するには、こんな数式を考えたらいい。

$$N = n_{恒星} \times n_{惑星} \times f_{生存可能} \times f_{生命} \times f_{知的生命} \times f_{文明} \times L$$

それぞれの値の意味は、

$n_{恒星}$：銀河系にある恒星の数

$n_{惑星}$：恒星1個あたりの惑星の数の平均

$f_{生存可能}$：生命を育むことのできる惑星の割合

$f_{生命}$：生存可能な惑星の中で、実際に生命が生まれる割合

$f_{知的生命}$：生命が生まれた惑星の中で、知的生命が進化する割合

$f_{文明}$：知的生命のうち、技術文明を発展させてメッセージを送
　　　信したり宇宙船を飛ばしたりする割合

L：僕らと同じ時代に繁栄している確率

　すごく単純な数式（ドレイク方程式という）だけれど、問題が細かく切り分けられているから便利だ。しかも、これらの値のどれか1つでもゼロだったら、たとえエイリアンがいたとしても絶対に声は聞けないと言い切れる。

　でも、あくまでも地球上での経験から推測しているだけだってことを忘れちゃいけない。惑星間旅行ができない限り、結局は限界があるのだ。なるべく一般的な生命の条件を慎重にリストアップしても、それは僕らの知っている生命にしか当てはまらないかもしれない。いまの僕らじゃ想像もつかないような姿をした生命がいて、代謝がとんでもなく遅くてライフサイクルがありえないくらい長かったり、バカみたいに身体が大きかったり、周囲やほかの個体との境界がぼんやりしたりしているような生命も十分ありえる。だから、さっきの知的生命の条件はぜんぜん的外れかもしれないし、宇宙のどこかで実際の例を見つけない限り確実なことを言えないのは覚えておいてほしい。

　それを頭の片隅に置きながら、さっきの方程式の値を1つずつ調べていくことにしよう。

恒星の数（n_恒星）

　銀河系にはものすごい数の恒星があることがわかっている。なんと約1000億個だ。方程式の残りの値はどれもすごく小さいかもしれないから、こんなに大きい値からスタートするのは心強いな。

　でも、この銀河系だけに絞るのはどうしてだろう？　観測可能な宇宙には1兆個から2兆個の銀河があると見積もられている。どうしてまずはこの銀河系だけから考えるのかというと、銀河系の中の恒星も確かに遠いけれど、ほかの銀河はうんざりするほどはるかかなただからだ。ワームホールとかワープドライブみたいな反則技に頼らない限り、そんなに遠い距離を旅したり通信したりするのはほとんど無理だ。だからとりあえずこの銀河系だけに絞っておいて、ほかの数兆個の銀河のことは、あまりにも望み薄の値が出てきたときのためにお尻のポケットに隠しておくことにしよう。

生命に適した惑星の数（n惑星×f生存可能）

　銀河系のすべての恒星のうち、生命を育める惑星を持っているのはどのくらいだろう？　生命を育めるのはどんな惑星だろう？　地球みたいな岩石惑星だけだろうか？　それとも生命が棲める惑星はたくさんあるんだろうか？

　たとえば、冷たい巨大ガス惑星の大気のいちばん上あたりに棲める生命とか、小さくて熱い惑星の溶岩の中を泳げる生命だっているかもしれない。

　でもとりあえず、地球に似た惑星だけを探すことにしよう。ガス惑星じゃなくて岩石でできていて、大きさも太陽エネルギーも地球に近い惑星だ。そうするとますます選択肢が絞られてしまうけれど、生命がいることがわかっているのは地球だけなんだから現実的な考え方だ。

　では、地球のように居心地のいい惑星は銀河系にいくつあるんだろう？　遠くの明るい恒星のまわりを回る小さくて暗い岩の塊

を見るには、いまの望遠鏡ではパワー不足だ。遠すぎてほとんど見えないだけじゃなくて、恒星に近すぎてその光に埋もれてしまうからだ。明るくて巨大なスポットライトを一生懸命見つめても、そのすぐそばにある小さな石のかけらにはぜんぜん気づかないのだ。

だから最近まで、ありふれた恒星のまわりに惑星が何個あるのかとか、そのうち地球に似ているのは何個なのかといったことは、見当もつかなかった。でもここ10年くらいで、間接的に惑星を見つけるすごく賢い手法がいくつか開発された。1つは、惑星の重力で恒星が少しだけ引っ張られて、恒星の位置がわずかに揺れ動くのを観察する方法。もう1つは、恒星の手前を惑星が通過して、恒星からやって来る光が周期的に暗くなるのを観察する方法。このような手法を使って、驚くようことがわかってきた。**この銀河系では、地球に近い大きさで、地球に近い量の太陽エネルギーが届いている惑星を、恒星の5個中1個は持っているのだ。**ということは、もう1つの地球候補はこの銀河系の中だけでも何百億個もあることになる。やっほー！ エイリアン旅行会社にとってはいまのところいい話だ。

星、5個中1個

**地球に似た惑星が回っている
恒星の割合**

または

**新しい目玉スムージーレストランの
平均評価**

生命が棲んでいる惑星の数（f_生命）

　この銀河系だけに絞ったとしても、恒星が約 1000 億個、地球に似た惑星が約 200 億個ある。生命を培養するシャーレが 200 億個もあるのだ。希望がふくらむ数だけれど、ここから先が難しい。生命が棲める惑星のうち、実際に生命がいるのはどのくらいだろう？

　まずはこんな疑問を考えてみよう。生命に欠かせない材料って何だろうか？　地球上の多種多様な生命を調べていったら、こんな結論が出てくる。複雑な化学反応と物質輸送をせっせとおこなうためには、どうしても水が必要そうだ。また、複雑な化学物質をつくって、細胞壁とか骨とかで身体を支えるためには、炭素が大量に要るらしい。さらに、DNA とか重要なたんぱく質をつくるためには、窒素とリンと硫黄も欠かせないようだ。

　これらの元素を使わなくても、僕らが知っているような生命をつくることはできるんだろうか？　炭素の代わりにケイ素を使えるんじゃないかと考えている人もいる。広い視野で考えるのはいいことだけれど、ケイ素（陽子 14 個）は炭素（陽子 6 個）よりずっと重くて複雑なので、いろんな生命を生み出せるほどたくさんは存在していないだろう。

　もっと厄介な疑問。これらの材料さえあれば生命は生まれるんだろうか？　広い海を持った暖かい惑星がどこかにあって、これらの元素が大量に跳ね回ってぶつかりあっていたら、どのくらいの確率で生命が生まれるんだろう？　生物学でいちばん深くて基本的な疑問だけれど、答えを出すのはものすごく難しい。ここ地

球上では、地表に水ができてから数億年で生命が生まれたことがわかっている。でも詳しいことはほとんどわかっていないので、化学物質のスープを混ぜて待っていないといけない時間として、それが異常に短かったのか長かったのかは、ぜんぜんわからないのだ。

ただのスープから生命が生まれるまでにはいくつものステップが必要だと考えられていて、そのうちのいくつかを再現しようといろんな科学者が挑戦してきた。ある有名な実験では、原始の地球で雷が果たした役割をまねた電気スパークを、

化学物質のスープに与えてみた。フランケンシュタインは生まれてこなかったけれど、生命に必要な複雑な分子が何種類かできた。だから少なくともいくつかのステップについては、材料を何種類か置いておいて、地熱か雷かエイリアンのレーザー兵器でちょうどいい量のエネルギーが注入されるのを待っていれば十分なのかもしれない。

このように、生命のいなかった頃の地球の環境からどうやって生命が生まれたのかさえも、いまのところほとんどわからない。[125] もしもっとわかってきたら、地球と似た環境の別の惑星で僕らの知っているような生命がどのくらいの確率で生まれるかについても、もっと理屈に合った話ができるだろう。それまでは、地球に似たセッティングをしたら生命は毎回生まれるのか、それとも

---

125 僕ら2人は生物学者じゃないから当然わからないけれど、知り合いの生物学者もやっぱりわからないって言ってる。

100万回や1000兆回に1回しか生まれないのかは、ぜんぜんわからない。しかも忘れちゃいけない。地球とはぜんぜん違う形の生命がいるかもしれないし、その生命がただのスープから生まれる確率もぜんぜん違うかもしれないのだ。

　生命をつくる材料となる化学物質が存在している場所が、実は地球の近くに何か所かある。火星でも何種類もの材料が（液体の水も！）見つかっているけれど、いまのところ微生物がいる証拠さえない。

　太陽系には火星のほかにも、旅行先トップファイブには入らないかもしれないけれど、生命が棲んでいてもおかしくないような場所がいくつかある。木星の衛星エウロパの地下には広大な海が広がっていると考えられているし、土星の衛星タイタンには、大気と、原始的な生命をつくるのに使える化学物質の海がある。実際の生命が見つかるにはほど遠いけれど、少なくとも生命の材料はあちこちにあるらしいのだ。

　根拠のないただの勝手な想像だけれど、生命が生まれたのは本当に地球上だったんだろうか？　それについてはいろんなとんでもない話がある。中でも、SFに聞こえるけれど可能性はゼロじ

ゃない話として、**生命はどこか別の場所で生まれて**、隕石に乗って地球にやって来たという説がある。

　君のバカにする声が聞こえてくるよ。きっと、微生物がマイクロロケットをつくって、何億年もかけて地球にやって来たとでも思っているんじゃないか？　でも、微生物はロケットなんかつくらなくても、惑星や恒星のあいだを旅することができるのだ。何か大きい天体（巨大な小惑星とか）が惑星に衝突すると、その衝撃で惑星の破片が宇宙空間に飛び出す。その破片はしばらくのあいだ、場合によってはものすごく長いあいだ漂う。何十億年も宇宙空間をさまようこともあるし、恒星のそばを通り過ぎて丸焦げになることもある。でもときには別の惑星に落ちることもある。このからくりで火星からやって来たことがほぼ間違いない石が、地球上で見つかっている。だから、ある惑星から別の惑星に石が飛んでくるというのは間違いなくありえるのだ。もしそういう石の中にたまたま生命が隠れていたり、小さな微生物や微小動物が宇宙空間の真空中で生き延びられたりしたら[126]、微生物が惑星から惑星に飛び移るのも不可能じゃないのだ（確かにちょっと考えにくいけれど）。

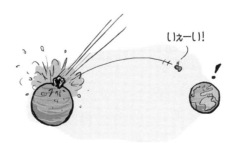

126　ショックを受ける覚悟をしてから、「クマムシ」とググってみよう。

証拠はぜんぜんないけれど、もしそれが本当だとしたら、エイリアンは実在することになる。この僕らがエイリアンなのだ！明らかに火星からやって来た石の中に、生命に似た説明のつかない奇妙な構造物が見つかったことがある。地球の微生物にちょっと似ていたけれど、それが火星の生命の証拠だという話を多くの科学者は信じていない。でも、もし火星（かどこか）に生命がいたのなら、ヒッチハイクで原始の地球にやって来て生命の種をまいたということもありえるのだ。

僕らのひいひいひいひいひいおじいちゃんが地球外生命だったかどうかは別として、このシナリオを考えるとあるおもしろい可能性が開けてくる。もしほかの惑星に生命がいたのなら、小惑星を調べればその証拠を見つけられるかもしれないのだ。惑星間空間に漂うそのがらくたは、生命を生み出す条件ではないかもしれない。でも遠くの惑星から飛び出してきたのなら、その世界に棲む生命の証拠を運んできてくれるかもしれないのだ。

知的生命が棲んでいる惑星の数（f知的生命）

微生物が誕生したとして、そのほかにどんな条件があったら複雑な生命や知的生命が生まれるんだろう？

もちろん十分な時間が必要だ。つまり、おぼつかない微生物のコロニーを破壊してしまうような出来事が立てつづけに起こるようじゃいけない。どこからを知性と呼ぶかで違ってくるけれど、地球では知的生命はいまから5万年前から100万年前に生まれ

た（いまでもまだ知的じゃないって言う人もいるかもしれないが）。生命そのものが生まれてから何十億年もあとのことだ。知的生命なんてすぐにできるものじゃないのだ。

これで、知的生命が生まれる可能性はずいぶん厳しくなる。たとえば銀河系の中心に近すぎる惑星だと、中心にあるブラックホールや中性子星からの強い放射線を浴びてしまう。その放射線で生命の複雑な化学物質が壊れてしまうかもしれないのだ。

生命の役に立つ材料

✔ 炭素
✔ 水
✔ リン
✔ 窒素
✔ 硫黄
✔ 日焼け止め

年取った恒星とか混み入った銀河中心とかに近すぎるとよくない理由がもう１つある。近くの天体がぶつかってくるかもしれないし、大きな彗星や小惑星の軌道が重力で乱されて、惑星に飛び込んできて生命を絶滅させてしまうかもしれないのだ。僕らの太陽系では、地球にとって危険な天体を、遠くにある２つの大型惑星（土星と木星）が掃除機のようにかき集めてくれていると言っている科学者もいる。

逆に銀河系の中心から遠すぎても、複雑な化学物質をつくるための重い元素が足りなくてよくない。そういう元素は、恒星の中心で核融合でつくられて、その恒星が収縮爆発することでまき散

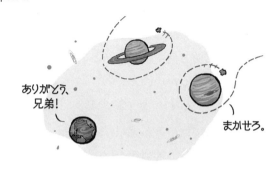

らされる。そうした恒星は銀河系の端のほうにはほとんどないので、銀河系の中心から遠すぎる場所には惑星はできないのだ。

　十分な時間があるだけでもだめだ。知的生命は必ず生まれるわけじゃなくて、幸運とか特別な環境が必要だ。道具をつくってまわりのものを操るための器用な手がないと、知性は発達しないんだろうか？　言語とか抽象的な思考のための複雑な社会集団がないと、技術文明は生まれないんだろうか？　もし恐竜が巨大小惑星によって絶滅していなかったら、現在または将来、地球上に知的生命は存在していたんだろうか？　ぜんぜんわからない。

　簡単に言うと、生命が複雑な生命に進化したり、知性や技術を発展させたりするのがどれくらいよくあることなのか、ほとんどわかっていないのだ。いろんな人がこの疑問についてあれこれ考えをめぐらせ、もっともらしく聞こえる理由を挙げて、生命は稀なはずだとかありふれているはずだとか言っている。でもそういう主張のほとんどは、結局のところ地球上での経験から推測しただけで、どれも同じ問題を抱えている。僕らという知的生命のいろんな特徴のうち、どれが地球特有で必ずしも必要ないのか、どれが宇宙共通でどうしても欠かせないのか、わかっていないのだ。

宇宙で僕らはひとりぼっちなの？　　**417**

　地球上での知的技術生命の進化を調べていくと、実際に起こった細かい出来事はどれも絶対に欠かせなかったんだと決めつけたくなってしまう。中にはあまりにも変わっていて、宇宙でもめったに起こらないかもしれない出来事もある。ということは、生命もめったに生まれないんだろうか？　そうとも言えない。僕らがたどってきた歴史だけが生命につながる道なんだろうか？　ほかにもたくさん道はあるんだろうか？　それとも、僕らが想像したこともないような生命につながる道もたくさんあるんだろうか？　この疑問こそがすごく大事なのだ。

　$f_{知的生命}$の値は、1 かもしれないし 0.1 かもしれない。0.0000000000001 かもしれないし、もっと小さいかもしれないのだ。

高度な通信技術を持った文明の数（$f_{文明}$）

　話を先に進めるために、ここまで考えてきた値（$n_{恒星} \times n_{惑星} \times f_{生存可能} \times f_{生命} \times f_{知的生命}$）はまだまだ大きくて、銀河系に知的生命はたくさんいると思うことにしよう。それが正しいという理由はな

いけれど、残りを端折ってこの章をここで突然終わらせたくはないからね。

銀河系にほかに知的生命がいて、それが近くの星に棲んでいたとしても、どうやって見つけたらいいんだろう？　僕らはたいてい、電波や可視光やX線など、幅広いスペクトルの電磁波を使って宇宙を探索している。電磁波をよく使うのは、僕らの目玉が視覚を使っているからだ。でもエイリアンは何を使っているんだろう？　もしかしたら、ニュートリノのビームとかダークマターの衝撃波とか、空間そのもののさざ波とかを使ってメッセージを送っているのかもしれない。エイリアンがどんな感覚器官を持っているのか（そもそも感覚器官を持っているのか）、何を感じることができるのかなんて、ぜんぜんわからないのだ。

もう1つ、エイリアンは電磁波で通信せずに、ロボット探査機を送り出して銀河系を探索しているということも十分にありえる。小惑星を掘削して自分自身を複製できる探査機だったら、どんどん数を増やしていって、1000万年とか5000万年とかで銀河系全体を探検しつくしてしまうかもしれない。ずいぶん長くかかるように聞こえるけれど、銀河系の寿命に比べたら短い。

でもやっぱり話を進めるしかないので、エイリアンも電磁波を

使っていると勝手に決めつけて、確率はわからないけれどそれを必要条件のリストに追加することにしよう。

エイリアンは僕らに向けてメッセージを送るんじゃなくて、宇宙空間にやみくもに電波をまき散らしているだけなのかもしれない。あるいは、テレビやラジオの電磁波が漏れ出しているだけかもしれない。そうだとしたら、彼らがものすごく近くにいるか、あるいは僕らがもっとずっと大きい望遠鏡をつくるかしない限り、彼らの声が聞こえてくることはほとんどないだろう。信号が弱すぎるからだ。プエルトリコにある世界でいちばん強力な電波望遠鏡、アレシボ天文台でも、3分の1光年以内でないとそういう弱い信号は聞くことができない。でもいちばん近い恒星でもその10倍以上遠い。遠くの星からメッセージを受け取るためには、やみくもに電波をまき散らしているんじゃなくて、こっちに狙いを定めて送信してくれていないとだめなのだ。

僕らと同じ時代に生きている確率(L)

宇宙はただ広いだけじゃなくて、すごく古い。130億年以上も時間があれば、星が生まれて燃えて、消えて死ぬというサイクル

が何度も繰り返される。最近の（重い元素がたくさんつくられて以降の）サイクルであれば、地球に似た惑星とか生命に優しい環境がつくられてもおかしくない。だから、エイリアン種族が存在しているかもしれない時代はとてつもなく長いということになる。でも僕らがエイリアンと話をするためには、だいたい同じ時代に生きていてくれないと困る。

技術を持った社会は、どのくらいの年月持ちこたえるんだろう？　僕らの限られた経験から推定するのは難しいけれど、人類の歴史の中でも、数百年のタイムスケールで文明が生まれたり消えたりしてきた。しかも、いまの社会は以前よりもずっと滅亡しやすそうだ。僕らはいつまでエイリアンのメッセージに耳を澄ませていられるんだろう？　500年後まで？　5000年後まで？　それとも500万年後まで？　それまで僕らは存在しているんだろうか？

エイリアンが生まれて、栄えて、宇宙空間にメッセージを送って、そして100万年前とか10億年前に滅んでしまったというのは十分にありえる。それとも滅びるのはこれからかもしれない。僕

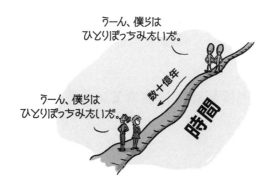

らがエイリアンと話をするためには、エイリアンがあちこちにいるか、または長いあいだ生き延びつづけてくれていないといけないのだ。

　君はまだ小学生だったとしよう。君の学校では、生徒全員が同じときに休み時間になるんじゃなくて、1人1人ばらばらに休み時間になる。友達と一緒に休み時間を過ごせる確率はどのくらいだろう？　そもそも、誰かと一緒の休み時間になる確率はどのくらいだろう？　休み時間が5秒しかなくて、学校に生徒が2人しかいなかったら、君は1人でドッジボールをするしかない。でも休み時間が5時間もあったり、生徒が200億人もいたりしたら、君は元気いっぱいだ。

じゃあエイリアンはどこにいるの？

　ドレイク方程式のすべての値を甘く見積もって、銀河系には高度な技術を持った息の長いエイリアンがたくさん棲んでいると決めつけたとしても、答えを出さないといけない疑問はまだたくさんある。

　エイリアンは僕らと話をしたがるんだろうか？　僕らにとってはバカな質問かもしれない。エイリアンとコンタクトしたくない人なんているだろうか？　どんなことを教えてもらえるか考えてみてほしい！　でもそれは、お互いの文化に共通点がたくさんあった場合の話だ。エイリアンが何を望んでいるかなんてぜんぜんわからない。もしかしたら、昔別の種族と接触したときにひどい

目に遭って、それ以来、恒星間Eメールのチェックや宇宙版フェイスブックの更新を1万年もしていないかもしれないのだ。

ボブ・D・アレン
ステータス：お休み中
最終投稿：10,000年前

　とんでもなくラッキーなシナリオとして、エイリアンが存在していて、電波を使って通信していて、近くにいて、僕らに向けてメッセージを送っていたとしても、僕らはそれに気づけるだろうか？　電波望遠鏡で夜空に耳を傾けてはいるけれど、エイリアンがどんなメッセージを送ってくるのかはよくわからない。僕らがどうやってメッセージを送るのかはもちろんわかっている。でも、エイリアンが僕らのわかるようなメッセージを送ってくるためには、記号を使った通信システムとか、数学的な暗号体系とか、時間の感覚とかといった、いろんな共通点がないといけない。エイリアンの頭の回転が速すぎたり遅すぎたりして、僕らはメッセージだと気づかないかもしれない（10年ごとに1ビットしか送信して

こないとしたら？）。まさにいまもメッセージを送ってきているけれど、ただのノイズと見分けがつかないっていう可能性だってあるのだ。

　1977年、オハイオ州にある電波望遠鏡が不思議な信号をキャッチした。いて座の方角からやって来たその信号は72秒間続いた。すごく強力な信号だったし、強さの変化からして遠くの宇宙からやって来たようだったので、その夜の当番だった科学者は急いでプリントアウトに丸印をつけて「WOW！」と書き込んだ。でも残念なことに、そのワオシグナルは二度と聞かれなかった（耳をそばだてていたのに）。地球上の何かが原因だったという確実な証拠はないけれど、地球外からのメッセージだったと言い切ることもできないのだ（でも念のために2012年に返事を送った）。

　被害妄想かもしれないけれど、もっと悪いシナリオだって考えられる。僕らのまわりには実は昔からエイリアン種族がたくさんいるんだけれど、まるでおかしな宇宙動物園みたいに、あえて接触を避けて僕らの自然の進化を観察しているのかもしれない。あるいは、高度な技術を持った種族がたくさんいても、侵略されるのが怖くてすごく用心深いから、みんな耳を澄ませているだけで誰も話しかけようとしていないのかもしれない。あるいは、彼ら

はすでに地球を訪れているけれど、隠れるのがものすごくうまいのかもしれない。架空に存在する架空のエイリアン種族の架空の技術のことなんて何もわからないんだから、どんな可能性だって考えないといけないのだ。

みんなどこにいるの?

ほかの惑星にまだ生命が見つかっていないのはどうしてだろう? どんな種類の生命もめったにいないんだろうか? あるいは、微生物はあちこちにいても、複雑な生命はめったにいないんだろうか? 複雑な生命はあちこちにいても、知性とか文明はめったに生まれないんだろうか? iPadを使いこなすテクノロジーおたくのエイリアンが銀河系のあちこちにいても、僕らには話しかけてこないんだろうか? 100万年前に滅んでしまったんだろうか? 話しかけてくれてはいるけれど、僕らが理解できないだけなんだろうか?

エイリアンと遭遇したらどんなことを学べるだろうと考えるとうずうずしてくるけれど、ファーストコンタクトが危険なのも確かだ。人類の歴史の中で強い文化と弱い文化が出合ったらどうなるか思い返してみよう。原始的な文化の側がハッピーエンドに終わることはめったにない。まだほかの惑星や恒星を訪れる能力のない僕らは、「ここにいるよ」と宣伝して、銀河の隣人たちを誰彼かまわず招いて、冷蔵庫に残っているパイ(それか僕ら)を勝手に食べてもらうべきなんだろうか?

彼らから物理を教わるだろうか？

有人（または有エイリアン）恒星間旅行は難しいし、実際に会って接触するのは無理そうだから、話をするだけというのはどうだろう？

どんな会話になるか想像してみてほしい。遠いから、メッセージを1つ送るごとに何年も（何十年も、何百年も）かかるだろう。彼らの思考回路も僕らと同じだといういちばんラッキーなケースでさえ、会話の基本的な約束事を決めるだけで何回もメッセージをやり取りしないといけない。宇宙はものすごく広いし、制限速度も遅いから、そんな会話は何世代もかかるかもしれない。僕らの社会はどんどん変わっていくし、科学も進歩していくから、答

えが返ってきた頃には、どうしてあんなバカな質問をしたんだろうって思っているかもしれないのだ。

僕らはひとりぼっちなんだろうか？

　いつか、ほかの惑星の旅行ガイド『ロンリープラネット』ができるかもしれない（名前は『ロンリーギャラクシー』に変わっているかもしれないけれど）。バックパッカー必携のその本には、アルファ・ケンタウリのバブリーゴージャス・パーティーに何を持っていったらいいかとか、惑星ケプラー61bでいちばんおいしい触手フレーバーのアイスキャンディーの店はどこかとかが載っている。どのくらいの厚さの本になるんだろう？　何百ページもあって、宇宙のあちこちでいろんなふうに進化した数え切れない生活スタイルがずらっと並んでいるんだろうか？　それとも、地球上の生命のことだけを書いたページ1枚だけだろうか？

　生命はどのくらい珍しくて、どのくらいつくられにくいんだろう？　いまだに科学最大の謎だ。

　確かに、僕らみたいな種類の生命はものすごく珍しいと思う。

宇宙で僕らはひとりぼっちなの？ **427**

君がいままたまたまそこにいて、賞を取る物理の本を読んでいるというのがどれほどの偶然なのか、考えてみてほしい。恒星がちょうどいい大きさと温度でないといけないし、惑星がちょうどいい軌道を回っていないといけないし、遠くの宇宙空間から彗星か氷でできた小惑星が飛んできて、奇跡的に水が供給されないといけない。しかもこの惑星上で、原子や分子がちょうどうまく組み合わさって、あるとき雷が落ちて、生命の最初の息吹が生まれないといけない。それが繁栄するなんてどんなに稀なことだろう？ 岩だらけの厳しい環境を乗り越えて成長し、いつか僕らにたどり着くなんて、どんな大当たりだろう？ 複雑な生命なんて、控えめに言ってもありえそうもない現象なんじゃないだろうか。

でもそれは、僕らと同じタイプの生命に話を絞っているからだ。確かに人間ができるためには、いろんな出来事が重なっていかないといけない。でも、もしそのうちの１つがうまくいかなくても、代わりに別の種族とか別のタイプの生命が生まれていたかもしれない。生命は珍しいんだって言い張るためには、１つでも出来事が違っていたら不毛の惑星になっていたと証明しないといけない。でも、どんな形の生命がありえるかなんて僕らにはわからないんだから、それは無理だ。

どういう条件なら生命が生まれるのかを僕らが正確に見抜けないのは、サンプルが１つしかないからだ。僕らというサンプルだ。雷が落ちるのを一度しか見たことがなかったら、落雷の確率なんてどうやって測ったらいいんだろう？ もしかしたら僕らは、

127　くだらないだじゃれ満載の物理の本にも賞をくれるよね？

地球上で生命が生まれたという自分たちの経験にものすごく惑わされていて、生命が生まれるほかの何百万通りもの方法がぜんぜん見えていないのかもしれない。地球の生命はめったに落ちない雷で生まれたのかもしれないけれど、宇宙のあちこちにはもっと手頃なコンセントがたくさんあるかもしれないのだ。でもぜんぜんわからない！

しかも、たとえ生命が珍しいものだったとしても、宇宙はとんでもなく広いことを忘れちゃいけない。信じられないほど広い宇宙に何十億もの銀河があって、その銀河1つ1つには、何千億もの恒星や惑星がばらばらに散らばっている。僕らが宇宙でひとりぼっちなのかどうかは、生命がどれだけ生まれにくいかと、宇宙がどれだけバカでかいかで決まる。何回もサイコロを振っていれば、どんなに起こりそうもないことでもきっと起こるはずだ。

1つはっきりしていることがある。真実はどこかにある（ここで『X-ファイル』の音楽を）。ほかの惑星に生命はいる（あるいはいた、あるいはこれから生まれる）かもしれないし、いないかもしれない。その答えは、僕らがここにいてこの疑問を考えていることと

はぜんぜん関係ないのだ。

答えがどっちだったとしても大興奮だし、**どっちかが必ず正しいのだ。**

うれしいことにいまでは、宇宙がどのくらい大きいのか、どんな構造をしているのか、惑星がどのくらいたくさんあるのかが確実にわかりはじめている。地球の生命の歴史上はじめて、僕らは目を開いて、最大限遠くまで知識の範囲を広げているのだ。

もしかしたら僕らは、宇宙でひとりぼっちなのかもしれない。過去も未来も含めてこの広大な宇宙で、自分が何者なのかを自覚しているのは人間だけなのかもしれない。

あるいはもしかしたら、この宇宙には隅々まで生命があふれているのかもしれない。分子が組み合わさって、自己複製して意識を持って、目玉を食べるようになる方法は何百万通りもあって、僕らはその中の1つでしかないのかもしれない。

あるいは答えはその中間で、生命は稀だけれどそこまで稀ではないのかもしれない。宇宙の歴史の中で生命が棲んでいる場所は数えるほどしかなくて、空間と時間のものすごいスケールのせいでお互いに話すことも知ることもないのかもしれない。

どっちにしても忘れちゃいけない。生命は存在している。僕らがその証拠なのだ。

「まとめ」
みたいなもの

究極の謎

い よいよ最後だ。
　宇宙最大の疑問の答えを知りたくてこの本を買ったか、または借りたか盗んだ人。選んだ本が違っていたようだね。[128]この本は答えが書いてある本じゃなくて、疑問が書いてある本だ。

128　ちょっと手遅れだったかな。

ここまでの17の章でわかったように、僕らがまだ知らないことはたくさんある。すごく重要なことがたくさんだ。宇宙の95パーセントが何でできているのかわかっていないし、ほとんど理解できていない不思議なもの（反物質、宇宙線、宇宙の制限速度）もあちこちにある。そう思うと、ちょっと落ちこんでしまいそうだ。自分がダークマターという未知の物質に取り囲まれていて、ダークエネルギーという何かにこの瞬間も引っ張られているって聞いて、動揺しない人がいるだろうか？　玄関から出るのがちょっと怖くなったはずだ。

　それでも、この本で大事なことがわかったと思う。**わかっていないことにわくわくする**っていうことだ。この宇宙の基本的な真理がまだたくさんわかっていないということは、この先まだ驚きの発見がいくつも待っているということだ。これからどんな驚きの真実が見つかって、それとともにどんなすごい技術が生まれるのか、誰も知らない。探検と発見の時代はけっして終わっていないのだ。

　それを心に刻んだうえで、この本最後の謎について話すことにしよう。取っかかりは、あまりにも深すぎて誰もが究極の謎とでも呼びたくなるような疑問だ。

どうしてこの宇宙は存在していて、どうしてこんなふうになっているんだろう？

　こんな疑問を出されて少し眉をひそめた人もいるかもしれない。この本では、「科学の限界」を忘れちゃいけないってことも学ん

だのに。いろんな疑問の中には、答えが検証可能で科学の範囲に入っているものもある。その一方で、深くて魅力的な疑問かもしれないけれど、実験で答えを検証するのが不可能で、科学じゃなくて哲学の範囲に入るようなものもある。どうして宇宙が存在しているのかなんて、哲学の範囲に入る疑問に恐ろしく近いんじゃないの？

どうして？　なぜなら、宇宙の何か基本的な法則か事実に基づいて、この宇宙が存在していなければならない理由、宇宙が（つじつまは合っていても）いまと違うふうにはつくられなかった理由を探すことになるからだ。もしいまと違うふうにつくられていたら（あるいはそもそもつくられていなかったら）、別の疑問が浮かんできたはずだ。どうしてこの宇宙はこんなふうになっていて、あんなふうじゃないんだろうって。

でもたとえその理由が見つかって、基本的な法則が1通りしかありえない（つまり勝手に決められるパラメータが1つもない）ことがわかったとしても、さらに別の疑問が浮かんでくる。

どうして基本的な法則が存在するんだろう？　どうしてこの宇宙はその法則に従っているんだろう？

わかると思うけれど、哲学者にとっても厄介な疑問ばかりで、答えが科学の範囲をはみ出していることははっきりしている。

それを言ったら、この本で説明した深い謎の多くだって科学的疑問の範囲に入らないかもしれない。ということは、答えは絶対に見つからないんだろうか？

そんなことはないのだ！

検証可能な宇宙

絶対に答えが見つからないような疑問もあるかもしれないけれど、逆に哲学から科学に移ってきた疑問もいくつもある。宇宙をはるか遠くまで、また素粒子の中を深くまで見る能力が広がるにつれて、科学で検証できる事柄も増えていく。それで、検証可能な宇宙というものが大きくなっていくのだ。

この本の前のほうで、「観測可能な宇宙」というものを説明したのを覚えているだろうか。宇宙の誕生から現在までのあいだに光が届いて、いま僕らが実際に観測できる宇宙の範囲という意味だ。その範囲よりも外にあるものは、そこから出た光がまだ届いていないから僕らには見えない。

それと同じように、「検証可能な宇宙」というのは、科学で確

かめて知ることのできる宇宙の範囲のことだ。その境界線を決めているのは、僕らが見ることのできるいちばん遠い限界（どれだけ遠くの宇宙が見えるか）と、いちばん近い限界（僕らに見えるいちばん小さい空間と物質）、さらに、最小スケールと最大スケールで僕らがどこまで細かく正確に見分けられるかと、僕らの理論や数学や理解力の限界だ。[129]

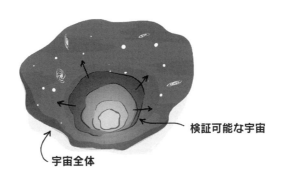

検証可能な宇宙も観測可能な宇宙と同じように、宇宙全体よりはずっと小さいだろう（断言はできないけれど）。だから僕らが理解できないことはまだたくさんある。それでもわくわくする。科学の限界の外にはまだたくさん疑問があるけれど、科学はいつも成長しつづけているのだから。

検証可能な宇宙も観測可能な宇宙と同じく膨らみつづけている。現実世界を探る新しい技術や新しい道具が開発されるたびに、検証可能な宇宙は広がっていくのだ。まわりの世界を理解して、宇宙の未知の事柄に答えを出す僕らの能力は、毎年膨らんでいる。

129　最後のやつを思うと少し怖くなる。この宇宙が完全に理屈にかなっていて、美しい数学理論で説明できたとしても、僕らの脳みそではそれを理解できなかったとしたら？

それどころか、驚くことに検証可能な宇宙の膨張は加速しているのだ。

数百年前、科学が生まれたばかりの頃には、検証可能な宇宙はまだすごく小さくて、ちょっとずつしか膨らんでいなかった。科学研究が始まった最初の数十年は、技術も、自然界のモデルをつくって理解する人間の能力もかなり限られていた。

そしていまから100年ちょっと前、技術の進歩によってまわりの世界を探る新しい道具ができると、検証可能な宇宙はものすごい勢いで広がりはじめた。それまで哲学者に任せていた、量子物理学、宇宙誕生、物質の正体についての疑問を示して、答えを出せるようになったのだ。

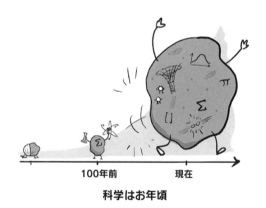

科学はお年頃

いまでは検証可能な宇宙は、独自のインフレーションを起こしていると言っていいだろう。これまでを上回る勢いで膨張しているのだ。たった100年かそこいらのことだ。いまでは、ビッグバンの奥深くや宇宙の果てを見ることができるようになっている。

空間は無限なのか、それともじゃがいものように丸まっているのかをあれこれ考えて、確かめられるようにもなっている。陽子の中をのぞき込んだり、物質を光の速さの 99.999999 パーセントまで加速したりできるようにもなっている。無人探査機を太陽系の外まで飛ばしたり、彗星に着陸させたりできるようにもなっている。

でも、「どうして宇宙は存在するのか」といった疑問は、まだ検証可能な宇宙のずっと外側にある。これからどうなるんだろう？ 近年の歴史を振り返って、僕らの知識がものすごいインフレーションを起こしているのを知ったら、勇気が湧いてくるはずだ。今後生まれる科学的な道具や手法のおかげで、調べられる出来事や、検証可能な確実な答えを出せる疑問はどんどん増えていくだろう。

いつか、宇宙にまつわる深い疑問に答えられるようになるんだろうか？

ぜんぜんわからない。

でもわくわくする道のりなのは間違いない。

**続編『ちょっとはわかった』を
お楽しみに。**

謝辞

　貴重な科学的アドバイスと内容のチェックをしてくれた、ジェイムズ・バロック、マノイ・カプリンガット、ティム・テイト、ジョナサン・フェン、マイケル・クーパー、ジェフリー・ストリーツ、カイル・クランマー、ジャレド・エーデルマン、フリップ・タネドに感謝します。

　草稿を読んで意見をくれた、ダン・グロス、マックス・グロス、カーラ・ウィルソン、キム・ディットマー、アヴィヴァ・ホワイトソン、カトリーヌ・ホワイトソン、シーラス・ホワイトソン、ヘイゼル・ホワイトソン、スーリカ・チャル、トニー・フー、ウィンストン・チャム、セシリア・チャムにも深く感謝します。

　この本の計画を信頼してくれてしっかり導いてくれた編集者のコートニー・ヤングと、この本にふさわしい出版社探しに協力してくれたセス・フィッシュマンに深く感謝します。ガーナート・カンパニーのチーム、レベッカ・ガードナー、ウィル・ロバーツ、エレン・グッドソン、ジャック・ガーナートに感謝します。この本の制作と発売のために時間と手腕を割いてくれたリヴァーヘッド・ブックスのみなさん、ケヴィン・マーフィー、ケイティ・フリーマン、メアリー・ストーン、ジェシカ・ミルテンバーガー、ヘレン・イェンタス、リンダ・コーンに深く感謝します。

僕らのネット上での活動を何年も追いかけてくれている大勢の人にも感謝したいです。おもしろいことをやりつづける元気をもらえました。

　最後に、人類の知識を広げてくれている大勢の科学者、技術者、研究者に感謝します。この本が生まれたのは、君たちの発想のおかげです。

参考文献

どうやったらわかるの？
もっと知るためには何を見たらいいの？

Chapter 1/Chapter 2

ここで挙げたダークマターとダークエネルギーの割合は、2013年のプランク共同研究での測定値（https://arxiv.org/abs/1303.5062）。もっと新しい測定値もあるけれど、大まかな話は何ひとつ変わっていない。

銀河の回転曲線をはじめて調べたのは、ヴェラ・ルービンとケント・フォード、1960年代から70年代のことだった（Vera Rubin, Norbert Thonnard, W. Kent Ford Jr. 1980. *The Astrophysical Journal* 238: 471-87）。

重力レンズ効果には実は2種類ある。強いレンズ効果は1個の銀河の像を激しくゆがめる（たとえば https://arxiv.org/abs/astro-ph/9801158）。弱いレンズ効果では、たくさんの銀河に対する小さな効果が統計的に現れる（たとえば https://arxiv.org/abs/astro-ph/0307212）。

ここで言った銀河の衝突とは、弾丸銀河団のこと（https://arxiv.org/abs/astro-ph/0608407）。この衝突から、ダークマターどうしは強く作用しあわないことがわかる（https://arxiv.org/abs/astro-ph/0309303）。

ダークマターについて現在わかっていることと、WIMP探しについてまとめた文献は、http://arxiv.org/abs/1401.0216。

Chapter 3

Ia型超新星を観測したのは、高Z超新星探索チーム（https://arxiv.org/abs/astro-ph/9805201）と超新星宇宙論プロジェクト（https://arxiv.org/abs/astro-ph/9812133）。Ia型超新星のピークの明るさは全部同じじゃないけれど、特徴的な光度曲線を示して、出てくる光の量が時間によって決まるので、補正することができる（Mark M. Phillips, 1993. *The Astrophysical Journal* 413, no. 2: L105-8）。だから、Ia型超新星を使うと距離を測ることができる。

Chapter 4

素粒子についていまのところわかっていることが詳しくまとめられているのが、素粒子データグループのウェブサイト http://pdg.lbl.gov。

Chapter 5

$N = 10^{23}$ くらいというのは、マクロな物体の中にある原子の個数（アボガドロ定数）とだいたい同じ数で、結合のエネルギーがラマの断片のエネルギーと同じくらいになってくる数だ。

結合エネルギーで質量が変わる実験的証拠としては、中性子のベータ崩壊のような放射性崩壊過程がある。質量 939.57MeV の中性子が崩壊すると、質量 938.28MeV の陽子、質量 0.511MeV の電子、そして質量が無視できるニュートリノになる。消えた質量（939.57-[938.28+0.511] =0.78MeV）は、陽子の結合エネルギーのほうが小さいせいであって、そのぶんは陽子と電子とニュートリノの運動エネルギーに変わる。逆の例として、酸素分子は酸素原子 2 個よりも質量が小さい。2 個の原子が引き寄せあって酸素分子ができるとエネルギーが放出されるからだ。

0.005 パーセントという値は、核子 1 個あたりの平均結合エネルギーが数 MeV（ふつう 1 から 9MeV）で、核子の質量が 1000MeV 弱だからだ。

アップクォークとダウンクォークの質量は 5MeV 未満で、陽子や中性子の質量は約 1000MeV なので、核子の質量のうちクォークの合計質量はだいたい 15/1000、つまり約 1 パーセントということになる。

トップクォークの質量は約 17 万 MeV、アップクォークの質量は 2.3MeV なので、その比は約 1:75000 だ。

ヒッグス場がどういうふうに働いて、W ボソンと Z ボソンの質量の問題がどうやって解決されるのか、その専門的な説明は、http://arxiv.org/abs/0910.5095、またはさらに詳しくは、僕らのつくった動画 https://vimeo.com/41038445 を。

Chapter 6

重力の強さをほかの力と比べる方法は何通りかある。

まず、重力の結合定数（$\alpha_g = Gm_e^2/\hbar c = 1.7518 \times 10^{-45}$）と電磁気力の結合定数（微細構造定数ともいう）$1/137 = 7 \times 10^{-3}$ を比べると、その比は 10^{-42} となる。

でも重力と電磁気力で物体が感じる力の強さは、その物体の質量と電荷でも変わってくる。たとえば、2 個の陽子（電荷＝ 1、質量＝ 1000MeV）にかかる重力と電磁気力の強さは、

$F_g = G(m_p m_p/r^2)$
$F_{em} = k_e(q_p q_p/r^2)$

となる。

だから、$F_g/F_{em} = G(m_p m_p)/k_e(q_p q_p) = [G(m_p)]^2 / [k_e(q_p)]^2 = [6.674 \times 10^{-11}$ Nm^2/kg^2 $(1.67 \times 10^{-27}$ kg$)^2] / [8.99 \times 10^9$ Nm^2/C^2 $(1.6 \times 10^{-19}$ C$)^2] = 8 \times 10^{-37}$ となって、だいたい 1×10^{-36} だ。

重力波で空間は少しだけゆがむ。LIGO で最初に検出された重力波では、空間のゆがみは約 1×10^{-21} だった（https://arxiv.org/abs/1602.03837 の Fig 1）。

Chapter 7

WMAP が 2013 年におこなった宇宙マイクロ波背景放射の測定（http://map.gsfc.nasa.gov/universe/uni_shape.html）と、大規模な三角測量（https://arxiv.org/abs/astro-ph/0004404）によると、空間は 0.4 パーセント以内の誤差で平らである。

10^{-35} メートルという長さは、プランク長さのスケール（$\sqrt{\hbar G/c^3} = 1.616 \times 10^{-35}$ メートル）。

Chapter 8

時間の流れる方向についてもっと読みたい人には、Sean Carroll の素晴らしい本 *From Eternity to Here* をおすすめする。

Chapter 9

太陽からやって来るニュートリノの量は、1 平方センチあたり 1 秒間に約 7×10^{10} 個（Claus Grupen, *"Astroparticle Physics"*, p. 95 より）。

重力と電磁気力の強さの比 10^{-42} については、Chapter 6、重力の弱さについての注を見てほしい。

量子力学による時間のとらえ方についての脚注は、エネルギーの不確かさと時間の不確かさを結びつける不確定性原理のことを指している。

Chapter 10

相対性理論についてのよい解説書は、John R. Taylor, Chris D. Zafiratos, Michael A. Dubson, "*Modern Physics for Scientists and Engineers*"。

光の速さは秒速 2 億 9979 万 2458 メートル。これは正確な値で、1 メートルの長さを定義するのに使われている。

人間は何 G まで耐えられるのかが、戦闘機パイロットのために研究されている（Ulf Balldin, "*Medical Aspects of Harsh Environments*", volume 2, chapter 33）。

3G（だいたい 30m/s^2）の加速度だと、1000 万秒（1/3 年）で光の速さに到達する計算になるけれど、この加速度を維持するためにはどんどんたくさんのエネルギーが必要になってくる。

いちばん近い恒星はプロキシマ・ケンタウリで、4.2 光年 = 4.0×10^{16} メートルの距離にある。

Chapter 11

宇宙線とその検出方法についての解説書は、Peter Grieder, "*Extensive Air Showers*"。

超高エネルギー宇宙線が赤ちゃん宇宙由来の光子と作用しあって減速する効果は、GZK（グライゼン＝ザッセピン＝クズミン）効果と呼ばれている。

超高エネルギーの粒子のスピードは誤差が大きいので、この章に出てくる数値の多くはおおざっぱだけれど、大まかな話は変わることはない。

Chapter 12

CERN では 1 秒間に 1000 万個の反陽子をつくることができる（Niels Madsen, "Cold Antihydrogen: A New Frontier in Fundamental Physics", *Philosophical Transactions of the Royal Society*, 2010）。

反物質 1 グラムと物質 1 グラムから放出されるエネルギーは、2 グラム × c^2 エネルギー = （2× 10^{-3} kg）$(3 \times 10^8 \text{ m/s}^2)^2 = 1.8 \times 10^{14}$ J = 43 キロトン。

反物質銀河探しのことは http://arxiv.org/abs/0808.1122 に書いてある。

CERN での ALPHA 実験で、反水素がつくられて分析されている（https://home.cern/about/experiments/alpha）。

Chapter 14

プランクの 2013 年（および 2015 年）のデータによると、宇宙の年齢は 136 億年（138 億年）である。

アーノ・ペンジアスとロバート・ウィルソンは、1964 年に宇宙マイクロ波背景放射を偶然発見して、1978 年にノーベル物理学賞をもらった。プランクの 2013 年のデータによると、宇宙が透明になったのはビッグバンから 38 万年後のことだった（https://www.mpg.de/7044245）。

インフレーションの理論はたくさんある。この本ではおおざっぱな値として、ビッグバンの 10^{-30} 秒後からの短い期間に宇宙が 10^{25} 倍に膨張したとした。

Chapter 15

銀河系にある恒星の数ははっきりとはわかっていない。推定数は 1000 億個から 1 兆個まで幅がある（http://www.huffingtonpost.com/dr-sten-odenwald/number-of-stars-in-the-milky-way_b_

4976030.html)。

観測可能な宇宙の中にある銀河の数もはっきりとはわかっていない。推定数は 1000 億個から 2000 億個（http://www.space.com/25303-how-many-galaxies-are-in-the-universe.html）、さらには 2 兆個（https://arxiv.org/abs/1607.03909）までと幅がある。

僕らのいる超銀河団の質量は太陽の 10^{15} 倍だと推定されている（https://arxiv.org/abs/0706.1122）。

シミュレーションによると、銀河ができたのはダークマターがあったおかげだという（http://arxiv.org/abs/astro-ph/0512234）。

観測可能な宇宙の大きさは、すべての方角に 14.26 ギガパーセク、つまり 465 億光年（4.40× 10^{26} メートル）と計算されている（https://arxiv.org/abs/astro-ph/0310571）。

宇宙に存在する素粒子の個数のこの値はかなりおおざっぱで、恒星の個数と、ダークマターとふつうの物質との比の推計値に基づいている。ダークマターの質量がわかっていないので誤差はかなり大きい（http://www.universetoday.com/36302/atoms-in-the-universe/）。

Chapter 16

陽子の半径は約 10^{-16} メートルだけれど、その決め方は少し恣意的なところがある。

LHC の衝突エネルギーは約 10 TeV、つまり 10^{13} eV で、スケールで言うと 10^{-20} メートルに相当する。

Chapter 17

地球に似た惑星を持っている恒星の割合の値は、ケプラーのデータによる（http://arxiv.org/abs/1301.0842）。

Meteoritical Bulletin のデータベースには、火星由来と分類された隕石が 177 個リストアップされている（http://www.lpi.usra.edu/meteor/index.php）。

おすすめの本

Max Tegmark, "*Our Mathematical Universe*", Knopf, 2014.（『数学的な宇宙：究極の実在の姿を求めて』、谷本真幸訳、講談社（2016））

Sean Carroll, "*From Eternity to Here*", Dutton, 2010.

Carlo Rovelli, "*Seven Brief Lessons on Physics*", Riverhead, 2015.

[著者]

ジョージ・チャム
Jorge Cham

コミック・ストリップ
（新聞、雑誌に掲載される複数コマのマンガ）の描き手であり、
"Piled Higher and Deeper"（『PHD コミックス』
http://phdcomics.com/comics.php）を
18年以上描きつづけている。
この作品のウェブサイトは、2008年以降で
累計5000万以上の閲覧回数を、
年間読者数は700万人を誇る。
作品はニューヨーク・タイムズ、
ワシントン・ポスト、アトランティック、
サイエンティフィック・アメリカンなどの紙誌にも掲載されている。
スタンフォード大学でロボット工学のPh.D.を取得し、
カリフォルニア工科大学で教員を務めていたこともある。

ダニエル・ホワイトソン
Daniel Whiteson

ペンシルヴェニア大学などを経て、
現在はカリフォルニア大学アーヴァイン校の実験素粒子物理学教授。
かつてはシカゴ近郊にある
フェルミ研究所の陽子＝反陽子コライダーで実験をおこない、
現在は全周27キロメートルの
円形加速器・大型ハドロンコライダー（LHC）で知られる
CERN（欧州原子核研究機構）でも研究をおこなっている。
2016年1月には、チャムと協働して、
PBS（米国の公共放送サービス）で科学についての
コミックスや動画をオンエアし、100万以上のPVを獲得。
2人を指して「世界最高の先生」との呼び声が高い。

[訳者]

水谷淳
みずたに・じゅん

翻訳者。主に科学や数学の一般向け解説書を扱う。
主な訳書にジェイムズ・バラット
『人工知能 人類最悪にして最後の発明』（ダイヤモンド社）、
イアン・スチュアート『数学の秘密の本棚』
ジム・アル＝カリーリ、ジョンジョー・マクファデン
『量子力学で生命の謎を解く』（ともにSBクリエイティブ）、
レナード・ムロディナウ『この世界を知るための
人類と科学の400万年史』（河出書房新社）、
ユージン・E・ハリス『ゲノム革命——ヒト起源の真実』（早川書房）
などがある。

僕たちは、宇宙のことぜんぜんわからない
——この世で一番おもしろい宇宙入門

2018年11月7日　第1刷発行
2021年1月29日　第10刷発行

著　者——ジョージ・チャム、ダニエル・ホワイトソン
訳　者——水谷淳
発行所——ダイヤモンド社
　　　　　〒150-8409　東京都渋谷区神宮前6-12-17
　　　　　https://www.diamond.co.jp/
　　　　　電話／03-5778-7233（編集）　03-5778-7240（販売）
ブックデザイン——杉山健太郎
校正————鴎来堂
製作進行——ダイヤモンド・グラフィック社
印刷————勇進印刷（本文）・加藤文明社（カバー）
製本————ブックアート
編集担当——廣畑達也

©2018 Jun Mizutani
ISBN 978-4-478-06954-7
落丁・乱丁本はお手数ですが小社営業局宛にお送りください。送料小社負担にてお取替え
いたします。但し、古書店で購入されたものについてはお取替えできません。
無断転載・複製を禁ず
Printed in Japan